通信电路

主　编：徐　勇
副主编：吴元亮　杨　旸
参　编：徐光辉　江　汉　赵　斐

东南大学出版社
SOUTHEAST UNIVERSITY PRESS
·南京·

内容简介

本书依据教育部教学指导委员会课程教学基本要求编写。从通信系统基本电路理论出发，以工程应用为牵引，兼顾本科与专科不同教学层次特点，重点介绍模拟通信系统中各典型功能模块工作原理、指标性能与分析计算，通过经典电路的设计与分析，讲授经典通信电路设计方法与分析思路。全书共分 8 章，具体包括：通信系统概述、小信号调谐放大器、高频调谐功率放大器、正弦波振荡器、模拟调制与解调、频率合成器、通信系统整机合成，以及通信系统实例。本书配有在线辅导全套教学视频，以及对应的电子课件、习题答案与电路仿真文件供选用，通过扫描相应二维码可直接观看或下载。

本书是高等院校通信、电子等信息类相关专业通用教材，本科与专科不同教学层次可以根据实际需求灵活选用，也可供相关领域工程技术人员学习、参考。

图书在版编目(CIP)数据

通信电路 / 徐勇主编. — 南京：东南大学出版社，2023.9

ISBN 978-7-5766-0841-0

Ⅰ.①通…　Ⅱ.①徐…　Ⅲ.①通信系统－电子电路－高等学校－教材　Ⅳ.①TN91

中国国家版本馆 CIP 数据核字(2023)第 150125 号

通信电路

主　　编	徐　勇
责任编辑	张　烨　**责任校对** 韩小亮　**封面设计** 王　玥　**责任印制** 周荣虎
出版发行	东南大学出版社
社　　址	南京市四牌楼 2 号　　**邮编** 210096　　**电话** 025 - 83793330
网　　址	http://www.seupress.com
电子邮件	press@ seupress.com
出 版 人	白云飞
经　　销	全国各地新华书店
印　　刷	常州市武进第三印刷有限公司
开　　本	787 mm×1092 mm　1/16
印　　张	17
字　　数	361 千
版　　次	2023 年 9 月第 1 版
印　　次	2023 年 9 月第 1 次印刷
书　　号	ISBN　978-7-5766-0841-0
定　　价	59.00 元

本社图书若有印装质量问题，请直接与营销部联系，电话：025-83791830。

前 言

本书根据教育部高等学校电工电子基础课程教学指导委员会课程教学基本要求,结合近年来课程内容改革与教学模式新进展进行了修改完善。着眼于"夯实理论基础"与"突出工程应用"并重,兼顾经典"分立器件与电路"与新颖"集成电路与模块",讲理论、讲方法、讲应用,相比早期教材,在内容与形式方面都做了较大改进。

内容方面,为进一步夯实理论基础,聚焦加强了模拟通信系统的电路原理、算法设计与实现思路。从低频宽带放大器到高频调谐放大器,从小信号调谐放大器到大信号功率放大器,从 A 类宽带功放到 C 类窄带选频放大,以及从定频频率综合到跳频频率综合,本书在不同电路因果逻辑阐述方面增加了很多笔墨,以期加强学生科学思维的锻炼与培养。

形式方面,采用阴影与字体变换等方式突出难点与重点,突出各类功能电路"是什么、为什么、怎么办"等 2W1H(What、Why、How)问题,牵引学生工程设计能力的培养与提升;同时,全书配备二维码,提供全套在线教学视频,是一种新形态教材;另外,全书新的排版风格也更加有利于读者阅读与记录笔记。

全书共分 8 章。第 1 章通信系统概述,第 2 章小信号调谐放大器,第 3 章高频调谐功率放大器,第 4 章正弦波振荡器,第 5 章模拟调制与解调,第 6 章频率合成器,第 7 章通信系统整机合成,第 8 章通信系统实例。本书除了提供全套在线教学视频,通过扫描二维码即可在线观看之外,还提供全套电子课件、习题参考答案、电路仿真文件等资料,同样可以通过二维码扫描下载。

资源下载

本书第 1、3、6、8 章由徐勇编写,赵斐参与了部分编写工作,第 4、7 章由吴元亮编写,第 2 章由杨旸编写,第 5 章由徐勇与徐光辉共同编写,全书统稿由徐勇负责完成。在线教学视频由徐勇、吴元亮、杨旸和江汉共同录制。

由于编写与审定时间仓促,加之编者水平有限,书中难免会有缺失与错误,恳请广大读者批评指正。

作 者

2023 年 9 月

目　录

第 1 章　通信系统概述

【内容关键词】

- 通信、通信电路、通信系统
- 高频电路、模拟通信原理
- 通信频段划分与应用、通信系统噪声

【内容提要】

　　本章首先引入通信、通信系统与通信电路基本概念，回顾了通信系统的发展历史，概括了通信系统的基本组成与分类，介绍了目前常用的通信频段划分与应用领域，最后总结了实际通信系统中存在的噪声种类并提出减小噪声的常用方法。

　　本章知识点导图如图 1-0 所示，其中灰色部分为需要重点关注掌握的内容。本章重点包括：

　　(1) 通信系统的核心理念调制与解调，掌握什么是调制，为什么要调制，如何调制。

　　(2) 模拟无线通信系统的组成，明确后续章节展开学习的目标。

　　(3) 通信系统回避不了的噪声问题，噪声来源、分类与消减方法。

　　通信电路，又名高频电路、射频电路，相较于低频电路（模拟电路）而言，主要在更高频率应用领域探讨硬件电路基本功能电路的分析与设计，所以不同功能电路的用途、性能指标与设计分析是重点。在国外一些教材中，也有将通信电路内容与数字通信原理合编成一本教材的，如著名的《现代电子通信（第 9 版）》(Jeffrey S. Beasley，Gary M. Miller 著，科学出版社)，与"数字通信原理"教材对应，从内容上讲，通信电路又可称作"模拟通信原理"，所以教材中模拟调制与解调，包括幅度调制与解调、频率调制与解调对应的理论与

课程简介

硬件实现方法也是重点。

结合开课伊始的课程简介，另外适当拓展集成电路与单芯片通信系统发展现状与趋势，本章内容教学安排建议为 2 学时。

通信的概念和发展

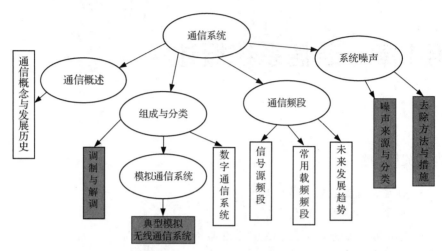

图 1-0　本章学习思维导图

1.1　引言

什么是通信？为何要通信？

通信是将信息从一个地方传输到另外一个地方，现代通信多用电信号完成这种传递过程。用于完成这种通信过程的电路称为通信电子线路，以下简称通信电路。

通信所传递的信息有多种不同的形式，如语音、音乐、图像与数据文字等。根据所传递信息的不同，现代通信可以分为传真、电报、普通电话、可视电话与数据等多种方式，从更广义的角度来看，广播、电视、雷达、导航与遥控遥测等均属于通信范畴。

最早具有现代意义的通信是从有线电报开始的，1837 年，莫尔斯（Samuel Morse）发明了电报，设计了莫尔斯电码，开创了现代通信的新纪元。莫尔斯利用电磁感应在一个简单的、由一根长线构成的简易收发机之间以"点"（接通电路时间较短）、"划"（接通电路时间 3 倍于"点"的时间）和"空"（断开电路）形式传递信息的装置，制作了第一个电子通信系统——电报机，如图 1-1 所示。1876 年，贝尔发明了电话，如图 1-2 所示，可以实现将语音信号变为电信号沿导线传送。早期的电报和电话都是沿导线传送信号的，这就是以金属导线为传输媒介的简单有线通信方式。

图 1-1　莫尔斯电报机

图 1-2　贝尔电话

1873 年，麦克斯韦（James Clerk Maxwell）提出了电磁辐射理论，得出了电磁场方程，从理论上证明了电磁波的存在，为无线电通信奠定了理论基础。1887 年，赫兹（H. Hertz）用实验技巧证实了电磁波的客观存在，并且证明了电磁波在自由空间的传播速度与光速相同，并具有反射、折射、驻波等与光波相同的性质，由此拉开了众多科学家努力研究利用电磁波传递信息问题的序幕，无线通信开始走向历史舞台，其中著名的有英国的罗吉（O. J. Lodge）、法国的勃兰利（Branly）、俄国的波波夫（А. С. Цопов）与意大利的马可尼（G. Marconi）等，在以上这些人中，贡献最大的是意大利的马可尼。1895 年，马可尼首次用电磁波在几百米的距离下进行通信并获得成功，1901 年又首次完成了横渡大西洋的通信。从此无线电通信进入了实用阶段。但这时的无线电通信设备，其发送设备采用火花发射机、电弧发生器或高频发电机等；其接收设备则采用粉末（金属屑）检波器。直到 1904 年，弗莱明（John Fleming）发明电子二极管之后，人类才开始进入无线电电子学时代。

1907 年，李·德福雷斯特（Lee de Forest）发明了真空电子三极管，用它可组成具有放大、振荡、变频、调制、检波、波形变换等重要功能的电子线路，为现代千变万化的电子线路提供了核心器件。电子管的出现成为电子技术发展史上第一个重要里程碑。

1948 年，肖克利（William Shockley）等人发明了晶体三极管，它在节约电能、缩小体积与减小质量、延长寿命等方面远远胜过电子管，因而成为电子技术发展史上第二个重要里程碑。晶体管在许多方面取代了电子管的传统地位而成为极其重要的电子器件。

20 世纪 60 年代开始出现半导体集成电路，通过几十年的发展，取得了极其巨大的成功。中、大规模乃至超大规模集成电路的不断涌现，已成为电子线路特别是数字电路发展的主流，对人类进入信息社会起到不可估量的推动作用，这是电子技术发展史上第三个重要里程碑。

1955 年皮尔斯（Pierce）提出了利用人造卫星实现全球通信的设想，1957 年苏联第一颗人造地球卫星发射成功，1960 年美国利用 ATLAS 卫星首次实现卫星广播，从而开辟了卫星通信的新领域。20 世纪 60 年代与 70 年代又出现了光纤通信与计算机通信，80 年代出现移动通信，90 年代出现全球定位 GPS 系统，进入 21 世纪后，又陆续出现无线高速宽带 Wi-Fi 通信、智能手机通信、太赫兹通信等，从而使得通信速度更为快捷、通信内容更为丰富。

大规模集成电路的出现和计算机技术的迅速发展，对通信技术的发展起到了极其重要的推动作用，使得通信设备更加小型化、轻量化，质量更加可靠，待机时间更长，现代通信技术正朝着更高水平快速发展。

1.2　通信系统的组成与分类

通信系统的
组成和分类

1.2.1　通信系统的组成

通信系统一般包括以下 5 个部分：信源、发送设备、信道、接收设备和信宿，如图 1-3 所示。

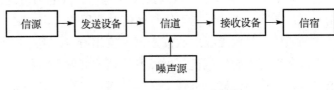

图 1-3　通信系统组成框图

（1）信源

信源是指待发送的各种信息，包括语音、文字、图像与数据等，通过相应的转换装置（如话筒、计算机、摄像机等）转换为电信号后送至发送设备，信源可以是模拟信号，也可以是数字信号，通常在整个通信系统中称之为基带信号。

（2）发送设备

发送设备的作用是将基带信号转换为适合在相关信道中传输的信号。基带信号一般不适合直接在信道中传输，因此需要利用发送设备对其进行转换以便适合远程传输，发送设备的作用就是将基带信号"装载"至适合高速、远距离传输的高频信号上，这个过程被称为"调制"。

电路中调制的任务是将不易于远程传输的低频信息"装载"到适于远程传输的高频振荡载波上去，让载波携带信息传送给收信者。这种信息"装载"调制的过程可以比作实际生活中将物品装载到高速列车的过程，不妨做个比喻，将其称之为信息传送的"上车"过程。

（3）信道

信道又称为传输媒介，如自由空间、电缆、光缆等，不同信道有不同的传输特性，人们把以自由空间作为传输信道的通信称为无线通信，把以电缆、光纤等作为传输信道的通信称为有线通信。

（4）接收设备

接收设备的作用是将信道传送来的信号进行接收和处理，以恢复成与发送信号相一致的信号。接收设备的作用就是将基带信号从适合远距离传输信息的高频信号上"卸载"下来，这个过程被称为"解调"。基带信号在调制、传输与解调过程中，会产生损耗和受到干扰，因而会产生失真，良好的通信系统需要努力减小这种失真。

解调电路的任务是将"装载"在高频信号上的低频信息"卸载"下来，以便送至后级恢复输出。这种信息"卸载"解调的过程可以比作将物品从高速列车上卸货的过程，不妨也做个比喻，将其称之为信息传送的"下车"过程。

（5）信宿

信宿是将接收设备输出的信号还原成信息原来形式的装置，如扬声器、显示器与计算机等。

由此可见，各种通信系统的信源与信宿是基本相同的，各系统的不同之处则在于其信道的不同，以及由此带来的发送设备和接收设备的差别，但是信号在发送设备和接收设备中的变换和处理过程是基本相同的。

图 1-4 为基于通信电台的数据传输通信示意，其中，信源与信宿分别为收发两端储存于计算机中的电子数据，如电子地图信息等，发送与接收设备是收发双方通信电台，信道则是无线电磁空间，而噪声源则是来自空间各种自然或人为干扰。

图 1-4　电台收发通信示意

1.2.2 通信系统分类

由于依据与方法不同，通信系统有着众多的分类标准。根据传输信道的不同，可以分为有线通信和无线通信；根据调制信号的不同，可以分为模拟通信和数字通信，调制信号为模拟信号的称之为模拟通信，调制信号为数字信号的称之为数字通信。按照调制方式的不同，模拟通信又可以分为调幅、调频和调相三种类型，数字通信又分为幅移键控、频移键控和相移键控等类型。

数字通信是通信系统的重要发展方向之一，其中数字软件无线电技术是今后的重要研究方向，模拟通信系统框图与数字通信系统框图的主要构成与区别如图 1-5 所示。

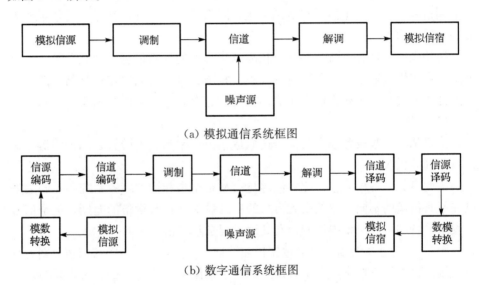

(a) 模拟通信系统框图

(b) 数字通信系统框图

图 1-5 模拟与数字通信系统框图

数字通信系统传输的是数字信号，与模拟通信系统相比，数字通信系统在发送端与接收端分别增加了模数转换模块与数模转换模块，另外数字通信系统为了进一步提高信号的可靠性与保密能力，往往在发送端与接收端分别增加信源与信道加解密模块。

尽管数字通信系统是未来通信系统的发展方向，但是模拟通信依旧是数字通信的基础，模拟通信系统的概念与调制解调技术依然十分重要，本教材将以模拟通信系统硬件电路为重点，尤其以模拟无线通信系统为典型案例，介绍系统组成的各个模块与工作原理。

下面将以无线通信系统为例，简要介绍无线通信系统的各个功能模块。

1.3 无线通信系统简介

1.3.1 无线通信系统典型架构

无线通信系统的种类和形式繁多，但是其基本功能电路大同小异。下面将以无线话音通信为典型案例，用以说明无线发送设备与接收设备的基本组成和工作过程，图 1-6（a）与（b）分别为无线话音通信发送系统和接收系统框图。

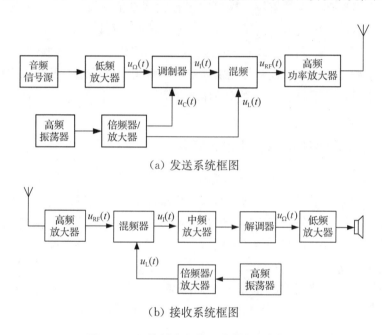

（a）发送系统框图

（b）接收系统框图

图 1-6　无线话音通信系统基本组成框图

（1）无线通信发送机（Transmitter）

图 1-6（a）所示，无线通信发送机中，话音信号首先经音频信号源模块（如麦克风）完成声电转换，经放大调理后的信号 $u_\Omega(t)$ 对高频载波信号 $u_C(t)$ 完成调制，调制生成的中频信号 $u_1(t)$ 经放大滤波后，进一步送至混频器与本地振荡信号 $u_L(t)$ 完成上变频，产生适合于远程发送的射频信号 $u_{RF}(t)$，$u_{RF}(t)$ 最后经高频功率放大后送至天线发送。

根据装载低频信息的方式不同，模拟调制方式有调幅（Amplitude Modulation，AM）、调频（Frequency Modulation，FM）和调相（Phase Modulation，PM）；数字调制方式有频移键控（Frequency Shift Keying，FSK）、幅移键控（Amplitude Shift Keying，ASK）与相移键控（Phase Shift Keying，PSK）

等等。

（2）无线通信接收机（Receiver）

图 1-6（b）所示，无线通信接收机中，从接收天线收到的射频已调波信号 $u_{RF}(t)$，首先经高频放大器完成噪声滤除与信号调理放大，然后在混频器中与本地高频振荡器输出信号 $u_L(t)$ 实现差频运算，将高频已调波转化为中频已调波 $u_I(t)$，以便更加适合后级电路处理并提高电路稳定性，中频已调波放大调理后由解调器实现信号的解调，恢复输出音频调制信号 $u_\Omega(t)$，最后送至低频放大器完成音频功率放大，由扬声器完成电声转换恢复话音。

对应不同的三种调制方式——调幅、调频和调相，其对应的解调过程有所不同，分别称之为检波、鉴频与鉴相。调制与解调的电路结构及其工作原理是本教材的重点，后续将在专门章节中详细介绍。

1.3.2 现代无线通信模块化设计案例

图 1-7（a）为某款手机内部结构框图，对应的硬件拆机结构如图 1-7（b）所示，可以看出，手机作为目前一种非常典型的无线收发系统，其内部电路典型的特征，就是大量采用了模块化结构设计方法，典型电路由电源模块、天线与射频模块、主控处理器、各类传感器、音视频处理、存储器模块、液晶显示与触控等模块构成，最大特点是功能丰富、高度集成，组装与拆解方便。

由此可见，现代无线通信系统，其内部功能电路目前结构化设计日趋明显，结构化设计的突出优点是拆装方便、维修替换方便，只要可以找到足够的散件，就可以非常便捷地组成一台完整的整机系统。

从图 1-7 也可以看出，民用手机除了基本通话功能之外，还具备丰富的多媒体应用功能，所以手机已经不仅仅是一个单一的无线通信系统，而是变成了一个带有通信功能的个人智能终端。通信电路，主要讲述的就是图 1-7（a）左上角与手机通信功能有关的射频前端硬件电路知识，虽然射频前端目前已经可以做到单芯片完全集成，但是其内部的电路结构、工作原理与对应的设计方法依然有较好的学习借鉴意义，特别是在一些大功率场合，在无法单片集成的情况下，还是需要采用分立元件进行独立设计。

军用通信电台除了话音与数据通信功能之外，其他功能相对较少还不够丰富，但是随着战场军用物联网建设的推进，未来的通信电台，功能不仅包含现有的话音与数据通信，战场态势实时感知与中继传输，甚至大数据边缘计算与处理等方面都会大有作为。

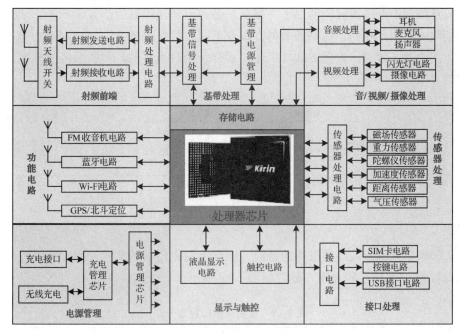

（a）手机内部电路框图

（b）手机及其内部硬件结构

图 1-7　某款手机内部框图与硬件结构

1.4　电磁频段划分与应用

　　电磁波的频率是一种重要的不可再生资源，对电磁波的波长或频率进行分段，分别称之为波段或频段。自由空间中，电磁波的波长 λ，传播速度 c 与频率 f 的关系为：

$$c = f \cdot \lambda \tag{1-1}$$

电磁波的频段划分如图 1-8 所示，其中应用于通信领域的无线电波、红外线与光波只是电磁波波段的很小一部分。各种不同通信频段信号的产生、放大和接收方法不尽相同，传播能力与方式也不同，所以分析方法与应用范围也不同。图中关于频段、传播方式与用途的划分是相对而言的，相邻频段间没有绝对的界限。

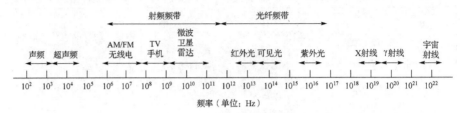

图 1-8　电磁波频段划分

根据不同电磁波传播规律的特点，国际上有专门的机构——国际无线电咨询委员会（CCIR）将频率划分为如表 1-1 所示。

表 1-1　常用通信频段划分

波段名称	波长范围	频率范围	频段名称
超长波	$10^6 \sim 10^7$ m	$30 \sim 300$ Hz	ELF（极低频）
	$10^5 \sim 10^6$ m	$300 \sim 3\,400$ Hz	VF（话音频率）
	$10^4 \sim 10^5$ m	$3 \sim 30$ kHz	VLF（甚低频）
长波	$10^3 \sim 10^4$ m	$30 \sim 300$ kHz	LF（低频）
中波	$10^2 \sim 10^3$ m	$0.3 \sim 3$ MHz	MF（中频）
短波	$10 \sim 10^2$ m	$3 \sim 30$ MHz	HF（高频）
米波	$1 \sim 10$ m	$30 \sim 300$ MHz	VHF（甚高频）
分米波	$1 \sim 10$ dm	$0.3 \sim 3$ GHz	UHF（特高频）
厘米波	$1 \sim 10$ cm	$3 \sim 30$ GHz	SHF（超高频）
毫米波	$1 \sim 10$ mm	$30 \sim 300$ GHz	EHF（极高频）
亚毫米波	$1 \sim 10$ dmm	$300 \sim 3\,000$ GHz	THF（至高频）

极低频（Extremely Low Frequency，ELF）是指 $30 \sim 300$ Hz 范围内的信号，包含工业交流电 50 Hz、低频遥测信号及海洋声呐信号等。

话音频率（Voice Frequency，VF）是指 $300 \sim 3\,400$ Hz 范围内的信号，包含人类的话音频率。通常使用的电话信道带宽就是 $300 \sim 3\,400$ Hz。

甚低频（Very Low Frequency，VLF）是指 $3 \sim 30$ kHz 范围内的信号，其

包含人类听觉频率的高端。VLF 用于某些特殊的政府或军事通信及海军潜艇通信、导航等。

低频（Low Frequency，LF）是指 30～300 kHz 范围内的信号，主要用于船舶导航、航空导航与电力通信。

中频（Middle Frequency，MF）是指 0.3～3 MHz 范围内的信号，主要用于商业、调幅 AM 广播（535～1 605 kHz）。

高频（High Frequency，HF）是指 3～30 MHz 范围内的信号，通常该频段又被称为短波段（Shortwave Band），多数的无线电通信均使用这个频段，这其中包括军用通信、商业通信与业余无线电通信。

甚高频（Very High Frequency，VHF）是指 30～300 MHz 范围内的信号，常用于军用超短波电台、商用调频 FM 广播（88～108 MHz）及商业电视广播。

特高频（Ultra High Frequency，UHF）是指 0.3～3 GHz 范围内的信号，该频段主要应用于包括商业电视广播、手机移动通信、雷达与导航，部分微波通信与卫星通信也在使用该频段。1～300 GHz 频段通常被称之为微波频率，故 UHF 的频率高端属于微波频段。

超高频（Super High Frequency，SHF）是指 3～30 GHz 范围内的信号，是微波与卫星通信主要应用的频段。

极高频（Extremely High Frequency，EHF）是指 30～300 GHz 范围内的信号，随着通信技术的迅速发展，该频段也逐步开始应用于通信领域。如近年来逐渐兴起的汽车雷达频率从 24 GHz 逐步变为 77 GHz 宽带频率，另外该频段与被认为"影响未来世界十大技术"的太赫兹（THz）技术频段低端重合，EHF 频段较多应用于雷达探测、射电天文等领域。UHF、SHF、EHF 三个频段通常又被称为微波频段，由于 EHF 频段波长在毫米范围，因此 EHF 频段又被称为毫米波频段。

至高频（Tremendously High Frequency，THF）是指频率在 300～3 000 GHz 范围内的信号，目前由于相关应用技术尚未成熟，无论是国际电信联盟还是国家无线电管理委员会，目前均未对其应用进行划分。

【注意】"话音频段"与"音频频段"的区别。

业界目前定义的"音频频段"，其频率范围一般是指 20 Hz～20 kHz，之所以远大于"话音频段"范围 300～3 400 Hz，是因为该频率范围包含了除人类能够发音之外的众多其他频率，如各种音乐声、动物与昆虫发出的声音等。通常我们所用的音频功率放大器，如智能手机音频放大器的频率范围均要求覆盖音频频段 20 Hz～20 kHz。

1.5   通信系统噪声

1.5.1   噪声来源

噪声是指落入信息通道内的任何不需要的信号，干扰与失真从定义与度量的角度均可以并入噪声的范畴。图1-9显示了一个无噪声正弦波与存在噪声的同一正弦波信号，图中（a）和（b）是理论波形示意，而图（c）则是采用示波器实际测到的含与不含噪声时的正弦波。

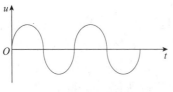

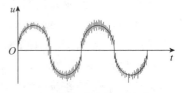

（a）无噪声正弦波   （b）存在噪声的正弦波

噪声的来源
和分类

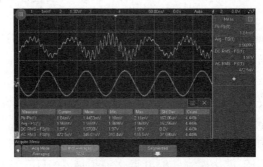

（c）示波器实测波形

图1-9   正弦波有无噪声时的影响

为了方便分析噪声，通常将通信系统的噪声分为相关噪声与非相关噪声两大类。无论通信信号是否出现都会存在的噪声称为非相关噪声，如大气噪声与工业干扰等；当且仅当通信信号出现时才会出现的噪声，称为相关噪声，如有用信号的失真和无用信号的干扰等。下面将首先介绍非相关噪声，相关噪声将在后续章节的通信系统整机合成中再进行介绍。

非相关噪声主要分为外部环境噪声与半导体内部噪声两大类。外部环境噪声主要是指系统所在环境产生的噪声，主要来源有大气噪声、宇宙噪声和工业噪声。半导体内部噪声主要是通信系统中半导体器件本身特性所带来的噪声。

（1）外部环境噪声

大气噪声是指大气中各种电扰动所引起的干扰。这种干扰主要来自两种因素：一种是大气静电干扰，如雷雨、闪电等，静电干扰的主要特点是干扰频率分布范围宽、能量的大小与其频率成反比，30 MHz 以上的频率，这种大气干扰噪声的影响不再明显；另一种大气干扰是地球大气电离层的衰落现象，短波通信经常受其影响，并且随季节与昼夜的变化而变化。

宇宙噪声是来自地球大气层以外的电信号噪声，它由银河系、河外星系及太阳等天体产生，通常分为宇宙射线和太阳电磁辐射两种，即宇宙噪声和太阳噪声。

工业噪声主要是指人类工业活动产生的噪声，如电力线、电车、电源开关、点火系统等，这类干扰来源分布很广泛。工业干扰信号的频谱很宽，它从极低的频率开始，一直延伸到几十甚至几百兆赫兹的特高频频段。

（2）半导体内部噪声

内部噪声主要由通信系统内部半导体器件产生，如电路中的电阻是无源器件噪声源，而二极管、三极管及场效应管则是有源器件噪声源。这些噪声源所产生的噪声可以分为热噪声、散弹噪声、分配噪声与闪烁噪声等。其中散弹噪声、分配噪声与闪烁噪声是有源器件产生的，而热噪声在无源与有源器件中均会产生。

1.5.2　半导体噪声简介

1）电阻噪声

电阻是具有一定阻值的导体，其内部存在着大量做杂乱无章运动的自由电子。自由电子的运动强度由电阻的温度决定，温度愈高，运动愈强烈，只有当温度下降到绝对温度零度时，运动才会停止。这种电子的运动方向和速度是无规则随机的，且随时间不断变化，此起彼伏，习惯上把这种由于热运动产生的噪声称为热噪声。

电阻热噪声是随机起伏的噪声，其电压（或电流）的瞬时值与平均值均无法计量，人们一般用噪声均方值（瞬时值平方后再取平均）来评估噪声功率，其表示在 1 Ω 电阻上所消耗的噪声平均功率，即

$$\overline{P}_n = \lim_{T \to \infty} \frac{1}{T} \int_0^T P_n(t)\,dt = \lim_{T \to \infty} \frac{1}{T} \int_0^T \frac{u_n^2(t)}{R}\,dt = \left. \frac{\overline{u_n^2}}{R} \right|_{R=1\,\Omega} = \overline{u_n^2} \qquad (1-2)$$

由此得

$$\overline{u_{\mathrm{n}}^2} = \lim_{T \to \infty} \frac{1}{T} \int_0^T u_{\mathrm{n}}^2(t) \, \mathrm{d}t \tag{1-3}$$

有时也用均方根表示噪声的强度。有关噪声的频谱与功率谱密度在后续课程"数字通信原理"中将有详细介绍，本书限于篇幅不再展开。

2) 有源器件噪声

除了无源器件电阻的热噪声之外，有源器件（包括二极管、三极管与场效应管）内部产生的噪声也是一个重要的噪声来源。在大多数通信系统电路中，有源器件噪声往往比无源电阻热噪声强烈得多。有源器件的噪声主要分为三种：电阻（有源器件内部存在寄生电阻）热噪声、散弹噪声、闪烁噪声。

（1）电阻热噪声（Thermal Noise）

该噪声由器件内部的寄生电阻产生。理论和实验证明：晶体二极管中，热噪声是由二极管的等效电阻 r_{d} 决定的，其噪声电压的均方值为

$$\overline{u_{\mathrm{n}}^2} = 4kTr_{\mathrm{d}}B \tag{1-4}$$

式中，k 为玻耳兹曼常数，T 为温度，B 为频带宽度。

晶体三极管中，电子不规则的热运动同样会产生热噪声。由于三极管的集电极与发射极掺杂浓度高，寄生电阻相对较小，所以集电极与发射极产生的噪声可以基本忽略，三极管的热噪声主要由基极电阻 $r_{\mathrm{bb'}}$ 产生，其噪声电压的均方值为

$$\overline{u_{\mathrm{n}}^2} = 4kTr_{\mathrm{bb'}}B \tag{1-5}$$

场效应管中由于沟道有电阻，并且沟道电阻主要是由漂移电流形成的，因而 MOS 场效应管噪声主要是由沟道电阻的热噪声形成的。MOS 场效应管的漏极噪声模型可以表示为

$$\overline{i_{\mathrm{nd}}^2} = 4kT\gamma g_{\mathrm{d0}}B \tag{1-6}$$

式中，γ 为加权系数，线性区为 1，饱和区略有减小，g_{d0} 为 $U_{\mathrm{ds}} = 0$ 时的共源输出电导。由以上公式可知，有源器件的电阻热噪声正比于温度 T 与频带宽度 B。

（2）散弹噪声（Shot Noise）

在有源器件中，电流是由无数载流子的定向迁移形成的。由于各种载流子的速度不尽相同，使得单位时间内通过 PN 结的载流子数目有所起伏，因而引起通过 PN 结的电流在某一个平均值上做不规则的起伏变化，人们把这种噪声干扰现象比拟成靶场上大量射击时子弹对靶心的偏离，故称之为散弹噪声。

理论分析与实验证明，PN 结的正偏与反偏均会产生散弹噪声。如晶体三

极管中，发射结与集电结均会产生散弹噪声，发射结的散弹噪声主要取决于发射极电流 I_e，集电结的散弹噪声主要取决于集电结反向饱和电流 I_{co}，由于 I_e 远大于 I_{co}，所以三极管发射结产生的散弹噪声起主要作用，其噪声电流的均方值为

$$\overline{i_n^2}=2qI_eB \tag{1-7}$$

式中，q 为电子电量，B 为带宽。

由式（1-7）可见，散弹噪声与带宽成正比，属于白噪声，另外，散弹噪声与电流的大小成正比，而前面所提到的热噪声与电流大小无关，这是两者的主要区别。

（3）闪烁噪声（Flicker Noise）

该种噪声的产生机理一般认为是由于器件加工过程中表面处理不善或存在缺陷造成的，其噪声的强度还与半导体材料的性质和外加电压大小有关。例如，MOS 场效应管栅极等效噪声模型可由以下公式近似给出

$$\overline{u_n^2}=\frac{K}{C_{ox}S}\cdot\frac{1}{f} \tag{1-8}$$

式中，K 是一个与加工工艺有关的常量，C_{ox} 为 MOS 管单位面积栅氧化层电容，S 为 MOS 管导电沟道面积。

由式（1-8）可以看出，这种噪声是低频噪声，其噪声功率与工作频率成反比，频率越低，噪声功率越大，所以该噪声又被称为 $1/f$ 噪声。

1.5.3　噪声度量

（1）信噪比

噪声的有害影响一般是相对于有用信号而言的，脱离了信号的大小而只讲噪声的大小意义不大。因此常用信号和噪声的功率比来衡量一个信号的优劣，该比值即被定义为信噪比（Signal Noise Ratio，SNR），即在指定频带内，同一端口信号功率与噪声功率的比值

$$\mathrm{SNR}=\frac{P_s}{P_n} \tag{1-9}$$

转化为分贝表示时，有

$$\mathrm{SNR}=10\lg\frac{P_s}{P_n}\ (\mathrm{dB}) \tag{1-10}$$

噪声的度量
和消减方法

信噪比越大，信号质量越好，信噪比的最小允许值与设备的接收灵敏度有关，接收灵敏度越高，信噪比的要求越低。另外当信号通过放大器放大后，由于会引入电路噪声，信噪比会逐渐减小。因此，电路模块输出端的信噪比总是

小于输入端的信噪比。

（2）噪声系数

信噪比虽然能够反映信号质量的好坏，但是其反映不了电路模块对信号质量的影响，也无法反映电路模块本身噪声性能的好坏，因此，人们常用电路模块（放大器或其他线性网络）前后信噪比的比值，即噪声系数（Noise Figure，NF）来表示放大器的噪声性能。

噪声系数定义为线性二端口网络输入端信噪功率比与输出端信噪功率比的比值

$$NF（dB）=10\lg\frac{SNR_i}{SNR_o}=10\lg\frac{P_{si}/P_{ni}}{P_{so}/P_{no}} \qquad (1-11)$$

噪声系数 NF 一般都用分贝（dB）表示，是高频信号放大器特别是接收机天线之后的低噪声放大器（Low Noise Amplifier，LNA）的重要指标。由式（1-11）可见，噪声系数表征了信号通过系统后，系统内部噪声造成的信噪比恶化程度。噪声系数 NF 越低越好。

【小结】 如果系统是无噪声的，无论系统的增益多大，输入的信号和噪声都被同等放大，输入/输出的信噪比应该相等，相应的噪声系数为 1（0 dB）；如果系统是有噪声的，则噪声系数自然大于 1（0 dB）。

1.5.4 减小电路噪声的常用方法

噪声对通信系统所造成不良影响的大小，主要用信噪比来衡量。信噪比越大，信号质量越好。提高信噪比可以从两个方面着手：一是提高信号强度；二是降低噪声。下面将简要介绍减小电路噪声影响、提高信噪比的通用方法。

（1）优选低噪声器件

通过择优选择电路工作频段内噪声系数较小的低噪声器件，可以提高整个系统的抗噪声性能。特别是在通信系统前端电路中，一般接收机第一级小信号放大器均采用低噪声放大器（LNA），LNA 信号增益要求不高，但是对噪声抑制能力要求严格，其噪声性能的好坏直接影响整个系统的性能。例如，美国美信公司（MAXIM）一款 LNA 产品 MAX2659 主要指标及电路框图如图 1-10所示，其功率增益不高，但是噪声系数很低，非常适用于接收机射频前端信号放大。

（2）合理设定电路频率带宽

通信系统收发信机射频前端电路往往多处设置有不同频段的电路滤波器模

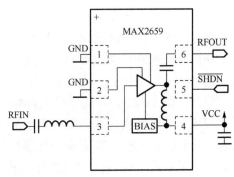

- High-Power Gain: 20.5dB
- Ultra-Low-Noise Figure: 0.8dB
- Integrated 50W Output Matching Circuit
- Low Supply Current: 4.1mA
- Wide Supply Voltage Range: 1.6V to 3.6V
- Small Footprint: 1.5mm×1.0mm
- Thin Profile: 0.75mm

图 1-10　LNA 芯片实例

块，用于信号频带之外噪声的滤除。滤波电路频带宽度的选择，既要考虑噪声的抑制（通频带尽量窄），同时又要考虑不会导致信号损失。

（3）降低电路环境温度

半导体电路大多为热敏器件，随着电路工作温度的提高，半导体电路内部噪声会逐步增大，从而影响电路工作性能，因此需要考虑降低电路的环境温度。降低电路环境温度可以从两个方面着手：一是优选低压、低功耗器件，以此减小器件散热对电路性能的影响；二是增加散热装置，如机器内部增加散热片、增设散热风扇，或者使用空调保证机房环境温度常年稳定等。

（4）优选电路方案

不同的电路方案结构，其抗噪声性能有所区别。例如，差分双端输入差分双端输出（简称双入双出），这种全差分电路结构，由于输入/输出端噪声可以相互抵消，具备优良的共模噪声抑制能力，往往被用在许多对噪声抑制要求较严格的场合，如图 1-11（b）中输入/输出全差分方案，由于更高的共模抑制比，其抗噪声性能要优于图 1-11（a）中单入单出放大器方案。双入双出全差分电路方案的缺点是电路复杂度高、成本高，其设计思路正是以电路复杂度的提高换取噪声性能的改进。

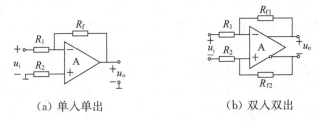

（a）单入单出　　　　　　　　　　（b）双入双出

图 1-11　全差分输入/输出抗噪方案

（5）增加噪声屏蔽

在系统级与模块级设计上，往往还有一种较为常用的降低噪声的方法，就是增加屏蔽设计，常见的往往是电路功能模块屏蔽，也有系统整机屏蔽设计。图1-12所示为某款电台频率合成信号源模块，其电路完全被金属屏蔽外壳包裹，仅有输入/输出接口通过屏蔽线与外接模块连接，无论是信号输入/输出通路，还是电路模块本身，屏蔽外界噪声干扰的效果都非常好。这种金属屏蔽方式设计，不但可以防止外界噪声对本模块的干扰，而且如果该模块自身为大功率电路，还可以用于防止其对外部其他模块电路的干扰，效果一举两得。

图1-12　某款电台频率
合成信号源模块

1.6　本书主要内容与特点

本书的主要内容涵盖了通信系统收发信机的主要电路模块，包括小信号高频放大器、大信号高频功率放大器及收发公用模块，如高频正弦波振荡器、频率合成器与混频器等，发信机调制电路与接收机解调电路独辟一章单独介绍。

内容设置方面，本书一方面保留了部分经典的分立元器件构成的功能电路，尽管这些电路目前在实际使用过程中可能不常运用，但是其蕴含的经典分析方法与设计思想非常值得广大初学者学习效仿；另一方面，本书较大幅度地增加了目前广为使用的集成电路功能模块的介绍与应用，通过介绍集成模块的内部电路框图、外部特性与典型应用电路，指导读者学习掌握基本的硬件电路分析与设计方法，提高读者学以致用的实践能力。

通信电路课程对于通信大类专业的重要意义，以及在整个课程体系中的作用，编者这里还想多说两句。在集成电路飞速发展的今天，基于分立元件设计为主体的通信电路课程到底要不要保留呢，众说纷纭，每人都有自己的看法，但是我们认同两个观点：第一，通信电路内容确实需要向系统级方向改革延伸，不断推出新的电路方案与技术，同样一个功能电路，需要不断地技术跟踪引入新的方案，例如随着物联网技术的发展，许多收发模块基于电路简化目的逐步更多采用了零中频发射与接收方案，而传统教材却是以超外差结构为主，所以通信电路系统级方案需要与时俱进，及时增补零中频一类的新方案并对比阐述清楚各自方案的优缺点；第二，经典分立元件构建的通信电路模块同样具有非常大的保留价值。我们知道，计算机软件工程中有一项称作"软件算法"的设计工作非常有价值，同样，在通信工程硬件设计过程中一样存在"硬件算法"，例如从调制解调的数学理论基础到通信电子电路的硬件实现，存在着严格的数学公式推导到硬件实现电路的转化，整个过程对学生的数学理论基础、工程设计思维与先修电类基础功能电路的拓展理解与运用都具有非常大的价值，可以说通信电路课程是通信专业大学四年少有的一门专业基础课程，其能够如此巧妙地将数学理论和多门专业基础课如电路、信号、模电与数电等汇集在一起找到知识的应用场景，可以让学生真正体会到学有所用的意义所在。

　　通信电路，从硬件角度讲，主要讲解高频频段电子电路的设计技术，所以相比于低频电子电路，通信电子电路又称高频电子电路；从通信系统调制与解调的角度讲，主要讲解模拟调制与解调理论与物理层硬件实现电路，如经典调幅与调频，不同于数字通信原理课程，所以本课程承前启后的重要骨干作用不言而喻。

　　通信电路的教学，除了介绍经典电路模块知识之外，作为一门打开专业思维的专业入门课程，无论是教学还是自学，实施过程中需要逐步锻炼科学的分析与设计电路方法、理论到电路的算法实现，以及相同电路特性却完全两种不同甚至对立的应用设计思路。学习过程需要不断拓展知识结构的理解，从如何分析与设计电路出发，逐步升级为多加探讨问题的来源与出发点、问题是否有更好的改进方法。

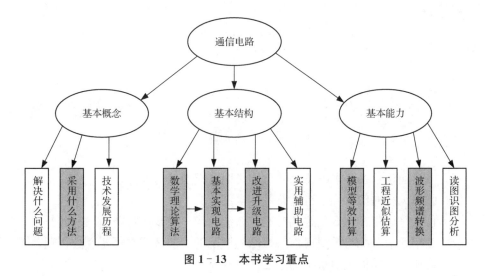

图 1-13　本书学习重点

　　结合目前通信电路技术发展最新动态，本书每章适度引入了电子线路辅助设计软件 Multisim 设计案例，使得读者能够较为方便地完成各种功能电路的虚拟仿真验证，利于提高读者的电路分析与设计能力。读者在理论学习之余，可以有兴趣地开展功能电路虚拟仿真设计实验，通过增补介于理论到实践之间重要的仿真实验环节，有利于读者理论学习与实验操作相互促进，有利于读者知识体系的完整与动手能力的培养。另外本书还配套出版了对应的实验专用教材，力图打通从理论教学到虚拟仿真实验再到实物实验的完整环节，进一步形成理论与实践的闭环，提升学习效果。

　　【科学人物】　　无线电之父：马可尼

　　伽利尔摩·马可尼（Guglielmo Marconi）：无线电之父、企业家、诺贝尔物理奖获得者。

图 1 - 14　马可尼

　　马可尼 1874 年 4 月出生于意大利的一个富商家庭，从小博览群书，特别是在电磁方面做了许多电磁学实验。因母亲的祖籍是英国，他小时候经常随母亲漂洋过海，到英国走亲访友。途中他想念父亲，在船上经常遇到各种意外，又无法与陆地通信，感觉非常不方便，因此马可尼经常想：能否设计出一种方法，能够实现海上与陆上之间的人员通信，这个问题始终困扰与激励着他，最终促使他发明了电报。

　　马可尼从小对事情具有独立见解并具备良好的创新精神，对无线电的追求伴随着他的一生，促使他在成长中将所学知识学以致用，成为公认的无线电之父。

习　题

1. 画出通信系统基本框图，并分别说明各模块的功能。
2. 画出无线通信收发信机电路基本框图。
3. 什么是调制？什么是解调？通信系统为何一般要进行调制与解调？
4. 数字通信系统与模拟通信系统结构框图的主要区别在哪儿？数字通信系统相比于模拟通信系统的主要优势在哪儿？
5. 噪声主要有哪些种类？常用减小噪声的方法有哪些？

6. 结合模拟无线通信系统框图，尝试判断无线收发信机应该有哪些主要的
性能指标。

参考文献

［1］张有光，王梦醒，赵恒，等．电子信息类专业导论［M］．北京：电子工业出版社，2013.

［2］顾宝良．通信电子线路［M］．3 版．北京：电子工业出版社，2013.

［3］余萍，李然，贾惠彬．通信电子电路［M］．北京：清华大学出版社，2010.

第2章 小信号调谐放大器

【内容关键词】

- 谐振、选频、并联谐振回路、品质因数、选择性
- 调谐、单调谐放大器、直接级联放大器、参差调谐放大器

【内容提要】

本章主要内容为小信号调谐放大器基本结构与工作原理。首先介绍调谐放大器的概念和总体框架组成，即调谐放大器是在低频放大器的基础上增加一级选频回路组成的，由此简要复习了低频宽大放大器以及"电路分析基础"课程中 LC 并联谐振回路的相关知识，包括 LC 并联谐振回路的电路结构、工作原理及主要性能指标，以及低频宽带放大器的主要性能指标，重点介绍了 LC 并联谐振回路的部分接入方式及等效分析方法调谐回路与负载等电路模块之间的接入方式。在此基础上介绍单级调谐放大器的放大和选频特性，以及调谐放大器的多级级联，包括直接级联调谐放大器、参差调谐放大器等级联方式。作为提升内容，本章简要介绍了调谐放大器高频工作时，高频晶体管放大性能的变化及电路等效模型，以及高频工作时影响调谐放大器稳定性的因素及解决措施。

本章知识点导图如图 2-0 所示，其中灰色部分为需要重点关注掌握的内容。学习过程中需要关注理解几个基本问题：

1. 小信号调谐放大器与低频放大器在电路结构上的区别；
2. LC 并联谐振回路工作原理、性能指标等基础概念的深化；
3. LC 并联谐振回路部分接入方式的意义和相关计算方法；
4. 直接级联调谐放大器和参差调谐多级放大器在性能上的区别。

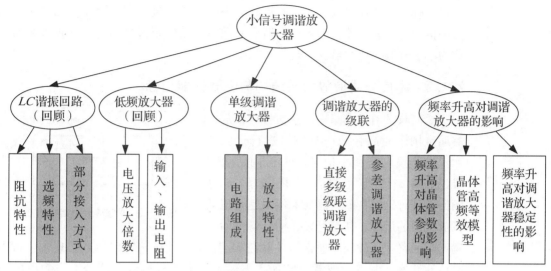

图 2-0　小信号调谐放大器知识点导图

2.1　引言

2.1.1　什么是小信号调谐放大器

　　通信信号以无线电波形式在空间传播，遵循自由空间电磁波传播规律，还会遇到大气衰减等因素，随着距离的增加，其强度将迅速衰减。因此，一般通信接收机所接收到的信号较弱，其电压经常在毫伏甚至微伏量级，这种量级信号一般归为小信号。

　　通信实施过程中，由于电磁空间同时存在着众多干扰信号，干扰信号可能与有用信号一起进入接收机。因此，为了正确接收有用信号，需要设计一种电路，可以将所需要的有用信号进行放大，同时将无用的干扰信号尽量抑制滤除。如图 2-1 所示，收音机在接收某调频电台 105.8 MHz 信号时，其余电台信号及空间的各种噪声就是干扰，有必要进行有效滤除，此时就需要一种对接

初识小信号
调谐放大器

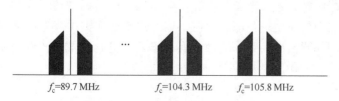

图 2-1　收音机接收信号示意图

收信号频率有选择的放大电路。这种对小信号频率进行有选择放大的电路，称为小信号选频放大器，选频放大器多用调谐回路实现，故小信号选频放大器又称为小信号调谐放大器。

2.1.2　小信号调谐放大器结构与主要性能指标

通信收发信机电路中，小信号调谐放大器通常用于对高频或中频信号进行选频放大，由选频电路和小信号放大器两部分构成，如图2-2所示。实际运用过程中，选频回路既可以放在放大器的前端，也可以放在放大器的后端，甚至可以在前后端同时放

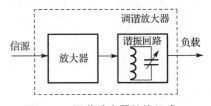

图2-2　调谐放大器结构组成

置选频回路。选频回路通常为并联谐振回路，用 LC 选频回路来实现，也可由晶体滤波器、陶瓷滤波器等实现。小信号放大器根据输入信号工作频段的高低，选择不同的放大器件，一般要求增益高、失真度小，因此通常工作在甲类状态下。为了改善增益与带宽等性能，实际应用电路还经常采用多级调谐放大器级联结构来实现。

小信号调谐放大器具有两个基本功能，一是放大，二是选频，所以相应的性能指标主要围绕增益 A_V 与带宽 B 两个方面。反映到电路幅频特性曲线上，增益 A_V 用于描述幅频增益曲线的纵向高度，带宽 B 用于描述幅频增益曲线的横向宽度。

正是因为 LC 调谐回路是小信号放大器的重要组成部分，所以下面将首先复习回顾 LC 调谐回路相关内容，之后再做相应学习提升。

2.2　LC 谐振回路工作原理

LC 谐振回路，也称为 LC 谐振电路，由电感（L）和电容（C）组成，通常还要考虑线圈内阻和外接电阻的影响。根据其连接关系，分为串联谐振回路和并联谐振回路两种。相关概念和方法在电路理论中已经做初步介绍，本书主要针对通信电路中的应用进行深化。在小信号调谐放大器中，考虑信号源内阻因素，主要采用并联谐振回路作为放大器负载，因此，本节重点讨论 LC 并联谐振回路的结构、工作原理和常用的性能指标。

2.2.1　LC 并联谐振回路

典型的 LC 并联谐振回路如图 2-3 所示。一般由
信号源 I_S、电阻 R_0、电感 L 和电容 C 并联连接构成。
信号源 I_S 模拟等效前级放大器，假设信号源 I_S 为理
想电流源，内阻 R_S 无穷大，可以忽略。电阻 R_0 表示
LC 回路等效损耗电阻（对应损耗电导表示为 G_0），
该等效损耗电阻 R_0 主要来自电感线圈 L 的损耗电

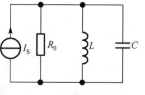

图 2-3　LC 并联谐振回路

并联 LC
谐振回路
特性回顾

阻，电容 C 虽然也存在一定的介质损耗和金属损耗，但因数值较小，一般情况
下可以忽略不计。图 2-3 中所示电感 L 与电容 C 为剥离损耗后的理想器件。

LC 并联谐振回路特性分析一般包括阻抗特性分析和选频特性分析。

1）阻抗特性分析

LC 并联谐振回路的阻抗特性主要包括阻抗特性曲线、谐振电阻、特性阻
抗、品质因数等。假设信号源的角频率为 ω，可求出并联回路的端口等效导
纳为

$$Y = G_0 + \mathrm{j}\omega C + \frac{1}{\mathrm{j}\omega L} = G_0 + \mathrm{j}\left(\omega C - \frac{1}{\omega L}\right) \tag{2-1}$$

等效导纳模 $|Y|$ 和相角 φ 分别为

$$|Y| = \sqrt{G_0^2 + \left(\omega C - \frac{1}{\omega L}\right)^2} \tag{2-2}$$

$$\varphi = \arctan\frac{\omega C - \dfrac{1}{\omega L}}{G_0} \tag{2-3}$$

若写成阻抗形式，则有

$$Z = \frac{1}{Y} = \frac{1}{G_0 + \mathrm{j}\left(\omega C - \dfrac{1}{\omega L}\right)} \tag{2-4}$$

其阻抗的模为

$$|Z| = \frac{1}{|Y|} = \frac{1}{\sqrt{G_0^2 + \left(\omega C - \dfrac{1}{\omega L}\right)^2}} \tag{2-5}$$

显然，阻抗的模是一个与信号源角频率 ω 有关的函数，以阻抗的模为纵坐
标，角频率为横坐标，可以作出如图 2-4 所示的曲线，称为并联 LC 谐振回路
的阻抗特性曲线。

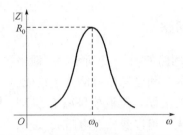

图 2-4 并联谐振回路的阻抗特性曲线

从该阻抗特性曲线可以看出：在角频率 ω_0 处，导纳的虚部为零，意味着导纳的模取得最小值，阻抗的模取得最大值，此时对应回路电压也取得最大值。回路对于信号源而言相当于纯电阻，此时称其处于谐振状态，称 ω_0 为回路的谐振角频率。

令导纳虚部为零，即 $\omega C - \dfrac{1}{\omega L} = 0$，即可求解出谐振角频率 ω_0 为

$$\omega_0 = \frac{1}{\sqrt{LC}} \tag{2-6}$$

谐振时，电感感抗为 $X_L = \omega_0 L = \sqrt{\dfrac{L}{C}}$，电容容抗为 $X_C = \dfrac{1}{\omega_0 C} = \sqrt{\dfrac{L}{C}}$，二者相等。将 $\omega_0 L = \dfrac{1}{\omega_0 C} = \sqrt{\dfrac{L}{C}}$ 称为回路的特性阻抗，经常用 ρ 来表示。

在许多情况下比较关心谐振回路的回路电阻和特性阻抗之间的比值，它的大小反映了谐振回路"品质"的好坏，将其定义为品质因数 Q（英文 quality 的首字母），即

$$Q = \frac{R_0}{\rho} = \frac{R_0}{\sqrt{\dfrac{L}{C}}} = \frac{R_0}{\omega_0 L} = \omega_0 R_0 C = \frac{1}{\omega_0 L G_0} = \frac{\omega_0 C}{G_0} \tag{2-7}$$

【知识拓展】 品质因数的物理意义。

品质因数是一个非常重要的概念，本节稍加扩展说明。Q 的大小之所以能够反映谐振回路的"品质"好坏可以从以下三个方面理解：

（1）Q 的第一个含义可以从能量的角度给出，即电抗元件的总储能与一个周期内电路的总耗能比值的 2π 倍，证明从略，感兴趣的同学请自行查阅相关资料，即

$$Q = 2\pi \frac{W}{W_R}$$

换言之，维持一定强度的电磁振荡所需要消耗的能量越少，Q 越大，回路的"品质"就越好。

（2）Q 的第二个含义可以从阻抗的角度给出，根据式（2-7）的定义，Q 为谐振回路的回路电阻和特性阻抗间的比值，也就是在特性阻抗 ρ 一定的情况下，Q 越大，回路电阻 R_0 越大，回路的"品质"越好。

（3）Q 的第三个含义可以从电流的角度给出，Q 可以表示为回路中电感或电容支路上的电流有效值与输入信号源电流之间的比值，即

$$Q = \frac{R_0}{\omega_0 L} = \frac{(1/\omega_0 L)\,U}{G_0 U} = \frac{I_{L0}}{I_s}\left(= \frac{\omega_0 CU}{G_0 U} = \frac{I_{C0}}{I_s}\right)$$

当 Q 很大时，谐振时电抗元件上的电流将远远大于输入电流源电流，故而并联谐振也常称为电流谐振。

2）选频特性分析

如图 2-4 所示，当电路工作频率变化时，并联谐振回路呈现出带通选频特性。谐振回路的选频特性通常用归一化的输入阻抗函数 $N(j\omega)$ 表示。输入阻抗函数为选择回路输入端口电压与输入端口电流之比，也被称为网络函数，记为 $H_Z(j\omega)$，即

$$\begin{aligned}
H_Z(j\omega) &= \frac{\dot{U}}{\dot{I}_s} = \frac{1}{G_0 + j\left(\omega C - \frac{1}{\omega L}\right)} = \frac{1/G_0}{1 + j\left(\frac{\omega_0 C}{G_0}\cdot\frac{\omega}{\omega_0} - \frac{1}{G_0 \omega_0 L}\cdot\frac{\omega_0}{\omega}\right)} \\
&= \frac{R_0}{1 + jQ\left(\frac{\omega}{\omega_0} - \frac{\omega_0}{\omega}\right)}
\end{aligned} \tag{2-8}$$

对 $H_Z(j\omega)$ 归一化后可得归一化的输入阻抗函数 $N(j\omega)$ 为

$$N(j\omega) = \frac{H_Z(j\omega)}{R_0} = \frac{1}{1 + jQ\left(\frac{\omega}{\omega_0} - \frac{\omega_0}{\omega}\right)} \tag{2-9}$$

式（2-9）表示了回路对不同频率信号的选择性通过能力，即谐振回路的选择性。该函数包含幅频特性和相频特性两部分，其函数式分别表示如下。

幅频特性

$$|N(j\omega)| = \frac{1}{\sqrt{1 + Q^2\left(\frac{\omega}{\omega_0} - \frac{\omega_0}{\omega}\right)^2}} \tag{2-10}$$

相频特性

$$\varphi(\omega) = -\arctan Q\left(\frac{\omega}{\omega_0} - \frac{\omega_0}{\omega}\right) \tag{2-11}$$

或将自变量用频率表示

$$|N(\mathrm{j}f)| = \frac{1}{\sqrt{1 + Q^2\left(\frac{f}{f_0} - \frac{f_0}{f}\right)^2}} \tag{2-12}$$

$$\varphi(f) = -\arctan Q\left(\frac{f}{f_0} - \frac{f_0}{f}\right) \tag{2-13}$$

本书将 $|N(\mathrm{j}f)|$ 简记为 $N(f)$，由此可得并联谐振回路对应的幅频特性曲线和相频特性曲线，分别如图 2-5、图 2-6 所示。

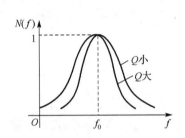

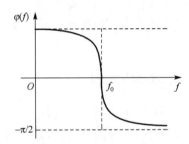

图 2-5　并联谐振回路幅频特性曲线　　　　**图 2-6　并联谐振回路相频特性曲线**

由图 2-5 可以看出，幅频特性曲线形状受到 Q 的影响，随着 Q 的增大，幅频特性曲线变得更加尖锐，表明谐振回路对于通带频率之内和之外的信号具有更强的区分能力，即选择性增强。反之，Q 越小，则幅频特性曲线越平缓，选择性越差。从图 2-6 所示的相频特性曲线可以看出，当 $f < f_0$ 时，电压相位超前电流，电路为感性；反之，当 $f > f_0$ 时，电压相位滞后电流，电路为容性。

谐振回路的选频带宽是描述其选频特性的重要指标。在幅频特性曲线中，选频带宽 B 也称为通频带宽，一般定义为 $N(f)$ 下降为 $\frac{1}{\sqrt{2}}$ 时所对应的带宽，即 -3 dB 带宽，通常也记为 $B_{0.7}$。令

$$|N(\mathrm{j}f)| = \frac{1}{\sqrt{1 + Q^2\left(\frac{f}{f_0} - \frac{f_0}{f}\right)^2}} = \frac{1}{\sqrt{2}} \tag{2-14}$$

可得上、下截止频率 f_{C2}、f_{C1} 分别为

$$f_{C2} = \left(\sqrt{1 + \frac{1}{4Q^2}} + \frac{1}{2Q}\right)f_0 \tag{2-15}$$

$$f_{C1}=\left(\sqrt{1+\frac{1}{4Q^2}}-\frac{1}{2Q}\right)f_0 \qquad (2-16)$$

故选频带宽 $B_{0.7}$ 为

$$B_{0.7}=f_{C2}-f_{C1}=\frac{f_0}{Q} \qquad (2-17)$$

从式（2-17）可以得出 Q 的另一个物理意义：

$$Q=\frac{f_0}{B_{0.7}} \qquad (2-18)$$

即 Q 可由谐振频率 f_0 与回路选频带宽 $B_{0.7}$ 的比值给出。由式（2-18）可以发现，当谐振频率一定时，带宽越窄，Q 越大，选择性越好。

> 【思考】　Q 越大，曲线越尖锐，回路的选择性越强，其对噪声抑制能力也越强，是不是 Q 越大越好呢？
>
> 【答案】　考虑实际通信信号都具有一定带宽，如单声道调频广播信号带宽为 180 kHz，在所需频段信号通过谐振回路时，需要其在通带之内无失真，即对于不同的频率，其幅频响应为常数或尽量平坦。Q 越大，回路的通频带宽会随着 Q 的增大而减小，有可能使得部分有用信号频带被滤除，因此 Q 不是越大越好，而是需要在带外噪声抑制与带内信号失真控制两项指标间折中考虑。

【例题 2-1】　给定并联谐振回路的谐振频率 $f_0=5$ MHz，$C=50$ pF，通频带宽 $B_{0.7}=150$ kHz。试求电感 L、回路品质因数 Q。

【解答】　由式（2-6）可得

$$L=\frac{1}{\omega_0^2 C}=\frac{1}{4\pi^2 f_0^2 C}=\frac{1}{4\pi^2\times(5\times10^6)^2\times50\times10^{-12}} \text{ H}$$
$$=2.026\times10^{-5} \text{ H}=20.26 \ \mu\text{H}$$

由式（2-18）可得品质因数 Q 为

$$Q=\frac{f_0}{B_{0.7}}=\frac{5\ 000 \text{ kHz}}{150 \text{ kHz}}=33.33$$

> 【小结】　LC 并联谐振回路是小信号调谐放大器的基本单元电路，此处对其基本特性和关键公式进行小结。
>
> （1）阻抗特性
> 谐振时回路为纯电阻 R_0，对应的角频率称为谐振角频率 ω_0，对应的感抗

和容抗称为特性阻抗 ρ，回路电阻和特性阻抗的比值称为品质因数 Q，表达式分别为

$$\omega_0=\frac{1}{\sqrt{LC}},\quad \rho=\omega_0L=\frac{1}{\omega_0C}=\sqrt{\frac{L}{C}},\quad Q=\frac{R_0}{\omega_0L}=\omega_0R_0C$$

（2）选频特性

通常用归一化的输入阻抗函数表示谐振回路的选频特性，其涉及的性能指标包括幅频特性 $N(f)$、相频特性 $\varphi(f)$ 和回路带宽 $B(B_{0.7})$，表达式分别为

$$N(f)=\frac{1}{\sqrt{1+Q^2\left(\frac{f}{f_0}-\frac{f_0}{f}\right)^2}},\quad \varphi(f)=-\arctan Q\left(\frac{f}{f_0}-\frac{f_0}{f}\right),\quad B_{0.7}=\frac{f_0}{Q}$$

幅频特性反映了谐振回路对不同频率信号的选择性通过能力，Q 越大，幅频特性曲线越尖锐，选择性越强；反之，幅频特性曲线越平缓，选择性越差。相频特性反映了不同频率下谐振回路的电抗性质，当 $f<f_0$ 时，电压相位超前电流，电路为感性；反之，当 $f>f_0$ 时，电压相位滞后电流，电路为容性。谐振回路的选频带宽是描述其选频特性的重要指标，当谐振频率一定时，带宽越窄，Q 越大，选择性越好。

2.2.2　负载与信号源对谐振回路的影响

在 2.2.1 节分析 LC 并联谐振回路特性的过程中，没有考虑信号源内部阻抗和负载阻抗的影响。而在实际电路中，谐振回路中会接入非理想信号源和负载阻抗，这会改变电路的阻抗特性和选频特性，以下做简要分析。

首先仅考虑信号源内部阻抗和负载阻抗中的电阻分量，给出接入信号源内阻 R_S 和负载电阻 R_L 的电路，如图 2-7 所示。显然，由于元件 L、C 的值并未改变，此时回路谐振频率不会受到影响，即仍有 $f_0=\frac{1}{2\pi\sqrt{LC}}$。但回路的总谐振电阻

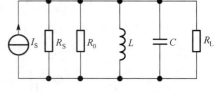

图 2-7　考虑信号源内阻和负载电阻的 LC 并联谐振回路

则改变为 $R_\Sigma=R_0\text{//}R_L\text{//}R_S$。此时的品质因数改变为

$$Q_L=\frac{R_\Sigma}{\omega_0L}=\omega_0R_\Sigma C \tag{2-19}$$

式（2-19）也可用回路的总谐振电导 $G_\Sigma=G_0+G_L+G_S$ 来表示，即

$$Q_L = \frac{1}{G_\Sigma \omega_0 L} = \frac{\omega_0 C}{G_\Sigma} \tag{2-20}$$

式中，$G_0 = \dfrac{1}{R_0}$，$G_L = \dfrac{1}{R_L}$，$G_S = \dfrac{1}{R_S}$。

由此可见，由于总电导增大，回路品质因数降低了。一般把没有考虑信号源内阻和负载电阻时的回路品质因数称为空载品质因数或无载品质因数，以 Q_0 表示，而将考虑信号源内阻和负载电阻的回路品质因数称为带载品质因数或有载品质因数，以 Q_L 表示。根据之前的讨论，由于 $Q_L < Q_0$，回路的通频带将被展宽，选择性将变差。

Q_L 与 Q_0 之间的转换关系为

$$\frac{Q_L}{Q_0} = \frac{G_0}{G_\Sigma} = \frac{G_0}{G_0 + G_L + G_S} = \frac{1}{1 + \dfrac{G_L}{G_0} + \dfrac{G_S}{G_0}} = \frac{1}{1 + \dfrac{R_0}{R_L} + \dfrac{R_0}{R_S}} \tag{2-21}$$

$$Q_L = \frac{Q_0}{1 + \dfrac{R_0}{R_L} + \dfrac{R_0}{R_S}} \tag{2-22}$$

从式（2-22）可以看出，信号源内阻 R_S 和负载电阻 R_L 越大，Q_L 下降越少，"品质"越好，反之 Q_L 下降越多，"品质"越差。

以上讨论中，忽略了信号源内部阻抗和负载阻抗中电抗分量的影响，这在低频情况下是允许的，而一旦进入高频工作，电抗分量的影响就不能忽视了，此时电路的谐振频率将发生偏移。考虑实际中电抗分量主要是电

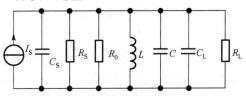

图 2-8　引入信号源和负载电容的等效电路

容性的（如信号源的输出电容 C_S 和负载晶体管的输入电容 C_L 等），引入信号源电容 C_S 和负载电容 C_L 后 LC 谐振回路的等效电路如图 2-8 所示。

由图 2-8 可知，有载回路的总电容 $C_\Sigma = C + C_S + C_L$，谐振频率变为 $f_0' = \dfrac{1}{2\pi \sqrt{LC_\Sigma}}$，相对于未考虑信号源和负载电容时的空载谐振频率，频率值有所降低。

此外，从实际应用的角度看，由于电路中电容 C_S 与 C_L 分量通常是前级放大器与负载的输入与输出寄生电容，当温度变化时，晶体管的温漂特性将引起输入、输出寄生电容参数的变化，从而导致谐振频率变化，使回路的频率特性不再稳定，这在实际工程应用中是需要尽力避免的。在电路设计时一种可行的方法是尽可能提高回路电容 C 的值，使得 C_S 和 C_L 所占总电容的比例减小，从而减小其变化的影响。

【小结】　在 LC 并联谐振回路实际应用中，信号源阻抗（前级电路输出阻抗）和负载阻抗（后级电路输入阻抗）会对回路特性产生两个方面的影响：

（1）电阻成分会导致回路品质因数降低，从而通频带展宽，选择性变差；

（2）电抗成分会导致高频时回路的谐振频率降低，且频率特性不稳定。

要减小信号源与负载对谐振回路的影响，就必须减少回路总电阻中 R_S 和 R_L 所占的比例，减少回路总电容中 C_S 和 C_L 所占的比例。因此，实际工程应用中，信号源与负载一般不直接接入 LC 谐振回路，而采用部分接入的方式。

2.2.3　谐振回路的接入方式

谐振回路的
接入方式

由 2.2.2 节可知，当谐振回路直接连接信号源和负载时，由于信号源阻抗和负载阻抗的影响，导致回路出现品质因数下降、高频时谐振频率漂移和不稳定等问题，故需要对电路进行改进。从式（2-22）可以看出，增大信号源内阻 R_S 和负载电阻 R_L，可以减小其对回路品质因数的影响。而信号源和负载阻抗参数都是给定的，很难调整，所以一种行之有效的改进方式是利用阻抗变换的方式，将信号源电阻和负载电阻变换为较大的等效电阻，从而有效提高有载谐振回路的品质因数。其实现途径就是通过变压器或电容分压电路将谐振电路从直接的全接入方式改为可以灵活调整的部分接入方式。

此外，在电路理论中曾经讨论过阻抗匹配与最大功率传输的问题，由于信号源和负载阻抗参数难以调整，常常导致负载上无法获得所需功率，因此，部分接入方式还可以实现阻抗变换和匹配，以使回路负载获得较大功率。

由于信号源阻抗和负载阻抗进行阻抗变换的原理是相同的，本节重点以负载阻抗部分接入为例展开介绍，信号源阻抗部分接入参照类似方法对应处理即可。常用的部分接入方式包括变压器接入和电容抽头接入两类。

1）变压器接入

根据所选变压器的不同，分为互感变压器接入和自耦变压器接入两种。互感和自耦变压器实现阻抗变换的基本原理如图 2-9 所示，其中 N_1、N_2 分别是原边线圈（或初级线圈）和副边线圈（或次级线圈）的匝数，R_L 为负载电阻，R'_L 为通过变压器接入回路后的等效电阻。假设线圈接近全耦合，损耗很小，根据电路理论，有

$$R'_L = \left(\frac{N_1}{N_2}\right)^2 R_L \qquad\qquad (2-23)$$

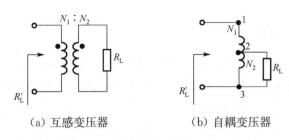

(a) 互感变压器　　　　　　　(b) 自耦变压器

图 2-9　变压器的阻抗变换原理

采用互感变压器和自耦变压器接入方式的 LC 并联谐振回路分别如图 2-10 和图 2-11 所示。其中原边线圈即为回路的电感线圈，副边线圈接于负载上。对于自耦变压器，副边线圈本身就是原边线圈的一部分，其抽头系数是可以调整的，显然，此时原、副线圈的匝数比 $\dfrac{N_1}{N_2}\geqslant 1$。两

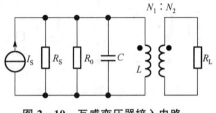

图 2-10　互感变压器接入电路

种接入方式下的等效电路是相同的，如图 2-12 所示。

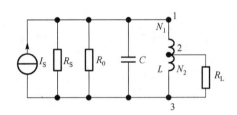

图 2-11　自耦变压器接入电路

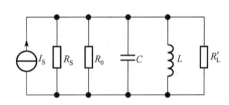

图 2-12　变压器接入方式下的等效电路

采用部分接入方式后，回路的谐振电导 G_Σ 变为 $G_\Sigma = G_S + G_0 + G'_L$，若原、副边线圈的匝数比 $\dfrac{N_1}{N_2} > 1$，则由式（2-23）可知 $R'_L > R_L$，即 $G'_L < G_L$，G_Σ 亦随之变小，回路的品质因数 $Q = \dfrac{\omega_0 C}{G_\Sigma}$ 增大，从而改善了电路的性能。

【小贴士】　相对于互感变压器而言，自耦变压器的优点是绕制简单，只需从抽头接入即可，并可灵活调整接入系数，但缺点是回路与负载之间存在直流通路，不适用于需要隔离直流的场合。

2) 电容抽头接入

电容抽头接入基于电容串联分压电路的阻抗变换原理实现，如图 2-13 所示。通过调整电容 C_1 和 C_2 的值，在 1、3 抽头端可以得到不同的等效变换阻抗，具体原理如图 2-14 所示。

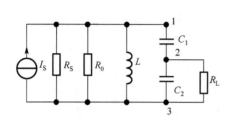

图 2-13 电容抽头接入电路   图 2-14 电容抽头电路的等效变换过程

本节不展开详细推导过程，只给出相关可用结论，图 2-14 中有

$$R_L = Q_{C_1}^2 r_L, \qquad R_L' = Q_{C_2}^2 r_L \tag{2-24}$$

式中，$Q_{C_1} = \dfrac{1}{\omega r_L C_2}$，$Q_{C_2} = \dfrac{1}{\omega r_L C_\Sigma}$（其中 $C_\Sigma = \dfrac{C_1 C_2}{C_1 + C_2}$）。

由此可得

$$\frac{R_L'}{R_L} = \frac{Q_{C_2}^2}{Q_{C_1}^2} = \left(\frac{C_2}{C_\Sigma}\right)^2 = \left(\frac{C_1 + C_2}{C_1}\right)^2 \tag{2-25}$$

即

$$R_L' = \left(\frac{C_1 + C_2}{C_1}\right)^2 R_L \tag{2-26}$$

由式（2-26）可知，$R_L' > R_L$。等效变换后的并联谐振回路如图 2-15 所示。此时谐振频率为

$$f_0 = \frac{1}{2\pi \sqrt{L C_\Sigma}} \tag{2-27}$$

式中，$C_\Sigma = \dfrac{C_1 C_2}{C_1 + C_2}$。

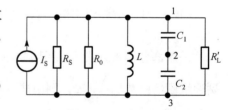

图 2-15 等效变换后的并联谐振回路

对应求得回路品质因数为

$$Q_L = \frac{\omega_0 C_\Sigma}{G_\Sigma} = \frac{\omega_0 C_\Sigma}{G_0 + G_S + G_L'} \tag{2-28}$$

式中，$\omega_0 = 2\pi f_0$，$G_L' = \dfrac{1}{R_L'}$ 为负载经过电容变换后的等效电导。由此可以看出，

由于 $R'_L > R_L$，$G'_L < G_L$，有载品质因数比原来增大了，而且只需要调整 C_1 和 C_2 的值就可以方便地改变品质因数的值。

注意，以上结论均是在电容 Q 值较大的条件下得出的，因此均为近似结果，由于该条件在多数情况下都能满足，故其误差可以不予考虑。

3）接入系数

为了更好地描述部分接入电路中的接入关系，可以引入接入系数的概念。接入系数 n 可定义为部分接入端与等效变换端的电抗比值。

（1）对于变压器形式的部分接入电路，N_1、N_2 分别是原边线圈（等效变换端）和副边线圈（部分接入端）的匝数，接入系数 n 为

$$n = \frac{j\omega N_2}{j\omega N_1} = \frac{N_2}{N_1} \tag{2-29}$$

一般情况下，N_2 始终小于 N_1，故有 $0 < n < 1$。

（2）对于电容抽头接入电路，接入系数 n 为

$$n = \frac{\dfrac{1}{j\omega C_2}}{\dfrac{1}{j\omega C_\Sigma}} = \frac{C_\Sigma}{C_2} = \frac{C_1}{C_1 + C_2} \tag{2-30}$$

故式（2-30）和式（2-26）可以统一用接入系数表示为

$$R'_L = \frac{1}{n^2} R_L \tag{2-31}$$

当负载中包含电容或电感等元件时，式（2-31）可稍作修正，将电阻改用负载阻抗表示

$$Z'_L = \frac{1}{n^2} Z_L \tag{2-32}$$

例如，若负载为电容元件 C_L，则其折算的等效阻抗为

$$Z'_C = \frac{1}{n^2} Z_C = \frac{1/(j\omega C_L)}{n^2} = \frac{1}{j\omega n^2 C_L} \tag{2-33}$$

等效电容为

$$C'_L = n^2 C_L \tag{2-34}$$

由式（2-34）可知，由于 $0 < n < 1$，折算到等效端的电容值变小，相应容抗变大，无论是对谐振回路谐振频率的影响，还是对谐振阻抗特性的影响均减小。

4) 信号源部分接入

信号源部分接入的分析方法与负载部分接入的分析方法类似，本节仅以自耦变压器形式、信号源内阻抗为纯电阻为例简单介绍，如图 2-16 所示。从图中可以看出，电路形式上与负载部分接入方式并无差别，完全可以沿用前述变换公式，转换之后的等效电路如图 2-17 所示，即

$$R'_S = \frac{1}{n^2} R_S \qquad (2-35)$$

式中，n 的含义与式（2-29）相同。

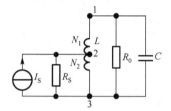

图 2-16 信号源部分接入电路

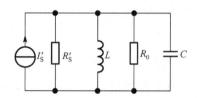

图 2-17 信号源部分接入等效电路

等效后的电流源 I'_S，可利用自耦变压器电流变换性质得到，即

$$I'_S = n I_S \qquad (2-36)$$

实际工程应用中，分析求解谐振回路的频率特性与阻抗特性时，应该综合考虑前级信号源及后级负载对谐振回路的影响。事实上，LC 谐振回路的前后级电路均会对谐振回路的性能产生影响。

【例题 2-2】 如右图所示的电路，已知电路输入电阻 $R_1 = 75\ \Omega$，负载电阻 $R_L = 300\ \Omega$，$C_1 = C_2 = 7\ pF$。问欲实现阻抗匹配，N_1/N_2 应为多少？

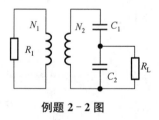

例题 2-2 图

【解答】 要实现阻抗匹配，要求输入电阻 R_1 和原边线圈 N_1 两端的等效负载电阻 R_0 相等。从图中可以看出，该电路中的负载电阻 R_L 等效到 N_1 两端需要经过两次阻抗变换。

（1）电容抽头部分接入，接入系数为 $n_1 = \frac{C_1}{C_1 + C_2} = \frac{1}{2}$，等效后的电阻为

$$R'_L = \frac{1}{n_1^2} R_L = 1\ 200\ \Omega$$

（2）互感变压器部分接入，接入系数为 $n_2 = \frac{N_2}{N_1}$，等效后的电阻为 $R_0 = $

$$\frac{1}{n_2^2}R'_L = 1\ 200\left(\frac{N_1}{N_2}\right)^2$$

阻抗匹配时 $R_1 = R_0$，所以 $1\ 200\left(\frac{N_1}{N_2}\right)^2 = 75$，可求得 $N_1/N_2 = 1/4$。

【例题 2-3】　如右图所示的 LC 并联谐振回路中，已知回路谐振频率为 $f_0 = 465\ \text{kHz}$，$Q_0 = 100$，信号源内阻 $R_S = 27\ \text{k}\Omega$，负载 $R_L = 2\ \text{k}\Omega$，$C = 200\ \text{pF}$，信号源和负载均以变压器形式接入回路，接入系数分别为 $n_1 = 0.31$，$n_2 = 0.22$。试求电感 L 及通频带 B。

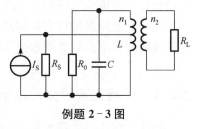
例题 2-3 图

【解答】　求解此题关键要对电路空载和有载两种情况分开讨论。在回路空载时求解电阻 R_0 和电感 L，回路有载时求解通频带 B。

（1）回路空载时，根据品质因数表达式 $Q_0 = 2\pi f_0 R_0 C$ 可得

$$R_0 = \frac{Q_0}{2\pi f_0 C} = \frac{100}{2\pi \times 465 \times 10^3 \times 200 \times 10^{-12}}\ \Omega = 171.2\ \text{k}\Omega$$

根据谐振频率表达式 $f_0 = \frac{1}{2\pi\sqrt{LC}}$ 可得

$$L = \frac{1}{4\pi^2 f_0^2 C} = \frac{1}{4\pi^2 \times (465 \times 10^3)^2 \times 200 \times 10^{-12}}\ \text{H} = 586.3\ \mu\text{H}$$

（2）回路有载时，信号源内阻 R_S 以自耦变压器方式接入 LC 回路两端，可得等效电阻 $R'_S = \frac{1}{n_1^2}R_S$。

负载 R_L 以互感变压器方式接入 LC 回路两端，可得等效电阻 $R'_L = \frac{1}{n_2^2}R_L$。

等效后回路的总谐振电导为

$$G_\Sigma = \frac{1}{R_0} + \frac{1}{R'_L} + \frac{1}{R'_S} = \frac{1}{R_0} + \frac{n_1^2}{R_S} + \frac{n_2^2}{R_L}$$

由于没有考虑电抗分量，回路的有载谐振频率仍为 f_0，根据式（2-20）回路的有载品质因数为 $Q_L = \frac{2\pi f_0 C}{G_\Sigma}$，则通频带宽为

$$B = \frac{f_0}{Q_L} = \frac{G_\Sigma}{2\pi C} = \frac{\dfrac{1}{R_0} + \dfrac{n_1^2}{R_S} + \dfrac{n_2^2}{R_L}}{2\pi C} = 26.75\ \text{kHz}$$

2.3　单级调谐放大器

调谐放大器是在低频宽带放大器基础之上经设计改进而成的，其本质上是

一种以 LC 并联谐振回路为负载的选频放大器，因此，与宽带放大器相对应，调谐放大器也可以分为共发射极、共基极、共集电极三种组态。由于单级调谐放大器性能有限，实际工程应用中经常需要进行多级级联，常见的有双调谐放大器和参差调谐放大器等，多级放大器是建立在单调谐放大器基础之上的。本节首先回顾低频宽带放大器的基本特性，然后对比讨论通信电路中应用较为广泛的共发射极组态单级调谐放大器。

2.3.1　低频宽带放大器基本特性回顾

　　前续课程"电子技术基础"或"模拟电子电路"已经详细分析了低频宽带放大器的基本特性，本节进行总结回顾。图 2-18 所示为一个典型的低频放大器电路，采用共发射极组态。电路中电容 C_1 为信号源与放大器之间的耦合电容，C_2 是连接放大器与负载电阻的耦合电容，电容 C_E 并联于发射极电阻两端，交流通路相当于短路线，将 R_E 短接，防止其减弱放大器的增益，因此它也被称为旁路电容。

　　图 2-18 的直流通路分析已在前续课程中详细介绍，这里不再重复，本节主要回顾交流等效电路分析方法。首先绘制低频放大器交流通路，如图 2-19 所示，再将晶体管用受控电流源等效模型代替，可进一步得到该低频放大器的小信号等效电路，如图 2-20 所示，其中 r_{be} 为基极和发射极之间的等效电阻，$i_c = \beta i_b$，β 为电流放大倍数。利用该等效电路，我们可以定量估算放大电路的电压放大倍数、输入电阻和输出电阻。

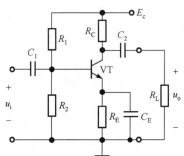

图 2-18　典型的低频放大器电路

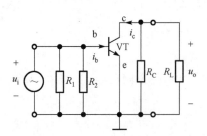

图 2-19　低频放大器交流通路

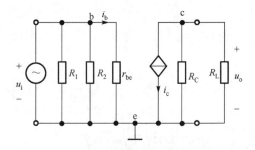

图 2-20　低频放大器的小信号等效电路

1) 电压放大倍数 A_u

由图 2-20 可知，输出电压为

$$u_o = -i_c (R_C /\!/ R_L) = -\beta i_b R_L' \qquad (2-37)$$

输入电压为

$$u_i = i_b r_{be} \qquad (2-38)$$

电压放大倍数定义为输出电压和输入电压之比，即

$$A_u = \frac{u_o}{u_i} = -\beta \frac{R_L'}{r_{be}} \qquad (2-39)$$

负号表示 u_o 与 u_i 反相，该电路为电压反相放大器。

2) 输入电阻 R_i

根据输入电阻定义，有

$$R_i = R_1 /\!/ R_2 /\!/ r_{be} \qquad (2-40)$$

一般情况下 $R_1 /\!/ R_2 \gg r_{be}$，故 $R_i \approx r_{be}$。

3) 输出电阻 R_o

根据输出电阻定义，将图 2-20 中的信号源置零（短路），同时负载开路（$R_L \to \infty$），故 $i_b = 0$，从而有 $i_c = \beta i_b = 0$，此时在输出端口采用外加电压法可求得输出电阻为

$$R_o = R_C \qquad (2-41)$$

例如，当晶体管 $\beta = 50$，$r_{be} = 1.2\ \text{k}\Omega$，$R_C = 5\ \text{k}\Omega$ 时，其电压放大倍数 $A_u = -\beta \dfrac{R_C}{r_{be}} \approx -208$，输入电阻 $R_i \approx r_{be} = 1.2\ \text{k}\Omega$，输出电阻 $R_o = R_C = 5\ \text{k}\Omega$。

低频共射放大电路的幅频特性曲线如图 2-21 所示，由于放大器内部极间电容的影响，由图可知该型放大器一般具备低通放大特性。鉴于篇幅，不再推导过程，感兴趣的读者，建议复习回顾前续相关课程。

低频共射放大电路的特点是既能放大电压，又能放大电流，输出电压与输入电压反相，输入电阻适中，输出电阻较大，适用于低频，常作为

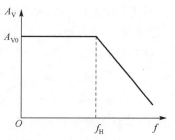

图 2-21　低频共射放大
电路的幅频特性曲线

多级放大电路的中间级。调谐放大器相比于低频放大器的主要区别在于，除了放大器本身具有放大功能之外，由于电路增加了 LC 谐振回路，增加了选频功能，接下来将重点研究 LC 谐振回路如何对电路性能产生影响。

2.3.2　高频窄带调谐放大器

低频宽带放大器以纯电阻为负载，属于低通宽带放大器，经常用于处理低频基带信号，如音频信号等。当工作频率升高后，信号带宽相对于中心频率而言逐渐变窄，基于频带划分和频率资源被高效利用，信号将被调制搬移到不同的中心频率上进行传输，这就要求电路必须具有窄带选频和滤波等功能，以准确区分不同频带范围的信号，防止相互干扰，低频宽带放大器对此无能为力。为此，人们想到了并联谐振回路，如果将放大器的负载从纯电阻改成 LC 并联谐振回路，电路将同时具有"放大"和"选频"的双重功能，这就是高频窄带调谐放大器的基本思想。本节讨论单级调谐放大器电路的基本原理和分析方法，在 2.4 节还将进一步讨论采用级联方式改善放大器性能的方法与原理。

1）电路组成

单级调谐
放大器特性

单级调谐放大器的基本电路如图 2 - 22 所示。可以看出，不同于普通低频放大器，该单级调谐放大器在集电极与负载之间插入了一个 LC 并联谐振回路与互感耦合变压器，放大器由此具备了选频功能，负载电阻 R_L 可以是一个实际电阻，也可以是下一级放大器的等效输入电阻，图中电容 C_1 和 C_E 的作用与图 2 - 18 相同。为了降低放大器和负载电阻对谐振回路品质因数的影响，图中采用了变压器部分接入方式，初级线圈 1 - 3 端、1 - 2 端及次级线圈的匝数分别为 N_0、N_1 和 N_2。由于该电路主要工作在正弦交流条件下，且我们主要分析其幅度变化关系，在不涉及相位问题及不产生混淆的前提下，电压电流变量将用其有效值符号表示，而不再用小写字母表示，将单级调谐放大器的交流等效电路重新绘制为图 2 - 23，显然，集电极电流 $I_c = \beta I_b$ 充当了并联谐振回路的信号源（电流源），其中 r_{ce} 为晶体管集电极和发射极之间的等效输出电阻。

根据部分接入方式电路工作原理，集电极负载回路需要进行阻抗变换，即将 1 - 2 端间的等效阻抗 Z_{12} 变换为 1 - 3 端间的等效阻抗 Z_{13}，满足公式

$$Z_{13} = Z_{12}\left(\frac{N_0}{N_1}\right)^2 \tag{2-42}$$

式中，阻抗 Z_{12} 为

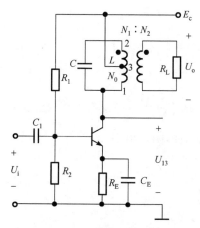

图 2 - 22　单级调谐放大器电路

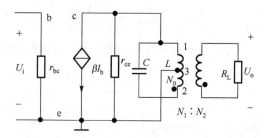

图 2 - 23　单级调谐放大器的交流等效电路

$$Z_{12}=Z_C \mathbin{/\mkern-5mu/} Z_L \mathbin{/\mkern-5mu/} r_{ce}\left(\frac{N_1}{N_0}\right)^2 \mathbin{/\mkern-5mu/} R_L\left(\frac{N_1}{N_2}\right)^2 \mathbin{/\mkern-5mu/} R_0 \qquad (2-43)$$

式中，$Z_C=\dfrac{1}{j\omega C}$，$Z_L=j\omega L$，$R_0=\dfrac{Q_0}{\omega_0 C}=Q_0\omega_0 L$ 为 LC 谐振回路本身谐振电阻。

2）放大性能分析

首先从其增益开始讨论单级调谐放大器的放大性能指标，为了区别于低频放大器的增益 A，调谐放大器的增益改用 K 表示，K 的一般表达式为

$$K=\frac{U_o}{U_i}=\frac{U_o}{U_{13}}\frac{U_{13}}{U_i}=\frac{N_2}{N_0}\frac{\beta Z_{13}}{r_{be}} \qquad (2-44)$$

注意，式（2-44）用于研究增益幅频特性，为方便起见，忽略了表示反相放大的负号。

将式（2-42）代入上式，可得

$$K=\frac{N_2}{N_0}\frac{\beta Z_{13}}{r_{be}}=\beta\frac{Z_{12}}{r_{be}}\frac{N_2}{N_0}\left(\frac{N_0}{N_1}\right)^2=\beta\frac{Z_{12}}{r_{be}}\frac{N_2}{N_1}\frac{N_0}{N_1} \qquad (2-45)$$

由式（2-45）可知，Z_{12} 是频率的函数，其频率特性为带通选频特性，除了 Z_{12} 外，其他各参数一般条件下可近似视为与频率无关的常数。因此，放大倍数 K 的频率特性与 Z_{12} 相同，也具备带通选频特性，故当谐振回路谐振时，K 取得最大值 K_0，即

$$K_0=K_{max}=\beta\frac{(Z_{12})_{max}}{r_{be}}\frac{N_2}{N_1}\frac{N_0}{N_1} \qquad (2-46)$$

由式（2-46），谐振时的 Z_C 和 Z_L 并联后相当于开路，电路为纯电阻特

性，故 $(Z_{12})_{max}$ 即谐振电阻 R'_0，表达式为

$$(Z_{12})_{max} = R'_0 = r_{ce}\left(\frac{N_1}{N_0}\right)^2 // R_L\left(\frac{N_1}{N_2}\right)^2 // Q_0\omega_0 L \tag{2-47}$$

代入式（2-46），有

$$K_0 = K_{max} = \beta\frac{1}{r_{be}}\frac{N_0}{N_1}\frac{N_2}{N_1}\left[r_{ce}\left(\frac{N_1}{N_0}\right)^2 // R_L\left(\frac{N_1}{N_2}\right)^2 // Q_0\omega_0 L\right] \tag{2-48}$$

若采用有载频率因数 Q_L 来表示谐振时的等效电阻，可得

$$Q_L = \frac{R'_0}{\omega_0 L} = \frac{r_{ce}\left(\frac{N_1}{N_0}\right)^2 // R_L\left(\frac{N_1}{N_2}\right)^2 // Q_0\omega_0 L}{\omega_0 L} \tag{2-49}$$

故式（2-48）简化为

$$K_0 = \frac{\beta}{r_{be}}Q_L\omega_0 L\frac{N_0}{N_1}\frac{N_2}{N_1} \tag{2-50}$$

【思考】 由式（2-50）可知，影响 K_0 的因素有很多，当其他因素均给定时，可以选择增大 N_0/N_1 和 N_2/N_1 匝数比来改变 K_0，那么匝数比是否越大越好？

【解答】 匝数比的调整并非看上去那么简单，增大 N_0/N_1 和 N_2/N_1 虽然可以使 K_0 增大，但同时会增大放大器和负载在谐振回路中的接入系数，从而使得回路有载品质因数 Q_L 降低，影响电路选频特性。在实际工程应用中，电路选择性和放大倍数之间是存在矛盾的，需要根据工程实际需要精心选择、权衡利弊，一般方法通常是借助相关计算机辅助设计（CAD）软件进行优化。

2.4 调谐放大器的级联

调谐放大器的级联

在实际工程应用中，射频接收机的输入端一般都有低噪声放大器，其从天线接收的信号比较微弱，要想放大到能够驱动后级电路的量级（如数百毫伏），就要求放大器有较高的放大倍数。此外，当通频带宽相对于中心频率较窄时，对品质因数的要求也相应变高，此时频率特性曲线将变尖锐，直接导致通带内的频率特性平坦度下降，从而导致较大的信号失真。而单级调谐放大器很难同时满足放大和选频的指标要求，工程上一般采用多级调谐放大器级联的方法来解决。

以两级电路级联为例，其典型电路形式如图 2-24 所示。本节讨论多级调谐放大器的基本原理。常用的级联方式包括直接多级级联方式、参差调谐方式和双调谐方式，本节重点对比讨论直接级联和参差调谐两种方式。

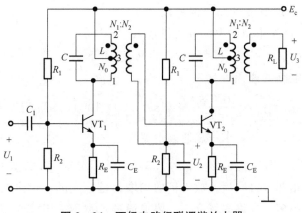

图 2-24　两级电路级联调谐放大器

2.4.1　直接级联多级调谐放大器

多个调谐在同一中心频率上的单级调谐放大器直接级联在一起，就构成了直接多级级联调谐放大器。显然，这种方式的总放大倍数应为各级放大器放大倍数的乘积，即

$$K = K_1 K_2 \cdots K_m \tag{2-51}$$

式中，m 为级联的放大器级数，K 为总的放大倍数，K_1、K_2、$\cdots$、K_m 为各级放大器的放大倍数。

式（2-51）也可用分贝表示

$$K\ (\text{dB}) = K_1\ (\text{dB}) + K_2\ (\text{dB}) + \cdots + K_m\ (\text{dB}) \tag{2-52}$$

多级调谐放大器直接级联后，虽然增益大大提高，但带来的问题是总的通频带宽变窄。可以证明，m 级具有相同品质因数 Q_L 的单级调谐放大器直接级联后，其总的通频带宽为

$$B_{0.7} = \frac{f_0}{Q_L} \sqrt{\sqrt[m]{2} - 1} \tag{2-53}$$

若令单级调谐放大器的通频带宽为 $B_{0.7(\text{单})}$，有 $B_{0.7(\text{单})} = \dfrac{f_0}{Q_L}$，则

$$B_{0.7} = B_{0.7(\text{单})} \sqrt{\sqrt[m]{2} - 1} \tag{2-54}$$

因为 $m > 1$，故有 $0 < \sqrt{\sqrt[m]{2} - 1} < 1$，意味着 $B_{0.7} < B_{0.7(\text{单})}$，总的通频带宽缩小。

【例题 2-4】　若单级调谐放大电路的电压放大倍数 $K_1 = 9.4$，谐振频率 $f_0 = 10.7\ \text{MHz}$，品质因数 $Q_L = 20$，采用四级同样的放大器电路级联，求其总

的电压放大倍数 K 和总的通频带宽 $B_{0.7}$。

【解答】 首先求总的电压放大倍数 K

$$K=(K_1)^4=9.4^4\approx7\ 807$$

单级放大电路的通频带宽为

$$B_{0.7(单)}=\frac{f_0}{Q_L}=\frac{10.7\times10^6}{20}\ \text{Hz}=5.35\times10^5\ \text{Hz}=0.535\ \text{MHz}$$

再代入式（2-54），求得总通频带宽

$$B_{0.7}=B_{0.7(单)}\sqrt{\sqrt[4]{2}-1}=0.535\times0.43\ \text{MHz}=0.23\ \text{MHz}$$

显然，采用四级级联后，放大倍数的增大是惊人的，付出的代价比通频带宽降低了一半还多。在许多场合下，要求通频带宽不能下降太多，同时又要求有足够的放大倍数，此时可以选用参差调谐放大器来实现。

2.4.2　参差调谐多级放大器

参差调谐放大器与直接级联多级调谐放大器最大的差别，在于后者每一级回路均谐振于同一频率，而前者各级回路的谐振频率是相互错开的，这就是"参差"一词的含义由来。根据电路的级数不同，又可分为双参差和三参差调谐放大器两种。因为最多三级级联即可满足大部分应用需求，一般不采用更多级参差放大器级联。

1) 双参差调谐放大器

顾名思义，双参差调谐放大器为两级调谐放大器级联，分别调谐于比信号中心频率 f_0 略高和略低的频率上（通常选两个谐振频率相对于信号中心频率对称）。电路形式仍如图 2-24 所示。

假设第一级电路谐振频率为 $f_{01}=f_0-\Delta f$，第二级电路谐振频率为 $f_{02}=f_0+\Delta f$，则两级电路均工作于轻微失谐状态。参差调谐放大器频率特性可由两级放大器电路的频率特性直接相乘得到，双参差调谐放大器的频率特性曲线如图 2-25 所示，其中横轴为频率，图中带宽最窄的曲线为无失谐两级放大器总的频率特性曲线，其余两条曲线则为两级参差失谐放大器总的频率特性曲线。

从图 2-25 可以看出，采用双参差调谐后，放大器总的频率特性带宽获得了展宽，通带内曲线形状变得较平坦，意味着其引入的信号失真将被降低，但付出的代价是最高放大倍数有所降低。另外，如果失谐频率过大，总的频率特性曲线会出现中间"凹陷"的问题，即出现"双峰"现象，带宽内增益不再平坦。

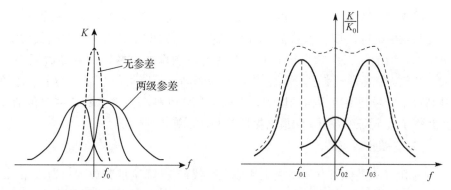

图 2‑25　双参差调谐放大器的频率特性曲线　图 2‑26　三参差调谐放大器频率特性曲线

2）三参差调谐放大器

在双参差调谐放大器中，"双峰特性"和"凹陷"的出现限制了通频带宽的进一步展宽，为了解决这一问题，从频率特性曲线上来看，需要在中心频率处对其进行适当放大，而在通带截止频率处对其进行适当衰减，以得到尽可能接近矩形的频率特性。

为了实现这种频率特性，可以在两级参差调谐放大电路的基础上再级联一个调谐于中心频率 f_0 的放大电路，这就是三级调谐放大器的基本设计思想。典型的三参差调谐放大器频率特性曲线如图 2‑26 所示，采用三级调谐放大电路级联，其中两级分别调谐于双参差频率处，另外一级调谐于中心频率 f_0 处，用于补偿双参差调谐放大器的"双峰特性"，使电路获得较为平坦的频率特性。

需要注意的是，对于调谐于中心频率 f_0 处的放大电路，其通频带宽和有载品质因数可以和另外两个电路不同，需要精心设计方可得到图 2‑26 所示的近似于矩形的频率特性曲线（虚线所示）。

2.5　频率升高对调谐放大器的影响

2.5.1　频率升高对调谐放大器正常工作的影响

小信号调谐放大器在无线电广播、电视、通信、雷达等接收设备中得到了广泛使用，其主要用于放大微弱有用信号，同时过滤有害干扰和无用噪声。但由于小信号调谐放大器一般工作在高频，而高频情况下晶体管放大性能是频率的函数，所以本节重点讨论频率升高对电路性能的影响。

频率升高对晶体
管参数的影响

晶体管一般关注两个电流放大系数：一个是共基极电流放大系数 α，另一个是共发射极电流放大系数 β，这两个参数在低频电路分析中一般被视为常数。事实上，当电路工作频率升高时，两者均是频率的函数，而且随着频率的增大，其放大倍数将逐渐呈下降趋势，频率越高，下降得越严重。为了描述频率升高对小信号调谐放大器的影响，引入了晶体管高频频率参数，主要包括 β 截止频率 f_β、特征频率 f_T 和最高振荡频率 $f_{\max}$ 等。

（1）β 截止频率 f_β

f_β 定义为晶体管共发射极电流放大系数 $|\beta|$ 下降至低频放大倍数 β_0 的 $\dfrac{1}{\sqrt{2}}$ 时所对应的频率值，如图 2-27 所示，此时虽然 $|\beta|$ 已经下降了不少，但一般仍远大于 1，故晶体管仍有放大作用。

（2）特征频率 f_T

特征频率又称 0 dB 截止频率，其定义为晶体管共发射极电流放大系数 $|\beta|$ 下降至 1（0 dB）时的频率值，如图 2-27 所示，此时电路失去电流放大作用。

实际工程应用中，为了避免晶体管 $|\beta|$ 过小，应选择特征频率远大于电路实际工作频率的晶体管，一般要求 10 倍以上。

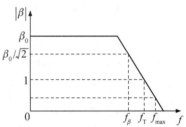

图 2-27　晶体管高频
频率参数之间的关系

（3）最高振荡频率 $f_{\max}$

最高振荡频率 $f_{\max}$ 定义为晶体管共射极组态功率放大倍数下降到 1 时的对应频率，此时电路失去功率放大作用，一般情况下，有 $f_{\max} > f_T > f_\beta$，如图 2-27 所示。

【小结】　β 截止频率 f_β、特征频率 f_T 和最高振荡频率 $f_{\max}$ 均表示了频率上升对晶体管放大性能的影响，也就是对小信号调谐放大器放大性能的影响。

（1）f_β 为晶体管放大系数 $|\beta|$ 下降 -3 dB 时的频率，所以其本质上就是晶体管的 -3 dB 带宽。

（2）特征频率 f_T 实际应用中考虑较多，电路设计时晶体管的特征频率一般要求远大于放大电路工作频率，一般需 10 倍以上来确保器件放大性能的可靠。

（3）当频率高于 $f_{\max}$ 时，电路不仅失去了电流放大能力，连更进一步的功率放大作用也丧失了，此时晶体管即便作为振荡电路使用，也无法起振，所以从这个意义上说，将 $f_{\max}$ 称为最高振荡频率，它是晶体管工作的频率上限。

2.5.2　反馈通路对调谐放大器稳定性的影响

1) 晶体管高频等效模型

如前所述，晶体管在高频时电流放大系数与频率关系很大，频率越高，电流放大系数越小，影响了放大电路的性能。不同于晶体管低频等效模型，高频应用时，晶体管一般常采用混合主要限制因素包括发射结电容、集电结电容、基极体电阻等。一般常采用混合 Ⅱ 型等效电路和 Y 参数等效电路来建立模型。其中，前者为器件物理模型，后者为二端口网络模型。

（1）混合 Ⅱ 型等效模型

混合 Ⅱ 型等效模型如图 2-28 所示，图中电容和电阻分别用于等效晶体管的寄生结电阻和寄生结电容，与低频等效模型相比，在高频时发射结电容 $C_{b'e}$、集电结电容 $C_{b'c}$、基极体电阻 $r_{b'b}$ 等参数是不能忽略的。混合 Ⅱ 型等效模型是器件物理等效模型，由于其考虑了器件内部电抗的影响，实际分析起来较为复杂，而且模型中各等效元件参数不易测量评估。工程中更多采用的是 Y 参数等效模型。

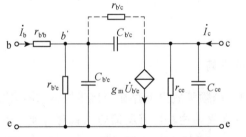

图 2-28　晶体管高频混合 Ⅱ 型等效模型　　图 2-29　共发射极晶体管 Y 参数等效模型

（2）Y 参数等效模型

Y 参数等效模型是利用电路理论中二端口网络的基本概念，只关注晶体管的端口伏安关系所得到的一种测试拟合模型。假设其端口电压为自变量，端口电流为因变量，即可列出 Y 参数方程，它可以屏蔽掉晶体管内部的电路结构，只关注二端口网络输入/输出端口电压与电流的关系，特别适用于频率较高的场合。共发射极晶体管的 Y 参数等效模型如图 2-29 所示。

由图 2-29 可以写出晶体管的 Y 参数方程

$$\begin{cases} \dot{I}_b = y_{ie}\dot{U}_1 + y_{re}\dot{U}_2 \\ \dot{I}_c = y_{fe}\dot{U}_1 + y_{oe}\dot{U}_2 \end{cases} \qquad (2-55)$$

图中，y_{ie}、y_{re}、y_{fe} 和 y_{oe} 均具有导纳的量纲，故也称为导纳参数。其定义分别如下：

$$y_{ie} = \frac{\dot{I}_b}{\dot{U}_1}\bigg|_{\dot{U}_2=0}$$ 为晶体管输出端口短路时的输入电流与输出电流的比值，称为输入导纳。

**调谐放大器高频
等效模型分析应用**

$$y_{re} = \frac{\dot{I}_b}{\dot{U}_2}\bigg|_{\dot{U}_1=0}$$ 为晶体管输入端口短路时的反向传输导纳，其大小反映了晶体管输出电压对输入端的内部反馈，一般希望其越小越好。

$$y_{fe} = \frac{\dot{I}_c}{\dot{U}_1}\bigg|_{\dot{U}_2=0}$$ 为晶体管输出端口短路时的正向传输导纳，其大小决定了晶体管的放大能力，一般希望其尽可能大一些。

$$y_{oe} = \frac{\dot{I}_c}{\dot{U}_2}\bigg|_{\dot{U}_1=0}$$ 为晶体管输入端口短路时的输出导纳。

实际工程应用时，可以通过相关仪器直接测量 Y 参数等效模型中的导纳参数。晶体管的这两种形式的等效模型可以相互转换，具体转换方法与结论可以参阅相关文献。

由于晶体管高频应用时等效模型和低频不同，所以小信号调谐放大器在高频时的等效电路和分析方法也有所不同，相关内容可以扫描二维码"调谐放大器高频等效模型分析应用"进行学习，本节不再详细介绍。

2）反馈通路对调谐放大器稳定性的影响

在晶体管混合 Π 型等效模型中，由于高频等效模型存在跨接于输入/输出之间的极间电容 $C_{b'c}$，使得高频时晶体管存在反馈通路，有反馈通路就有可能产生反馈。同样，在晶体管 Y 参数等效模型中，也存在反向传输导纳 y_{re}，导致输入输出之间相互影响。反馈通路对调谐放大器稳定性的影响主要表现在两个方面。

（1）增加了电路调试困难

高频应用时，由于反馈通路的存在，晶体管不再视为单向传输器件，导致放大器的输入导纳与负载导纳有关，输出导纳与信号源导纳有关，故调整负载导纳时输入导纳也会随之改变，信号源导纳改变时输出导纳也会改变，即任一端口的元件参数调整都会同时影响另一端口的输入或输出导纳，进而影响电路的调谐和匹配性能，必须仔细进行多次调整才能正常工作，使得电路调试困难。

（2）降低了电路稳定性

反馈通路将输出电压的一部分引入到输入端，再经过晶体管的放大作用传输至输出端，其中一部分电压又反馈至输入端，如此循环反复，在某些情况下将形成正反馈，使输出迅速增大至无法工作的程度。有时即使输入端没有正常的信号输入，仅仅是外部微小的干扰或噪声就足以令放大器产生很大的振荡输出，这就是放大电路的自激现象。而且，晶体管的内部反馈也是具有频率选择性的，不同频率的信号往往具有不同的反馈增益，这就在现有的频率特性上乘了一个不均匀的频率特性，从而影响电路的通频带、谐振频率和选择性等性能指标，使其偏离设计预期。

频率升高对电路稳定性的影响

既然反馈通路会对调谐放大器的性能产生严重影响，实际应用中就需要采取一些解决方法。根据"对症下药"的思路，一方面可以从晶体管本身入手，尽可能选择反向传输导纳 y_{re} 较小的管子，而反向传输导纳主要来自极间电容 $C_{b'c}$，因此在晶体管制作时应尽可能减小此电容。与此同时，还需要从电路设计层面进一步降低反馈通路的影响，常用的方法有中和法、失配法两种，具体的电路结构和工作原理可以扫描二维码"频率升高对电路稳定性的影响"进行学习。

2.6　高频小信号调谐放大器 Multisim 仿真

Multisim 软件为美国国家仪器有限公司推出的电路仿真工具，适用于板级模拟数字电路的设计与仿真工作，其基本使用方法可以扫描二维码"电路仿真软件 Multisim 简介"进行学习。采用 Multisim 软件可以方便地对本章所介绍的高频小信号调谐放大器电路进行仿真。本节主要利用 Multisim 软件对 LC 并联回路、LC 串联回路、基本甲类放大器和单级调谐放大器电路进行仿真，并分析电路的输入、输出信号波形和频谱，验证小信号调谐放大器的工作特性。

电路仿真软件 **Multisim** 简介

2.6.1　*LC* 并联谐振回路 Multisim 仿真

LC 并联谐振回路是实现小信号调谐放大器的重要组成电路，对 LC 回路的工作特性测试具有重要意义。利用 Multisim 11.0 建立 LC 回路的仿真电路如图 2-30 所示。回路电容 C_1 容值为 10 pF，回路电感 L_1 感值为 0.2 μH，15 kΩ 电阻 R_2 模拟 LC 回路的谐振电阻，V_2 为输入激励电压源，1.0 kΩ 电阻 R_1 模拟电压源内阻。

小信号调谐放大器的电路仿真

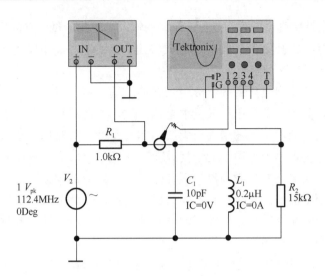

图 2 - 30 LC 并联谐振回路仿真电路

1) <i>LC</i> 并联谐振回路的幅频特性

从波特仪上观察 <i>LC</i> 回路的幅频特性曲线，如图 2 - 31 所示，可见 <i>LC</i> 并联谐振回路具有带通滤波器特性。

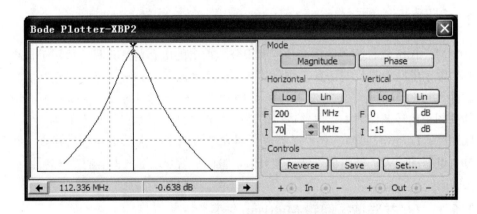

图 2 - 31 LC 并联谐振回路幅频特性曲线

2) <i>LC</i> 并联谐振回路的电压/电流特性

（1）当 <i>LC</i> 回路失谐工作时

根据图 2 - 30 的仿真参数，可以理论上计算出 <i>LC</i> 回路的谐振频率约为

112.4 MHz。设置 V_2 的频率为 100 MHz，此时 LC 回路失谐工作，频偏约 12 MHz。在图 2 - 30 的电路中，利用电流探针以 1 V/mA 将回路输入电流线性转换为电压。电压和电流波形如图 2 - 32 所示，由于信号频率小于谐振频率，所以图中相位滞后的是回路输入电流，相位超前的是回路电压。

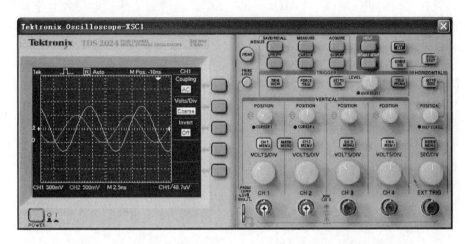

图 2 - 32　LC 回路失谐时的电压/电流特性（电流滞后电压一定相位）

若设置 V_2 频率为 120 MHz，频偏约 8 MHz，此时信号频率大于谐振频率，所以相位超前的是电流信号，滞后的是电压信号。

图 2 - 32 和图 2 - 33 证明当 LC 回路失谐时，回路电流超前或是滞后回路电压一定的相位，即 LC 回路表现为电感或是电容特性。

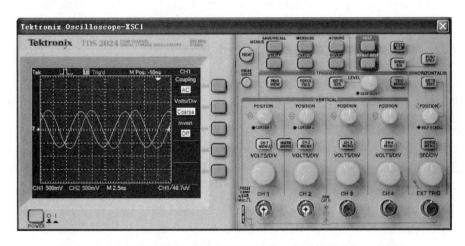

图 2 - 33　LC 回路失谐时的电压/电流特性（电流超前电压一定相位）

另一方面，从示波器的波形上可以看出，V_2 电压信号半峰值为 $1V_{pk}$（峰峰值为 $2V_{pp}$）。当频偏 12 MHz 时，回路电压为 $1V_{pp}$；而频偏 8 MHz 时，回路电压为 $1.4V_{pp}$。说明失谐程度越大，LC 并联回路电压越小。

（2）当 LC 回路谐振工作时

设置 V2 的频率为 112.4 MHz，此时 LC 回路谐振工作。电压和电流波形如图 2‑34 所示。LC 回路的输入电流和电压同相，此时的 LC 回路表现为纯电阻特性。

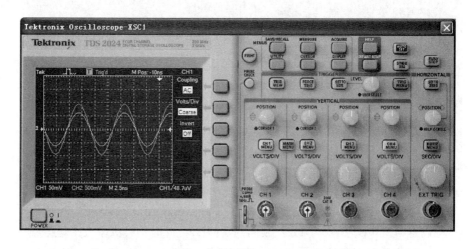

图 2‑34 LC 回路谐振时的电压/电流特性（电流和电压同相）

从示波器的波形上可以看出，V_2 电压信号半峰值为 $1V_{pk}$（峰峰值为 $2V_{pp}$），回路电压约为 $1.8V_{pp}$。可见，谐振时 LC 并联回路电压达到最大。

2.6.2   共射组态甲类放大器 Multisim 仿真

基本共射组态甲类放大器是小信号调谐放大器的组成部分，其仿真电路如图 2‑35 所示，采取电阻分压结构设置放大器直流静态工作点在线性放大区。

通过仿真可以得到共射组态甲类放大电路的幅频特性曲线如图 2‑36 所示。从曲线上可以看出，该类放大器在低频区域具有较宽的线性放大区域，具有低通滤波器的特性。

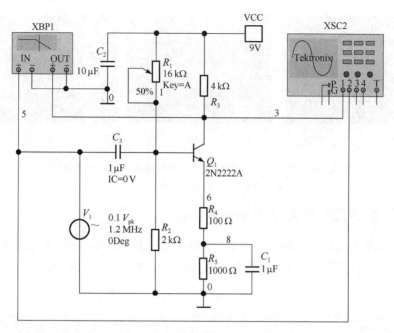

图 2‑35   共射组态甲类放大器仿真电路

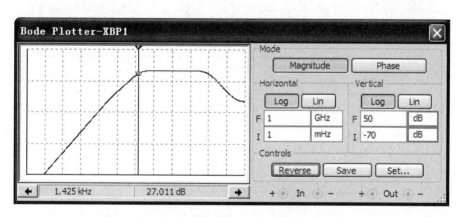

图 2‑36   共射组态甲类放大电路的幅频特性曲线

设置输入正弦波信号幅度为 $0.1V_{pk}$ （峰峰值为 $0.2V_{pp}$），频率分别为 $0.2\,\mathrm{MHz}$、$1.2\,\mathrm{MHz}$、$10\,\mathrm{MHz}$。经放大后输出波形如图 2‑37 所示，当信号频率为 $0.2\,\mathrm{MHz}$ 和 $1.2\,\mathrm{MHz}$ 时，放大后幅度均为 $3V_{pk}$，电压增益为 30；而信号频率为 $10\,\mathrm{MHz}$ 时，信号放大后幅度为 $2V_{pk}$，电压增益降为 20。仿真结论进一步证明了基本共射组态甲类放大器具有低通滤波特性。

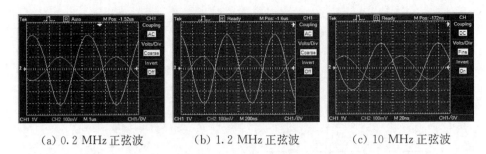

(a) 0.2 MHz 正弦波　　　　　(b) 1.2 MHz 正弦波　　　　　(c) 10 MHz 正弦波

图 2 - 37　不同频率信号经甲类放大电路放大后的输出波形

2.6.3　单级调谐放大器 Multisim 仿真

　　基本共射组态甲类放大器和 LC 并联谐振回路共同构成单级调谐放大器，实现对高频小信号选频放大的目的，其仿真电路如图 2 - 38 所示。

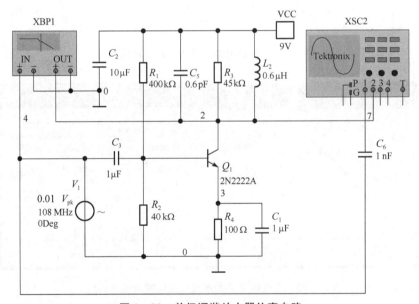

图 2 - 38　单级调谐放大器仿真电路

　　单级调谐放大电路的幅频特性曲线如图 2 - 39 所示。从曲线中可以看出，该类放大器在频率 107 MHz 附近具有最大增益，偏离该频率，放大器的增益下降，证明单级调谐放大器的选频特性和 LC 回路基本一致，表现为带通滤波器特性。

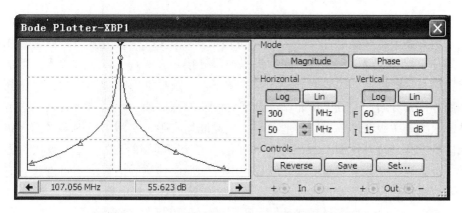

图 2 - 39 单级调谐放大电路的幅频特性曲线

设置输入正弦波信号幅度为 $0.01V_{pk}$（峰峰值为 $0.2V_{pp}$），频率分别为 80 MHz、108 MHz 和 120 MHz。经放大后输出波形如图 2 - 40 所示，放大后幅度分别为 $0.2V_{pk}$、$3V_{pk}$ 和 $0.25V_{pk}$，电压增益分别为 20、300 和 25，信号频率为 108 MHz 时电压增益最大，仿真结论进一步证明单级调谐放大器具有带通滤波特性。

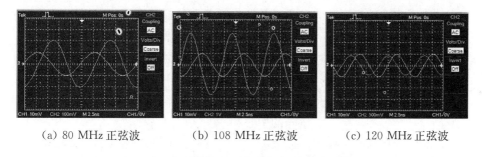

（a）80 MHz 正弦波　　（b）108 MHz 正弦波　　（c）120 MHz 正弦波

图 2 - 40 不同频率信号经调谐放大电路放大后的输出波形

本章小结

在通信收发信机电路中，小信号调谐放大器通常用于对高频或中频信号进行选频放大，其基本电路由低频放大器和 LC 谐振回路组成。LC 谐振回路主要完成选频功能，其中 LC 并联谐振回路比较适合于信号源内阻较大的情况，便于作为晶体管放大电路集电极负载构成选频放大器，因此得到广泛应用。LC 并联谐振回路的基本特性包括特性阻抗、品质因数、谐振频率、通频带、频率选择性等，这些概念对于后续章节的学习也十分重要。考虑到信号源和负载阻抗会对并联谐振回路的品质因数和稳定造成影响，*LC* 并联谐振回路通常采用互感变压器、自耦变压器和电容抽头三种部分接入方式，可以通过接入系数的灵活调整进行调谐。单级调谐放大器的通频带、选择性都和其连接的并联谐振回路相同，并增加了放大功能，适合于对微弱的高频或中频信号进行选频、滤波和放大。单级调谐放大器的增益与选频性能均有限，实际工程中多采用多级级联的方式来改善性能，常用方法包括直接多级级联和参差调谐多级放大器等。此外，在高频应用时，晶体管极间电容和反向传输导纳影响不可忽视，它们不仅会导致晶体管放大性能下降，而且会对调谐放大器的稳定性造成影响。

习　　题

一、填空题

1. 小信号调谐放大器在电路上一般包括_____和_____两部分。

2. 小信号调谐放大器的集电极负载为_____。

3. 谐振回路的品质因数 Q 越大，通频带越_____；选择性越_____。

4. 为了改善谐振回路的品质因数，信号源和负载通常采用_____接入方式，具体包括：_____和_____两种类型。

5. LC 并联谐振回路中，当 $\omega=\omega_0$ 时电路呈_____特性；当 $\omega<\omega_0$ 时电路呈_____特性；当 $\omega>\omega_0$ 时电路呈_____特性。

6. 所谓双参差调谐，是将两级单调谐回路放大器的谐振频率，分别调整到_____和_____信号的中心频率。

7. 晶体管在高频工作时，放大能力_____。高频晶体管的频率参数主要包括_____、_____、_____。

二、判断题

（　　）1. 对于小信号调谐放大器，当 LC 谐振回路的电容增大时，谐振频率增加。

（　　）2. 单级小信号调谐放大器的选择性不够理想，所以实际电路中经常多级级联。

（　　）3. 小信号调谐放大器一般工作在甲类状态。

（　　）4. 调谐于同一频率的两级放大器，其通频带是单调谐放大器通频带的 2 倍。

（　　）5. 对于双参差调谐放大器，两级放大电路的谐振频率偏离中心频率越大，级联后的通频带越宽。

（　　）6. 在选择晶体管参数时，其 -3 dB 截止频率略大于电路工作频率即可。

三、选择题（多选）

1. 小信号调谐放大器的性能指标一般包括（　　）。

（A）失真度　　　　（B）带宽　　　　（C）放大增益　　　（D）功率效率

2. 下列关于品质因数的说法正确的是（　　）。

（A）品质因数越大，回路的选择性越好

（B）品质因数越大，回路的通频带越宽

（C）品质因数越大，回路的选择性越差

（D）品质因数越大，回路的通频带越窄

3. 比较直接级联放大器，参差调谐放大器的主要优势是（　　）。

（A）电路结构简单　　　　　　　（B）可以获得更大的电压放大倍数

（C）可以改善电路的选择性　　　（D）可以获得选择性和带宽的折中

四、问答题

1. 给定并联谐振回路的 $f_0 = 1.5$ MHz，$C = 100$ nF，谐振电阻 $R = 50\ \Omega$，试求 Q_0 和 L。

2. 给定并联谐振回路的谐振频率 $f_0 = 5$ MHz，$C = 50$ pF，通频带 $B_{0.7} = 150$ kHz。试求电感 L、回路品质因数 Q_0；若把 $B_{0.7}$ 加宽至 300 kHz，则应在回路两端并一个多大的电阻？

3. 如图题 2-1 所示的并联谐振回路，已知 $L = 0.8\ \mu$H，$Q_0 = 100$，$C_1 = C_2 = 200$ pF，$C_S = 5$ pF，$R_S = 10$ kΩ，$C_L = 5$ pF，$R_L = 5$ kΩ，试计算回路谐振频率、谐振电阻（不计 R_L 与 R_S 时）、有载品质因数 Q_L 和通频带。

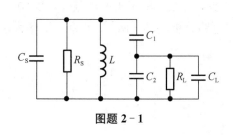 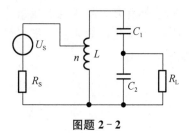

图题 2-1　　　　　　　　　　　　　　图题 2-2

4. 如图题 2-2 所示的并联谐振电路，信号源与负载都是部分接入。已知 R_S、R_L 以及回路参数 L、C_1、C_2 和空载品质因数 Q_0，试求：

  (1) f_0 与 B；

  (2) R_L 不变，要求总负载与信号源匹配，如何调整回路参数？

5. 小信号调谐放大器采用部分接入方式的主要原因是什么？

6. 对于收音机的中频放大器，其中心频率 $f_0 = 465$ kHz，$B = 8$ kHz，回路电容 $C = 200$ pF，试计算回路电感和 Q_L 值。若电感线圈的 $Q_0 = 100$，则在回路上应并联多大的电阻才能满足要求？

7. 高频小信号调谐放大电路的主要技术指标有哪些？如何理解选择性与通频带的关系？

8. 对于如图 2-22 所示的单级调谐放大器，当提高 N_0/N_1 或 N_2/N_1 时，会对电路的增益和带宽产生什么影响？

9. 设有一级共射单调谐放大器，谐振时电压放大倍数 $|K_{v0}| = 20$，$B = 6$ kHz，若再加一级相同的放大器，那么两级放大器总的谐振电压放大倍数和通频带各为多少？

10. 调谐在同一频率的三级单调谐放大器，中心频率为 465 kHz，每个回路的 $Q_L = 40$，则总的通频带是多少？如要求总通频带为 10 kHz，则允许 Q_L 最大为多少？

11. 参差调谐放大电路与多级单调谐放大电路的区别是什么？

12. 频率升高会对调谐放大器的工作性能和稳定性产生什么影响？

参考文献

[1] 于洪珍. 通信电子电路 [M]. 2 版. 北京：清华大学出版社，2012.

[2] 于洪珍. 名师大课堂：通信电子电路 [M]. 北京：科学出版社，2007.

[3] 林春方. 高频电子线路 [M]. 3 版. 北京：电子工业出版社，2010.

[4] 刘景夏，胡冰新，张兆东，等. 电路分析基础 [M]. 北京：清华大学出版社，2012.

第3章 高频调谐功率放大器

【内容关键词】

- 功率放大器、高频功率放大器、功率、效率
- 高频模拟（线性）功放、高频数字（开关）功放、A 类、B 类、C 类

【内容提要】

　　本章内容为通信发射机末级功率放大器，功放电路用于将调制后的信号推送至天线发射，所以功放电路主要核心技术指标为功率、效率以及失真度。本章将讨论各类模拟高频功率放大器的典型电路结构、工作原理与主要技术指标。

　　本章知识点导图如图 3-0 所示，其中灰色部分为需要重点关注掌握的内容。学习过程中需要关注理解几个基本概念：

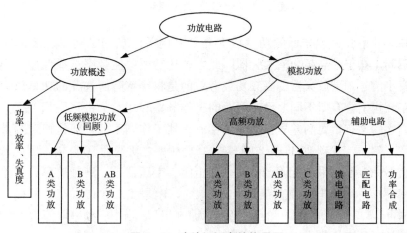

图 3-0　功放知识点结构导图

59

（1）低频功放电路与高频功放电路区别；

（2）模拟功放 A 类、B 类、C 类性能优缺点，重点关注效率、失真度以及应用场合特点；

（3）模拟功放 A 类、B 类、C 类电路设计演进思路。

3.1　引言

低频电子电路中，为了获得低频信号的大功率输出，必须采用低频功率放大器；在高频领域，为了获得功率足够大的高频信号输出，同样需要采用高频功率放大器。高频功率放大器，有时又称射频功放（Radio Frequency Power Amplifier，RFPA），是一种能量转换器件，它能够将电源供给的直流能量转换为高频交流能量输出，是通信系统发送设备中的重要功能模块，图 3-1 所示为无线通信发射系统框图，由图可知，高频功率放大器的主要作用是放大已调制信号并经由天线发送出去。

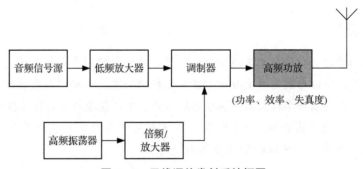

图 3-1　无线通信发射系统框图

高频功率放大器与低频功率放大器的共同关注点均是功率、效率与失真度，不同点在于，高频功率放大器除此之外还需要关注频率选择性能，类似于第二章小信号调谐放大器，高频功放考虑的是将频率有所选择的功率放大，所以电路结构上会有所不同。由于两者的工作频率和相对频带宽度相差很大，所以它们之间又有重要的差异：低频功率放大器工作频率低，但是相对频带宽度却很宽。例如，音频 20 Hz～20 kHz，高低频率之比达到 1000 倍，因此低频功率放大器一般都是采用无调谐负载，如电阻、变压器等。高频功率放大器的工作频率高（由几百千赫兹直至几十吉赫兹），但是相对频带很窄。例如，调幅广播电台（535～1605 kHz）的频带宽度为 10 kHz，当中心频率取值为 1000 kHz 时，其相对频宽只相当于中心频率的百分之一，而且中心频率越高，相对频带越窄，因此高频功率放大器一般均采用选频网络作为负载回路。鉴于这一特点，高低频两种放大器所选用的工作状态有所不同，低频功率放大器由于相对带宽较大，一般选用 A 类（甲类）、B 类（乙类）或者 AB 类（甲乙类）等方案；高频功率放大器由于相对带宽较窄，为了进一步提高效率，除了上述几种类型功放外，还可以采用 C 类（丙类）等窄带功放方案。

回顾低频功率放大器可知，A 类放大器为线性放大器，完整正弦波输入，完整正弦波输出，输出频率与输入频率相同，信号失真程度最小；B 类放大器也为线性放大器，完整周期正弦波输入，半周期正弦波输出，虽经后级两只输出功率管推挽输出合成，但是仍然会产生很多谐波失真；AB 类放大器工作状态则是介于 A 类与 B 类之间，完整正弦波输入，通过两个推挽功放管将两个大半周期的信号输出合成，信号失真相对会小一些。

不同于低频功率放大器，本章将要介绍的高频功率放大器主要为 C 类窄带功放，该类功放的典型特点是：为进一步提高效率，其电路直流工作点相比于 A 类、B 类而言会进一步降低，输入完整周期正弦信号时，输出仅仅为小半周期余弦脉冲电流，因此相比前几类功放而言失真更加明显，但是正如前文所述，由于高频功率放大器的负载多为调谐回路，因此可以通过后级调谐回路负载完成输入频率的选频恢复。

随着射频功放技术的飞速发展，工作于开关模式效率更高的功率放大器技术相继成熟，并且逐步开始推广应用，典型如 D 类（丁类）、E 类（戊类）与 F 类等开关型功率放大器，本章将简要介绍 D 类开关模式功率放大器的工作原理与性能特点。

应用于通信系统的高频功率放大器，输出功率不尽相同，其输出功率范围小到毫瓦级（如便携式发射器），大到数千瓦级（如广播发射电台），而且各级功率放大器的工作状态也不尽相同，有的工作于线性放大状态，有的工作于开关状态，但是高频功放电路的主要技术指标基本相同。

功率放大电路优先考虑的是输出功率、转换效率与线性度（或者失真度）等主要技术指标，激励电平、电路尺寸与系统质量有时也在考虑之列，另外输出功率管还要考虑最大管耗、击穿电压与最大输出电流等技术指标。

在学习本章内容之前，建议读者首先复习回顾一下低频电子电路教材中有关功率放大电路的相关章节，梳理复习低频信号功率放大电路的几个基本问题，比如低频功放的分类、典型电路与性能指标计算。在此基础上，采用类比学习方法拓展学习高频信号的功率放大电路。

【小结】 模拟功率放大器由于其工作状态一般为线性放大区，所以又称线性功率放大器，常见线性功率放大器包括：A 类、B 类、AB 类和 C 类等功率放大器。

数字功率放大器由于其工作状态为数字开关状态，即在饱和区和截止区之间作开关切换，所以又称为开关功率放大器，常见开关功率放大器如 D 类、E 类和 F 类等等。

3.2 低频线性功率放大器回顾

如前序课程低频电子线路（或模拟电子线路）所述，低频功放主要分为 A 类、B 类与 AB 类。其主要区别在于各自的直流静态工作点不同，即集电极静态电流 I_{CQ} 不同，不同的静态工作点带来至少两点性能不一样，即：

1) 静态功耗不一样，直接影响功放输出效率的高低

例如，典型 A 类功放电路结构如图 3-2 (a)，共发射极放大器，为了放大更大幅度的信号而不失真，静态工作 Q 点一般选择设置在三极管放大区中心位置，如图 3-2 (b)，但是由此也会带来最大的缺点，那就是如果功放电路某段时间无任何交流信号输入，此时三极管依然始终存在静态功耗电流 I_{CQ}，电源供电功率全部用于直流损耗功率，输出功率为 0，输出转换效率也是 0，只有当输入信号的幅度不断增大时，输出功率增大的同时输出转换效率会有所提高，但是最大也就 50%。

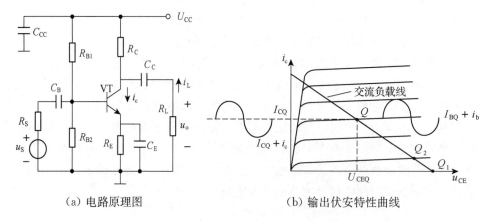

(a) 电路原理图　　　　　(b) 输出伏安特性曲线

图 3-2 A 类低频共射极放大电路

为降低直流功耗提高转换效率,首先想到的是降低直流静态电流 I_{CQ},以此降低直流功耗,理想情况是将静态工作 Q 点的电流 I_{CQ} 降为 0,即如图 3 - 2 (b)中的 Q_1 点,此时无直流功耗,但是与此同时带来的问题是放大器只能放半个周期信号,所以由此推出了 B 类双管互补推挽功率放大电路,两只三极管交替工作各自负责半个周期信号的放大。

AB 类功放则是为了克服推挽功率放大电路两只三极管导通门限电压带来的交越失真做了局部改进,静态工作 Q 点略微上移使双管均处于临界导通状态,如图 3 - 2 (b) 中的 Q_2 点,实际电路中可以采用两个二极管门限电压区抵消两个互补三极管发射结门限电压的影响。

低频功率放大器理论上分析计算可得,A 类最大输出转换效率可达 50%,B 类和 AB 类理想情况最大转换效率可达 78.5%。

2) 输出交流信号的线性度/失真度有别

同样对比分析上述三种类型低频功率放大器电路,从输出波形的线性角度考虑,由于 A 类功放的直流工作点在放大区中心位置,交流信号的正负半周均可无失真放大、线性度最好;而 B 类和 AB 类功放的直流工作点偏低,交流信号输入三极管后,单管会有半个和小半个周期不导通,完整周期信号的输出需要另外互补对称管的配合才可以,电路在双管切换交替推挽工作的过程中,容易产生波形失真,所以线性度相比 A 类而言较低。

【小结】　低频功率放大器性能比较

(1) A 类功率放大器直流工作点最高,静态功耗大,效率最低(最大效率可达 50%),输出波形线性度高,失真度最小;

(2) B 类与 AB 类功率放大器直流工作点降低,静态功耗减小,效率提高(最大效率可达 78.5%),但是线性度下降,失真度有所提高;

实际应用中,B 类和 AB 类功率放大器是以线性度的损失以及电路复杂性的提高,换取功放转换效率的改善。

"鱼"和"熊掌"不可兼得的情况下,是舍"鱼"而取"熊掌",还是舍"熊掌"而取"鱼"? 取决于不同应用场合主要关注什么指标,必须在两者之间有一个合理权衡。模拟电路设计工程师有一个非常重要的工作,在外文文献中称之为"Trade Off",翻译过来称之为"权衡",模拟设计工程师必须具备良好的电路方案选择能力。

3.3 高频线性功率放大器

3.3.1 A 类高频功率放大器

A 类高频功率放大器与 A 类低频功率放大器的原理基本相同，均要求功率管工作于全导通状态，均要求输出足够大功率和尽可能高的效率，都希望失真度尽可能小（线性度尽可能高）。两类功放的不同之处在于工作频段不一样，前者工作于高频，后者工作于低频（主要为音频）。A 类高频功放由于工作频率高，除了要求功放能够工作于高频之外，电路结构与低频 A 类功放也有所区别。图 3-3（a）所示为 A 类高频功放的典型电路，与低频 A 类功放的主要区别在于将集电极的电阻 $R_{\rm C}$ 换成了高频扼流圈 $L_{\rm C}$，通过调整 $R_{\rm B1}$、$R_{\rm B2}$ 与 $R_{\rm E}$ 的电阻值，可以灵活设置电路的直流工作 Q 点，从而影响功放工作状态。

图 3-3（b）显示了该放大电路输出特性曲线的直流工作 Q 点与交直流负载线，由于高频扼流圈的直流电阻可以近似认为零，高频交流电阻可以近似认为无穷大，所以图中直流、交流负载线斜率分别如图所示为 $-1/R_{\rm E}$ 与 $-1/R_{\rm L}$，由于实际设计中 $R_{\rm E}$ 值取值较小，所以其直流负载线较为陡峭。功率放大器主要设计目的是获得尽可能大的功率输出，对于 A 类功率放大器而言，为使输出功率管有最大交流信号摆幅，从而获得最大输出功率，一般将直流工作 Q 点优先放置于交流负载线中点，这样可以保证在不发生饱和失真或截止失真的同时，尽可能提高输出信号摆幅，从而提高输出功率。

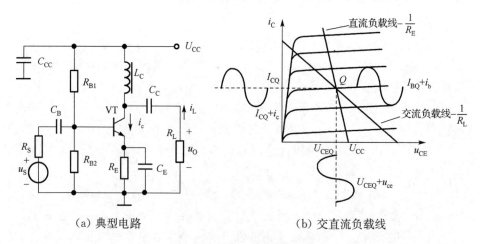

（a）典型电路   （b）交直流负载线

图 3-3 A 类高频功率放大器

当输入正弦信号时，输出电流 $i_{\rm C}$ 瞬时值由直流分量 $I_{\rm CQ}$ 和交流分量 $i_{\rm c}$ 组成，

即 $i_C = I_{CQ} + i_c$，因为扼流圈对高频交流可近似认为开路，故 $i_c \approx i_L$，所以有 $i_C \approx I_{CQ} + i_L$，其中交流分量 $i_L = I_{Lm}\sin\omega t$，而且为了确保输出波形无失真，必须有 $I_{Lm} \leqslant I_{CQ}$，因此

（1）A 类功放的输出功率

$$P_O = \frac{1}{2}I_{Lm}^2 R_L = \frac{1}{2}I_{Lm}U_{cem} \quad\quad (3-1)$$

（2）直流电源供给总功率

$$P_S = I_{CQ} \cdot U_{CC} \quad\quad (3-2)$$

（3）功放转换效率

$$\eta = \frac{P_O}{P_S} = \frac{1}{2}\frac{I_{Lm}U_{cem}}{I_{CQ}U_{CC}} = \frac{1}{2} \cdot \frac{I_{Lm}}{I_{CQ}} \cdot \frac{U_{cem}}{U_{CC}} \quad\quad (3-3)$$

当 $I_{Lm} = I_{CQ}$、$U_{cem} = U_{CC}$ 时，得 A 类功放最大转换效率

$$\eta = 50\% \quad\quad (3-4)$$

此时功放输出管的管耗 P_C 最小，且 $P_C = P_O = 0.5P_S$。A 类功放的重要优点在于通过合理设置电路直流工作点，如将直流工作 Q 点放置在放大区的中间位置，信号放大失真小，功放线性度最高，但正是因为直流工作点设置较高，与此同时也导致了 A 类功放的主要缺陷：效率低下较为明显，特别是当没有交流输入信号时，电源供给功率将全部消耗在功率管静态功耗上，此时即便没有输出功率，仍然存在损耗功率，有 $P_C = P_S$，这种情形下效率最低，为 0。

【小贴士】　A 类功率放大电路在实际应用时，考虑交流输入信号的时有时无，A 类功放最终平均转换效率仅为 $15\% \sim 20\%$，因此需要积极探索提高效率的功放电路新方案。

需要指出的是，尽管 A 类功放效率不高，但是在一些线性度要求较高、效率要求不苛刻的场合，A 类功放依然得到广泛应用。例如，在低频应用中的高保真音响功放场合，以及在高频通信应用中的调幅通信等失真度要求严格的场合，一般都采用 A 类功放。

【小结】　由上述分析可知，A 类功放只有在输出最大功率时转换效率才最高，而且仅为 50%，当输出功率减小时，其转换效率还会进一步下降。A 类高频功放属于线性功率放大器，其最大优点是相比于其他几种类型功放，线性度最高，波形失真度最低。

3.3.2 B类高频功率放大器

同理，B类高频功率放大器与B类低频功率放大器的基本原理相同，不同之处仅仅在于工作频段。相比于图3-4（a）所示的A类功放的Q点，B类功放的工作点如图3-4（b）所示，置于功率管导通范围的边缘，即在功率管的截止点$I_{CQ}=0$处。因而对于正弦输入信号，功率管仅仅在输入波形的半个周期内导通，而在另外半个周期内截止，如图所示，输出电流i_C为半周期正弦信号。

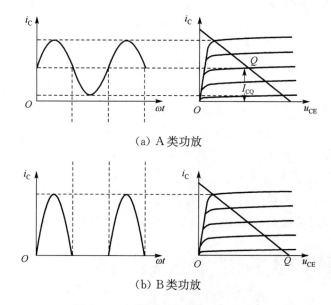

（a）A类功放

（b）B类功放

图3-4 A类与B类功放工作点对比

为减小失真，B类高频功率放大器改进型一般采用双管互补推挽输出工作方式，即两只B类工作的功率放大管各自放大半个周期正弦波，然后在负载上合成完整的正弦波输出，如图3-5（a）所示，互补推挽B类功率放大器，其工作原理与低频电子电路中的B类低频功放原理完全相同。

由于B类功放输出波形是两管共同作用的结果，为了便于分析，将VT_2的输出特性曲线倒置在VT_1的右下方，并令两者在Q点，即$u_{CE}=U_{CC}$处重合，可以得到图3-5（b）所示的两管组合后的特性曲线。交流负载线为过Q点且斜率为$-1/R_L$的直线，输入正弦信号时，Q点在交流负载线上移动，输入信号为正半周时，VT_1导通，可以得到集电极电流i_{c1}和集射极之间电压u_{CE1}的半波波形；输入信号为负半周时，VT_2导通，得到i_{c2}和u_{CE2}的半波波形，由此在负载上合成完整的正弦波电流 i_c 与正弦波电压 u_{CE}，显然，i_c 的最大变化范围是 $2I_{cm}$，u_{CE} 的最大变化范围是 $2(U_{CC}-U_{CES})\approx 2U_{CC}$。

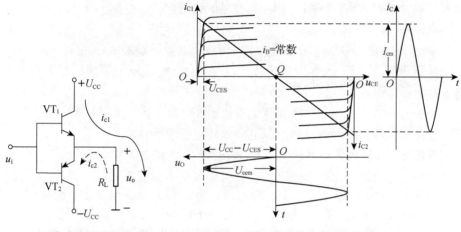

（a）B 类功放原理电路　　　　　　（b）B 类功放图解分析

图 3-5　B 类互补推挽功放原理与图解分析

（1）输出功率

$$P_O = \frac{1}{2}I_{cm}U_{cem} = \frac{1}{2}\cdot\frac{U_{cem}^2}{R_L} \qquad (3-5)$$

当 U_{ce} 取最大值，即 $U_{cem}=U_{CC}-U_{CES}\approx U_{CC}$ 时，得最大输出功率为

$$P_{Omax} = \frac{1}{2}\cdot\frac{U_{cem}^2}{R_L} = \frac{(U_{CC}-U_{CES})^2}{2R_L} \approx \frac{1}{2}\frac{U_{CC}^2}{R_L} \qquad (3-6)$$

（2）直流电源供电功率

由于电路双电源供电，每个直流电源只提供半周期的正弦电流

$$i_C = I_{cm}\sin\omega t \qquad (3-7)$$

因此，两个直流电源所提供的总功率等于电源电压与平均电流的乘积，有

$$P_S = 2U_{CC}\cdot\frac{1}{2\pi}\int_0^\pi I_{cm}\sin\omega t\,\mathrm{d}\omega t = \frac{2}{\pi}I_{cm}U_{CC} \qquad (3-8)$$

（3）转换效率

$$\eta = \frac{P_O}{P_S} = \frac{\frac{1}{2}I_{cm}U_{cem}}{\frac{2}{\pi}I_{cm}U_{CC}} = \frac{\pi}{4}\cdot\frac{U_{cem}}{U_{CC}} \qquad (3-9)$$

当 $U_{cem}=U_{CC}-U_{CES}\approx U_{CC}$ 时，得 B 类功放的最大转换效率为

$$\eta_{max} = \frac{\pi}{4}\times 100\% \approx 78.5\% \qquad (3-10)$$

（4）输出管损耗功率

由于 B 类功放采用了双管推挽输出，所以每个三极管的损耗为

$$P_C = \frac{1}{2}(P_S - P_O) = \frac{1}{2}\left(\frac{2}{\pi}I_{cm}U_{CC} - \frac{1}{2}I_{cm}U_{cem}\right) = \frac{1}{2}\left(\frac{2}{\pi}\frac{U_{cem}}{R_L}U_{CC} - \frac{1}{2}\frac{U_{cem}^2}{R_L}\right)$$

$$(3-11)$$

对式（3-11）进行求导，令 $\dfrac{dP_C}{dU_{cem}} = 0$，得 $U_{cem} = \dfrac{2}{\pi}U_{CC}$ 时，三极管的损耗

最大，即

$$P_{cmax} = \frac{1}{\pi^2}\frac{U_{CC}^2}{R_L} \qquad\qquad (3-12)$$

由式（3-6）代入式（3-12）可得

$$P_{cmax} = \frac{2}{\pi^2}P_{Omax} \approx 0.2P_{Omax} \qquad\qquad (3-13)$$

由上述计算可知，在 B 类推挽功放电路中，每只管子的最大损耗为 $P_{cmax} \approx$ $0.2P_{Omax}$，集电极与发射极最大电压差为 $2U_{CC}$，最大集电极电流为 U_{CC}/R_L，因此在查阅手册选择功放管时，应选择功放管最大管耗 $P_{cmax} > 0.2P_{Omax}$，功放管击穿耐压 $U_{(BR)CEO} > 2U_{CC}$，最大可承受电流 $I_{CM} > U_{CC}/R_L$。

【知识拓展】 随着 MOSFET 技术与 IC 功率器件工艺的发展进步，目前无论是在低频还是高频领域，B 类功率放大器越来越多地采用两只互补 MOSFET 功率管设计构成，相比于双极型晶体管 BJT，MOSFET 用做功率管的主要优点在于集成度高、功耗小，工作频率目前也越来越高。

3.3.3 C 类高频功率放大器

【思考】 如果将功率放大器的直流工作点进一步沿交流负载线下移，功放管输出直流功耗将进一步下降，效率是否有进一步上升的空间呢？

例如，当直流工作 Q 点下降至如图 3-6 所示，此时 Q 点在 X 轴的下方，输出电流 i_C 为负值，由图可以看出，非但输入信号 i_b 为零时 i_C 无输出电流，即便是有输入信号 i_b，也是当且仅当 i_b 幅度大于一定幅度之后，使得 i_b 进入放大区，输出电流 i_C 才会产生，此时产生的输出电流 i_C 的典型特征是余弦脉冲，而不是完整的正弦波。

那随之而来的问题是，为什么 C 类功放可以提高效率？能提高多少效率？如何减小上述失真而恢复波形呢？这就是本节需要一一解决的问题。

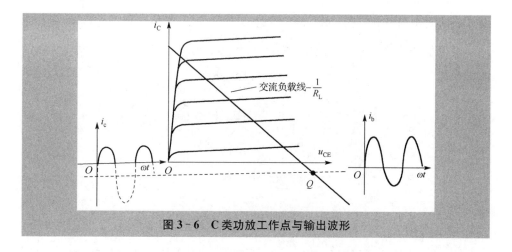

图 3-6　C 类功放工作点与输出波形

C 类功率放大器的设计思路与 B 类功率放大器的设计思路一脉相承，即通过逐步降低工作点，以输出电流波形的失真，换取功放转换效率的进一步提升。当然，图 3-6 中所示的电流为负值的直流工作 Q 点，只是为图解分析问题方便假设的一个"虚拟工作点"，实际电路中并不存在功率管截止时还有反向 i_C 输出电流的情形，Q 点低于放大区与截止区的分界线时，功率管截止无电流，Q 点在截止区下方位置的不同，理论分析时可以表示截止深度有所区别。

高频 C 类功放
结构与特性

【学习思路】　有关 C 类功放电路，学习中掌握两点：

（1）首先理解 C 类功放的工作原理，理解为何在这种进一步降低 Q 点直至输出波形变为小半周期余弦脉冲的情况下，还能恢复原有信号输出的原因。毕竟无失真或者失真可控是功放的基础，如果一个功放效率很高但是失真太大也没有实际应用价值；

（2）定量计算 C 类高频功放的转换效率，理论上是否可以证明 C 类功放真的可以获得相比于 B 类更高的效率。

1) C 类高频功放工作原理

由于 C 类功放效率高，在大功率、高效率、高频功率放大领域往往得以应用。但是由于 C 类功放输出电流 i_C 为余弦脉冲，从这种失真度较大的余弦脉冲中提取信号基波分量，方可恢复正弦波输入信号，因此 C 类功放一般都接有一个 LC 调谐回路，该 LC 调谐回路用于选择 i_C 余弦脉冲中的基波频率。C 类高频调谐功放基本原理电路如图 3-7 所示，电路结构主要包括功放管、输入回路、输出回路和负载，信号源与输入回路之间、输出回路与负载之间均采用变压器耦合方式接入。

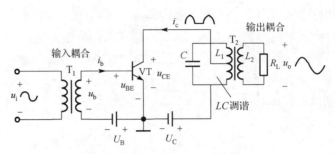

图 3‐7　C 类高频功放原理电路

图 3‐7 中输入激励信号首先经由变压器 T_1 耦合到晶体管的基‐射极。U_B 是基极直流偏置电源电压，U_C 是集电极直流偏置电源电压。与 A 类功率放大器的不同之处在于，C 类功放电路的输入直流偏置电压 U_B 为反向偏置，当且仅当输入交直流电压之和 $u_{BE} = u_{be} + U_B$ 大于晶体管门限电压 U_{TH} 时，功率晶体管才能导通，反之功率晶体管一直处于截止状态，不消耗静态功率，以此实现提高效率的目的。功放电路输出端在功放管与负载 R_L 之间插入并联 LC 谐振回路，完成余弦脉冲输出电流中基波电流分量的选频滤波，滤波输出信号经变压器 T_2 耦合输出至负载 R_L。

采用 LC 谐振回路作为负载，并且将 LC 回路调谐于输入信号频率，可以滤除电流 i_C 中的高次谐波分量，选择保留信号的基频分量。另外，LC 调谐回路还具备阻抗变换和功率匹配功能，即一方面通过变压器 T_2 的部分接入耦合方式，减小后级负载及三极管输出阻抗对 LC 回路的性能影响，另一方面通过合理调整变压器线圈匝比，使得功放负载获得最大功率输出。

C 类功放电路 设计与分析

【例题 3‐1】　为何 C 类功放电路集电极输出 i_C 是余弦脉冲电流，但是 LC 回路两端电压 u_{CE} 却可以恢复出完整余弦电压？

【答案】　由于 C 类功放电路发射结工作于反偏状态，当且仅当输入发射结电压瞬时值大于发射结门限电压 U_{BE} 之后，功放管才可以开启导通，所以输出电流 i_C 是余弦脉冲。

如果余弦脉冲电流作傅立叶级数展开，其包含直流分量、基波分量和高次谐波分量，但由于 C 类功放管后级为调谐于基波频率的 LC 选频回路，其对基波电流阻抗最大，而对于高次谐波分量阻抗很小，另外由于回路电感 L 本身对直流电流分量阻抗近似为 0，所以 LC 回路两端最终体现的电压值主要为基波电压，直流分量压降近似为 0，高次谐波分量压降取决于 LC 的选频性能，近似也趋近于 0。

所以，LC 回路两端电压主要是基波分量电压，理想情况下就是一个余弦电压。

> **【小贴士】**　事实上，实际工程应用中由于 LC 回路的选频性能并非理想，回路高次谐波阻抗并非为 0，所以 LC 回路两端电压除了基波分量电压外，还会残留部分高次谐波分量电压导致输出波形失真。为此工程中还会专门有一些技术指标用于描述谐波分量功率占总输出功率的比值，称之为总谐波失真（Total Harmonic Distortion，简称 THD）。

2）C 类功放转换效率证明

如图 3-8 所示，假定功放管工作于 C 类工作状态，输出电流为余弦脉冲，即功放管的导通时间小于半个周期，为定量研究问题方便，引入导通角 θ，θ 定义如图 3-8 所示，因为 C 类功放工作时间小于半个周期，所以导通角 $\theta < \dfrac{\pi}{2}$。图中每个周期实线部分的导通电流可以表示为

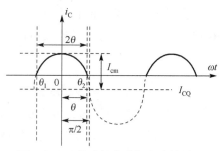

图 3-8　C 类功放集电极电流波形

$$i_{C} = \begin{cases} I_{cm}\sin\omega t - I_{CQ} & \theta_1 \leqslant \theta \leqslant \theta_2 \\ 0 & \omega t < \theta_1,\ \omega t > \theta_2 \end{cases} \quad (3\text{-}14)$$

i_C 作为余弦脉冲信号，做傅里叶级数展开后应该包含直流分量、基波分量以及高次谐波分量，其中平均直流分量 I_{C0} 可以由如下积分关系计算

$$I_{C0} = \frac{1}{2\pi}\int_{\theta_1}^{\theta_2}(I_{cm}\sin\omega t - I_{CQ})\mathrm{d}(\omega t) = \frac{2I_{cm}\cos\theta_1 - I_D(\theta_2 - \theta_1)}{2\pi} \quad (3\text{-}15)$$

由图 3-8 可知，功率管的导通角 $2\theta = \theta_2 - \theta_1$，代入式（3-15）可以得到直流分量 I_{C0} 为

$$I_{C0} = \frac{I_{cm}}{\pi}\ (\sin\theta - \theta\cos\theta) \quad (3\text{-}16)$$

同样原理，i_C 做傅里叶级数展开后的基波分量幅值 I_{c1m} 可以积分计算为

$$I_{c1m} = \frac{2}{\pi}\int_0^{\theta}(I_{cm}\cos\omega t - I_{CQ})\cos\omega t\,\mathrm{d}(\omega t) = \frac{I_{cm}}{2\pi}(2\theta - \sin2\theta) \quad (3\text{-}17)$$

由此可以得到 C 类功放的主要技术指标。

（1）输出功率

输出功率为基波功率，由电流基波分量与 LC 回路选频输出正弦电压相乘可得

$$P_O = \frac{1}{2} U_{cm} I_{c1m} = \frac{U_{cm} I_{cm}}{4\pi} \ (2\theta - \sin 2\theta) \qquad (3-18)$$

（2）直流电源功率

直流电源功率由电流直流分量与直流电压相乘可得

$$P_S = U_{CC} I_{C0} = \frac{U_{CC} I_{cm}}{\pi} \ (\sin\theta - \theta\cos\theta) \qquad (3-19)$$

（3）功放转换效率

$$\eta = \frac{P_O}{P_S} = \frac{\frac{1}{2} U_{cm} I_{c1m}}{U_{CC} I_{C0}} = \frac{1}{4} \cdot \frac{U_{cm}}{U_{CC}} \cdot \frac{2\theta - \sin 2\theta}{\sin\theta - \theta\cos\theta} \qquad (3-20)$$

若忽略功率管的饱和压降 $U_{ce(sat)}$，当 i_C 达到最大值时，$U_{cm} = I_{c1m} R_L \approx U_{CC}$，且输出功率最大。此时 C 类功放的最大转换效率为

$$\eta = \frac{1}{4} \cdot \frac{2\theta - \sin 2\theta}{\sin\theta - \theta\cos\theta} \qquad (3-21)$$

式（3-21）表明，C 类功放在最大输出功率时，效率是导通角的函数。图 3-9 反映了输出转换效率 η 与导通角 θ 的函数关系，由图可知，当导通角 θ 减小到接近零时，C 类功放的效率理想情况下可以增大到 100%，这就是 C 类功放效率高的证明。当导通角 θ 增大时，效率整体是下降的。例如当导通角 $\theta = \pi/2$ 时，输出波形半周期导通，此时电路工作状态变为 B 类，理想效率为 $\eta = \pi/4 \times 100\% = 78.5\%$，与 3.2.2 节 B 类推导结论一致。

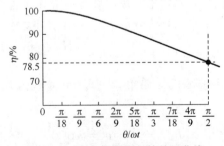

图 3-9　效率与导通角的关系曲线

【例题 3-2】　为何高频功放可以选用 C 类功放方案，而音频功放不用 C 类功放方案？

【答案】　由前面的分析可知，C 类功放是以牺牲失真度来换取效率提高的，是一种高频适用的窄带高效功放方案，要提取有用信号，功放管必须接 LC 调谐选频回路。音频信号一般特指 20 Hz～20 kHz，虽然是低频信号，但其频率跨度范围大，最低与最高频率相对宽度相差 1 000 倍，如此宽的频率范围，难以采用调谐回路负载滤出有用信号，通常选用无调谐负载，如电阻、变压器等，所以音频功放一般不用 C 类功放方案。

【例题 3－3】　已知 3 种不同类型的线性功放电路，测得导通角 θ 分别为 $\pi/6$、$\pi/2$、π，请分别计算其最大输出转换效率并判断功放类型。

【答案】　将不同的导通角 θ 值分别代入公式（3－21）计算，并结合图 3－8 分析，可得：

$\theta=\pi/6$ 时，$\eta=3.86/4\times100\%=96.5\%$，如图 3－8 分析所示，输出集电极电流为 1/3 周期电流波形，为 C 类功放电路；

$\theta=\pi/2$ 时，$\eta=\pi/4\times100\%=78.5\%$，如图 3－8 分析所示，输出集电极电流为 1/2 周期电流波形，为 B 类功放电路；

$\theta=\pi$ 时，$\eta=2/4\times100\%=50\%$，如图 3－8 分析所示，输出集电极电流为整个周期电流波形，为 A 类功放电路。

3.3.4　C 类高频功率放大器倍频应用

倍频器是一种倍增输入信号频率的电路，广泛应用于各种通信收发信机与电子设备之中。由于振荡器频率越高，稳定性越差，因此通信系统中的频率源一般采用频率较低但稳定度较高的晶体振荡器，通过若干级倍频器达到所需频率，因此倍频器的合理运用可以适当降低系统中晶体振荡器振荡频率的要求。实际工程应用中，高精度基准晶振频率一般不高于 20 MHz，因此对于工作频率要求高、稳定性要求严格的通信设备或其他电子设备而言，往往需要采用倍频。

C 类功放
倍频器应用

倍频通常可以采用锁相环频率合成，该方法在后续章节中将专门介绍，另外一种方法，则是采用 C 类功放倍频。

图 3－10 所示为 C 类功放倍频器原理电路示意图，其电路结构与丙类功放基本相同，不同之处仅在于 C 类功放倍频器的集电极 LC 谐振回路是对输入频率 f_i 进行 n 倍调谐，对基波和其他谐波频率失谐，以此达到 n 倍选频输出的效果，实际应用中，由于谐波次数越高，谐波分量越小，所以采用 C 类功放倍频输出一般只适用于 2 倍频或 3 倍频，如果倍频倍数过高，由于高次谐波分量幅度小，基波与其他谐波分量干扰较大会导致选频输出困难，不易实现。特别是

余弦脉冲电流中基波分量占相当比重，有时为提高输出滤波能力，需要增加一个专门的基波滤除电路。

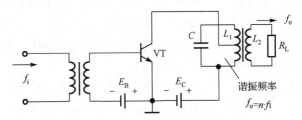

图 3-10   C 类功放倍频器原理示意

如果确实需要更高次数倍频，可以采用多个 2～3 倍频器级联的方法来实现，例如，要实现 6 次倍频，可以采用一个 2 倍频与一个 3 倍频级联的方式实现，当然，在多个倍频级联应用时，为使信号满足幅度要求，可以在倍频器之间插入功放电路，如图 3-11 所示。

图 3-11   倍频与功放链示意

【例题 3-4】   试采用 C 类功放方案设计一个 2 倍频器。已知输入频率为 5 MHz 正弦波，要求无失真输出 10 MHz 正弦波信号，请设计电路原理图并给出具体电路参数，其中 LC 选频回路电感值 $L=0.5\ \mu H$。

【解答】   电路原理图如图 3-10 所示，由于为 2 倍频，所以有

$$f_o = \frac{1}{2\pi\sqrt{LC}} = 10\ \text{MHz}$$

其中已知 $L=0.5\ \mu H$，代入求得 $C=0.5\ nF$。

注意，本题解题绘图时参照图 3-10，要求标明三极管发射结反偏，集电结正偏，以满足 C 类功放正常工作条件。

3.4   高频功率放大器设计实例与仿真

本节将采用 Multisim 设计验证一款 C 类功率放大器电路，借此简要介绍通信电路模块设计通用的基本方法与步骤，另外通过仿真实验进一步验证理论学习效果。

【概述】　硬件电路设计仿真的一般步骤包括：

(1) 根据设计指标，确定设计电路的拓扑结构，配置各器件的电路参数；

(2) 设计原型电路，完成基本功能验证；

(3) 设计完善实用电路，包括各种实用辅助功能电路。

【设计案例】　试采用 C 类功率放大器方案，设计实现一款工作频率为 5 MHz 的功率放大电路，并评估其转换效率。

3.4.1　C 类功放理论分析与设计

首先回顾 C 类功放的原理电路，如图 3 - 12 所示，C 类功率放大器的设计核心在于以下几点：

(1) 为降低静态功耗，静态时功放管反偏，功放管截止，所以图中 U_B 反偏；

(2) C 类功放管输出电流为余弦脉冲，如何从失真脉冲电流中提取选频出需要的基频信号？即如何设计一个 LC 并联谐振回路？

以上是 C 类功放的设计重点，除此以外，一个实用的功放电路的直流馈电电路、交流信号的输入/输出均需要补充完善。参照图 3 - 12 所示的 C 类功放原理电路图，初步设计的 C 类功放原型电路如图 3 - 13 所示。图中虚拟三极管的开启电压为 0.7 V，电流放大倍数 $\beta=100$。

C 类高频功放
设计实例与仿真

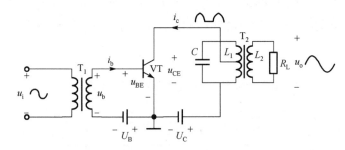

图 3 - 12　C 类功放的原理电路

(1) 为保证静态反偏，不妨给定 $U_B=1.5$ V，同时考虑有信号输入时，三极管能够开启，即有 $U_i+U_B>U_{th}$（其中 $U_{th}=0.7$ V）条件必须满足，所以设定 5 MHz 正弦交流信号的幅度为 2.4 V，即 $U_i=2.4\sin(2\pi \cdot 5\times10^6 \cdot t)$ (V)。

(2) 为能够正确谐振选频，由公式

$$f=\frac{1}{2\pi \sqrt{LC}}=5\times10^6 \text{ Hz}$$

计算得 LC 谐振回路的参数：$L=1\ \mu\mathrm{H}$，$C=1\ \mathrm{nF}$

图中并联电阻值和 U_C 电源电压与频率无关，可以暂时尝试设置一个数值，图中 U_C 设置为 50 V，电阻为 50 kΩ。

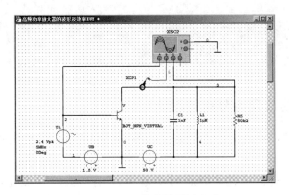

图 3-13　C 类功放原型电路

3.4.2　C 类功放原型电路设计仿真

（1）运行仿真，可以得到图 3-14 输出端余弦脉冲电流 i_C。注意：图 3-13 为了方便电流与电压在同一示波器中显示，采用了 Multisim 提供的一款电流-电压转换器 XCP1，单击 XCP1 可以设置电流至电压的转换系数。此处设为 1 V/mA，即图中 XCP1 若测得电压为 1 V，表示测得的电流对应是 1 mA。由图 3-14 可以看出，该放大器输出 i_C（第 2 行）为反向余弦脉冲信号，与理论分析一致。

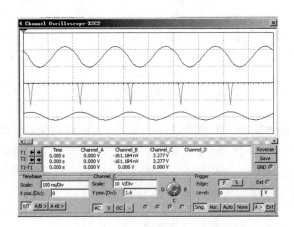

图 3-14　C 类功放原型电路仿真结果

（2）仿真结果分析。图 3-14 无法同时显示三个电压波形的纵坐标的精度，读者可以单击旋转虚拟面板中的 A、B、C、D 旋钮，即可观察电压大小。当然，读者也可以选用更加逼真的泰克示波器（Tektronix TDS2024）完成测试，原型电路与测试效果分别如图 3-15、图 3-16 所示，图 3-16 可以同时看出三个波形的电压、电流幅值大小。余弦电流脉冲幅度约为 100 mA，输入电压幅度为 $4.8V_{pp}$，输出电压幅度约为 $12.5V_{pp}$。

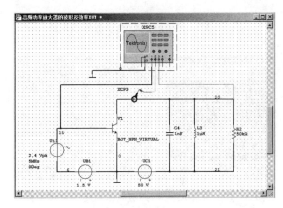

图 3-15 泰克示波器测试 C 类功放原型电路

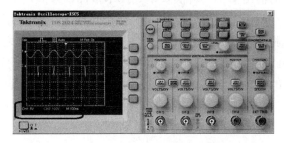

图 3-16 泰克示波器测试 C 类功放测试效果

3.4.3 C 类功放电路的实用完善

原型电路设计仿真后，在基本功能、基本性能初步满足设计需求后，需要进一步增加实用辅助功能电路。例如，增加输入/输出耦合变压器，补充基极与集电极直流馈电电路等。另外功放三极管也需要根据此前设置需求更换为实际型号器件。完善后的原型电路与测试效果如图 3-17 与图 3-18 所示。

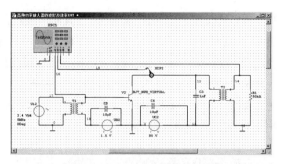

图 3 - 17　完善后的 C 类功放原型电路

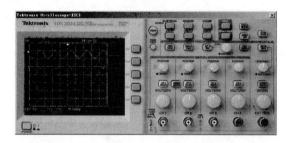

图 3 - 18　完善后的 C 类功放原型电路测试效果

　　有关该功放的输出功率、转换效率等技术指标，参照前面方法，留给读者自行仿真分析。希望读者重视虚拟仿真实验的重要性，在现代硬件电路设计方法中，虚拟仿真验证已经成为介于理论计算与实践搭设电路之间一个重要的、不可或缺的桥梁。当然虚拟仿真实验还有待进一步完善，如设计过程中用到的各种器件模型库的完整性与准确性需要进一步提高，这也是虚拟仿真获得进一步发展的必备前提。

3.4.4　C 类功放 2 次倍频器设计仿真

　　【拓展实验】　请读者尝试在前面电路设计的基础上，结合理论学习，设计实现一款基于 C 类功放方案的倍频电路，2 次倍频、3 次倍频均可尝试设计一下。设计参考电路如图 3 - 19 所示，请读者主要关注以下几点：(1) 电路如何修改？(2) 输出电压幅度与功率如何变化？

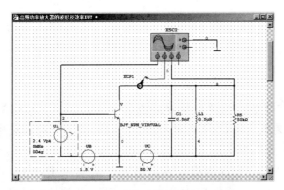

图 3-19　C 类功放倍频器参考电路

本章小结

本章较为系统地介绍了目前通信系统领域常用的两类高频功率放大器，包括线性 A 类和 B 类功率放大器，非线性 C 类功率放大器。读者需要掌握各类功率放大器的典型电路结构、基本工作原理及主要技术性能指标，理解各类功放方案效率高低不等的主要原因和主要应用场合。除此之外，目前数字开关功放也得到越来越多的广泛应用，如 D 类和 E 类开关功放等等，鉴于篇幅限制等原因，本章没有展开数字类开关功放的介绍，读者如果感兴趣可以自行上网搜索学习。这里将常见的几类高频功放作一个对比总结，如下表 3-1 所示。

表 3-1　典型功放性能对比

属性	分类	最大效率	线性度/失真度	发射结偏置	其他
线性功放	A 类	50%	高/低	正偏	高低频均适用
	B 类	78.5%	中/中	零偏	高低频均适用
	C 类	100%	低/高	反偏	适于高频窄带放大
开关功放	D 类 E 类等	100%	低/高	开关状态	高低频均适用

另外，本章另辟专门章节，介绍了功放电路的实用辅助电路结构与原理，增加了基于 Multisim 的 C 类功放设计实例，目的在于进一步拉近理论电路与实用电路、理论学习与实践操作之间的距离，提升学习效果。

习　题

一、填空题

1. 高频模拟功率放大器主要分类包括：A 类、_____类、_____类，其中 A 类最大输出效率为_____，_____类理论上最大输出效率可达 100%。

2. 某 A 类高频功率放大器，直流电源供电功率 P_S 为 5 W，三极管管耗 $P_C=3.2$ W，试求输出功率_____W，功放转换效率等于_____。

3. A 类功放的导通角是_____，B 类功放的导通角是_____，C 类功放的导通角是_____。

二、判断题

(　) 1. C 类高频功放的平均输出效率为 100%，高于 B 类功放的平均效率 78.5%。

(　) 2. 低频功率放大器与高频功率放大器仅工作频率不一样，均可采用 A 类、B 类和 C 类功放方案。

(　) 3. C 类功放工作时，发射结电压需要正偏，集电结电压需要反偏。

(　) 4. 只有 C 类功放机集电极输出电流为余弦电流，LC 回路两端输出电压才是不失真余弦电压。

(　) 5. A 类、B 类与 C 类功放都是模拟功放，都可以用于高频和低频信号功率放大。

(　) 6. B 类功放的输出效率固定为 78.5%，与输出功率大小没有关系；C 类功放输出效率为 100%，同样与输出功率大小无关。

三、选择题

1. 下列有关 A/B/C 三类功放表述正确的选项为 (　)
   (A) A 类功放效率低、失真度低　　　 (B) A 类功放效率高、线性度高
   (C) C 类功放效率低、失真度低　　　 (D) C 类功放效率高、线性度高

2. C 类功放三级管正常工作时，下列表述正确的是 (　)
   (A) 发射结正偏、集电结正偏　　　 (B) 发射结反偏、集电结反偏
   (C) 发射结正偏、集电结反偏　　　 (D) 发射结反偏、集电结正偏

3. 某功放电路输出功率是 90 W，直流电源供电功率是 150 W 且电源电压是 27 V，试求该功放电路转换效率以及直流功耗电流各是多少 (　)
   (A) 80%，10 A　　　 (B) 60%，5.6 A
   (C) 60%，5 A　　　 (D) 20%，10 A

4. 某一便携式移动射频发射机，要求功放最大输出效率不低于 80％，线性度要求较低，请考虑功放设计方案，（　　　）

　　(A) A 类　　　　　(B) B 类　　　　(C) C 类　　　　(D) AB 类

四、综合题

1. 最大管耗相同的功放三极管，如果效率提高 2 倍，输出功率提高多少倍？

2. 某 C 类高频功率放大器，已知 $U_{CC}=24$ V，$P_O=5$ W，问：

　　(1) 当效率 $\eta=60\%$ 时，管耗 P_C 为多少？直流电源功率为多少？直流供电电流为多少？

　　(2) 若输出功率 P_O 保持不变，将效率 η 提高至 80％，请问管耗 P_C 减小多少？

3. 低频功率放大器为什么不能工作在 C 类状态？高频功率放大器为什么却可以工作于 C 类状态？C 类功放的负载为什么一定要选择谐振回路？谐振回路失谐将产生何种影响？

4. 试设计一个工作频率为 10 MHz、能在 50 Ω 负载上提供 20 W 输出功率的 C 类功放电路。已知功率管的管耗 $P_C=1$ W，试确定电源电压 U_{CC}，并计算功率管最大集电极电流 I_{cmax}。

5. 如图题 3-1 所示为 C 类功率放大器，试定性画出图中各点的电压与电流波形，并尝试采用 Multisim 进行电路仿真验证。

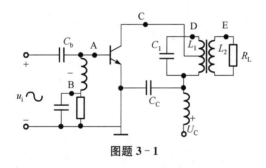

图题 3-1

6. 请采用 C 类功放方案设计实现一个频率为 2 MHz 倍频为 8 MHz 的倍频电路，要求给出电路原理图。

7. 请采用 Multisim 分别设计一个 A 类、B 类与 C 类功率放大器电路，完成功率与效率性能对比。要求：电源电压均为 25 V，负载电阻均为 50 Ω。

参考文献

［1］顾宝良．通信电子线路［M］．3 版．北京：电子工业出版社，2013.

［2］张玉兴，陈会，文继国．射频与微波晶体管功率放大器工程［M］．北京：电子工业出版社，2013.

［3］余萍，李然，贾惠彬．通信电子电路［M］．北京：清华大学出版社，2010.

［4］高如云，陆曼茹，张企民，等．通信电子线路［M］．2 版．西安：西安电子科技大学出版社，2002.

［5］闵锐，徐勇，孙峥，等．电子线路基础［M］．2 版．西安：西安电子科技大学出版社，2010.

第 4 章　正弦波振荡器

【内容关键词】

- 反馈式振荡器、振荡条件、三点式 LC 振荡器及其改进电路措施、石英晶体振荡器
- 振荡器性能指标、频率稳定度、稳频措施
- 压控振荡器

【内容提要】

本章主要讨论高频正弦波振荡器的基本理论，包括各种正弦波振荡器的电路组成、一般分析方法和主要性能指标。首先，结合互感反馈式振荡器电路，分析振荡器的平衡、起振和稳定三大振荡条件；然后，重点讨论电容反馈三点式 LC 振荡器，以及两种改进电路，并介绍石英晶体振荡器；进而，分析振荡频率稳定度问题，讨论各种稳频措施；最后，介绍了频率可调的压控振荡器。4.7 节给出了部分正弦波振荡器的 Multisim 仿真电路和仿真输出波形。

本章内容知识点的结构导图如图 4-0 所示，其中灰色部分为需要重点关注掌握的内容。学习过程中需要关注理解几个基本概念：

(1) 反馈式振荡器的电路结构与振荡条件；
(2) 三点式振荡器的组成原理与判断条件；
(3) 三点式振荡器的改进与振荡频率计算；
(4) 振荡器的频率稳定度问题与稳频措施。

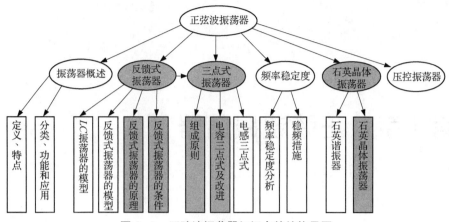

图4-0　正弦波振荡器知识点的结构导图

4.1　引言

振荡器（Oscillator）是一种能够自动地将直流电能转换为所需要的交流电能的能量转换电路。与前几章中所介绍的放大器不同，振荡器不需外加输入信号或不受外加输入信号的控制，就能产生具有一定波形、一定频率和一定振幅的交流信号。

正弦波振荡器用途广泛，根据应用特点大致分两类：一类是频率输出，另一类是功率输出。在无线通信领域，它是无线电发送设备的心脏，用来产生运载信号的载波；在超外差接收机中，振荡器用来产生"本地振荡"信号；在电子测量领域，则是信号源、频率计等的核心部分。在这些应用中，输出信号的准确度和稳定度是振荡器的主要性能指标。在工业生产中，高频加热、超声焊接及电子医疗器械等场合也都广泛应用振荡器，在这些应用中，高效率输出大功率是对振荡器的主要要求。

根据输出波形的不同，可以将振荡器分为正弦波振荡器、非正弦波振荡器或张弛振荡器（能产生矩形、三角形、锯齿形等振荡电压）。而正弦波振荡器又可按频率的不同，划分为低频振荡器、高频振荡器和微波振荡器，这里只讨论高频正弦波振荡器，以下也称之为射频振荡器。

因RC振荡器在模拟电子技术基础课程中做了详细介绍，这里不再重复。本章只介绍互感耦合振荡器、LC振荡器、石英晶体振荡器及压控振荡器。表4-1列出了几种基本结构不同的频率输出型振荡器。振荡器是一种重要的直流能量转交流能量输出电路，其电路结构种类繁多，应用的领域也不尽相同，但作为最常用的电路结构，反馈式振荡器是一个重要的学习起点。

表 4-1　振荡器分类

划分依据	结构类型	拓扑结构	电路构成	功能和应用特点
基本结构	RC 振荡器	反馈式	(1) 反相型施密特触发器和 RC 选频网络反馈构成方波、矩形波振荡器 (2) 同相型施密特触发器和反相积分器构成三角波、锯齿波振荡器	用于产生方波、矩形波、三角波、锯齿波等；振荡频率低；频率稳定度差
	LC 振荡器	反馈式	一般由放大器、LC 选频网络和正反馈网络三部分构成，主要包括互感反馈、电容、电感反馈三点式	用于产生较高频率正弦波，引入晶体后振荡器频率更稳定
		负阻式	由具有负阻特性的器件和 LC 谐振回路构成	主要工作在 100 MHz 以上的超高频段
	环形振荡器	反相器级联	(1) 采用 CMOS 反相器构成奇数级振荡环路 (2) 采用 MOS 差分放大器，环路级数既可以为奇数，也可以为偶数 (3) 环形压控振荡器	在频率综合器、时钟恢复电路中使用，易于电路集成，但相位噪声较高

4.2　反馈式振荡器

　　考察真实世界实例，对了解电子振荡器的基本概念、工作原理及它们在电子设备中的用法很有帮助。

　　最常见的振荡器之一是时钟的钟摆，如图 4-1 所示。如果推动钟摆开始摆动，它将以某种频率振荡，每秒来回摆动一定次数，钟摆的长度控制频率。若物体振荡，能量必须在两种形态之间来回转换，例如，在钟摆中，能量在势能和动能之间转换。当钟摆位于摆动的一端，其能量全部是势能，并准备落下；当钟摆在循环的中间，所有势能转换为动能，钟摆以最快的速度移动；当钟摆向另一侧运动时，动能又转

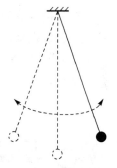

图 4-1　时钟的钟摆

换为势能。这两种形态间的能量转换就是导致振荡的原因。最后由于空气阻力作用，钟摆振荡会逐渐停止，要继续振荡，必须在每次循环中添加一定能量。

　　现在来看电子振荡器。电子振荡器正常工作，能量必须在两种形态之间来回转换，将电容和电感两种储能元件连接在一起，如图 4-2（a）所示，即可制成一个非常简单的振荡器，电容以静电场的形式储存能量，而电感则为磁场形式。

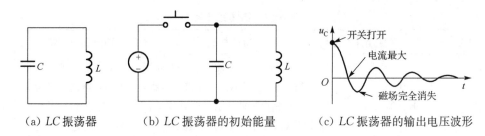

（a）*LC* 振荡器   （b）*LC* 振荡器的初始能量   （c）*LC* 振荡器的输出电压波形

图 4‑2 *LC* 振荡器的模型

如图 4‑2（b）所示，为电容充电后打开开关，将会发生以下情况：

（1）电容将通过电感开始放电，同时电感将建立磁场；

（2）一旦电容放电完毕，电感将尝试保持电路中的电流，并对电容反向充电；

（3）当电感的磁场消失后，电容已再次充电（但充电极性相反），将再次通过电感进行放电。

这种振荡将持续，直到因为金属线中电阻将电能全部转换为热能为止，如图 4‑2（c）所示。该振荡器的频率取决于电容和电感的大小，而想要维持振荡，必须周期性补偿交流能量。

4.2.1 反馈式振荡器基本原理

反馈式振荡器的
基本原理

所有振荡器的核心都是一个能够在特定频率上实现正反馈的环路，因而反馈式正弦波振荡器是一种常用的振荡器形式，其闭环电路模型和双端口网络模型如图 4‑3 所示。振荡器包括主网络和反馈网络两部分，主网络主要为调谐放大器形式，具有放大和选频功能，反馈网络为正反馈结构。

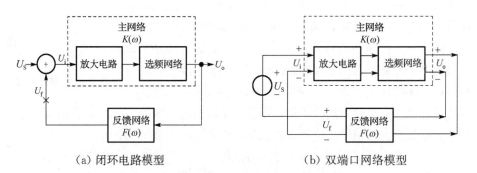

（a）闭环电路模型   （b）双端口网络模型

图 4‑3 反馈式正弦波振荡器框图

在×处开环时，放大器的输出电压和反馈电压分别为

$$\dot{U}_o = K(j\omega)\dot{U}_i = K(j\omega)\dot{U}_S \tag{4-1}$$

$$\dot{U}_f = F(j\omega)\dot{U}_o = F(j\omega)K(j\omega)\dot{U}_S \tag{4-2}$$

式中，$K(j\omega) = \dfrac{\dot{U}_o}{\dot{U}_i} = Ke^{j\varphi_K}$ 为主网络谐振放大器的电压增益，φ_K 为主网络放

大器引入的相移；$F(j\omega) = \dfrac{\dot{U}_f}{\dot{U}_o} = Fe^{j\varphi_F}$ 为反馈网络的传输函数（或称反馈系

数），φ_F 为反馈网络引入的相移。

从放大器的角度分析，若在主网络选频 ω 处，$\dot{U}_f = \dot{U}_S$（信号 u_f 和 u_S 等幅且同相），即

$$F(j\omega)K(j\omega) = 1 \tag{4-3}$$

则当环路闭合时，去掉信号源 $\dot{U}_S$，放大器仍然输出角频率为 ω 的正弦波电压信号 $\dot{U}_o$，而放大器所需要的输入电压 $\dot{U}_i$ 全部由反馈电压 $\dot{U}_f$ 提供。

从振荡器的角度分析，闭环电路发生振荡的数学条件可以由闭环传递函数导出，即

$$\dot{U}_o = K(j\omega)\dot{U}_i = K(j\omega)(\dot{U}_S + \dot{U}_f) \tag{4-4}$$

$$\frac{\dot{U}_o}{\dot{U}_S} = \frac{K(j\omega)}{1 - K(j\omega)F(j\omega)} \tag{4-5}$$

由于振荡器没有外部输入信号，即 $\dot{U}_S = 0$，若要 $\dot{U}_o$ 为非零电压输出，则式（4-5）右边的分母必须为零，即 $K(j\omega)F(j\omega) = 1$，此时振荡器的闭环增益为

$$\frac{K(j\omega)}{1 - K(j\omega)F(j\omega)} = \infty \tag{4-6}$$

反映的物理意义是：没有外部输入电压 $\dot{U}_S$，振荡器仍能输出电压 $\dot{U}_o$，呈现自激振荡。

实现反馈式振荡器的一种简单形式来自小信号调谐放大器，如图 4-4 所示。

当开关 S 置于端子 1 时，电路是一个普通的小信号调谐放大器，若激励电压 u_i 为单一频率正弦信号，则输出电压 u_o 为 u_i 放大的正弦信号；当开关 S 置于

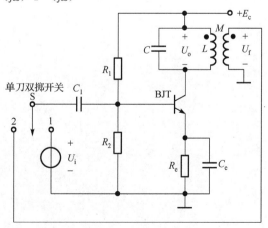

图 4-4　放大反馈式正弦波振荡器的简单电路

端子 2 时，则放大器的输入信号为反馈信号 u_f，如果 u_f 的振幅和相位同 u_i 一样，则移除 u_i 后，放大器仍能够持续输出信号 u_o，形成正弦波振荡。此时，电路成为一个带有反馈的调谐放大器，即为反馈式正弦波自激振荡器。

4.2.2　反馈式振荡器振荡条件

反馈式振荡器
的平衡条件

1）平衡条件

振荡器的平衡状态是指振荡器输出正弦波的幅度与频率不再变化，处于稳定状态。

式（4-3）指明振荡器输出等幅、持续振荡必须满足的平衡条件，又称为巴克豪森准则（Barkhausen Criterion）（也称巴克豪森条件、巴克豪森判据），用幅度和相位分别表示为

$$|F(j\omega_{osc})K(j\omega_{osc})|=1 \qquad (4-7)$$

$$\angle F(j\omega_{osc})K(j\omega_{osc})=2n\pi \quad (n=0,\pm1,\cdots) \qquad (4-8)$$

式（4-7）称为振幅平衡条件，此时振荡器的环路增益等于1，振荡器各点电压振幅保持不变，式（4-8）称为相位平衡条件，要求振荡环路的总相移 $\sum\varphi$（计算为 $\varphi_K+\varphi_F$）是 360° 的整数倍，即环路为正反馈。

满足平衡条件说明：闭合环路能够维持等幅、持续振荡，但是并没有说明该等幅、持续振荡是如何在接通电源后从无到有地建立起来的。因此，有必要进一步探讨振荡器的起振过程与起振条件。

① 巴克豪森准则

海因里希·乔治·巴克豪森，德国物理学家，生于不来梅。1921 年，巴克豪森提出巴克豪森稳定性准则：电子振荡器信号由输入到输出再反馈到输入的相差为 360°，且增益为 1，为振荡器振荡的必要条件，该准则被广泛应用于电子振荡器的设计中。

② 开环增益、环路增益和闭环增益

开环增益是指 u_i 经过主网络放大器输出 u_o 的增益，即式（4-1）中的 $K(j\omega)$；环路增益是指 u_i 经过主网络放大器、反馈网络输出 u_f 的增益，为式（4-2）中的乘积项 $K(j\omega)F(j\omega)$；闭环增益则是指闭环状态振荡器增益，即式（4-5）中的分式 $\dfrac{K(j\omega)}{1-K(j\omega)F(j\omega)}$，通常振荡器开环增益远大于 1，而当振荡器处于平衡状态时，其环路增益 $K(j\omega)F(j\omega)=1$，闭环增益则为 ∞。

2）起振条件

振荡器起振的一个重要问题：振荡初始的输入电压 u_i 是如何提供的？这是一个有趣而又非常现实的问题，下面我们来看看，加电后，振荡从建立到平衡再到最终稳定振荡这一完整的过程。

（1）自激振荡的建立

反馈式振荡器的
起振条件

在到达平衡状态之前，振荡器经历了一个振荡信号从无到有、从小到大的起振过程。在电源开关闭合的瞬间，电路中产生各种电扰动，如电压突变和电流激增，除此之外，电路中元器件和支路产生固有电路噪声。这些电扰动和电路噪声具有不规则性，包含振荡频率在内的很宽范围的频率分量，因此电扰动和电路噪声就是振荡器自激振荡的初始输入电压，但是电扰动和电路噪声中振荡频率分量幅度微弱，且伴有大量噪声干扰频率。

结合图 4-5（a）所示的互感反馈式振荡器电路和图 4-5（b）所示的 LC 并联回路阻抗和相频特性曲线，思考这一问题：振荡器中引入 LC 并联回路的主要作用是什么？

当幅度微弱、频率丰富的集电极电流通过 LC 回路时，在回路两端产生回路电压，由于 LC 回路具有窄带选频特性，只有等于或接近回路谐振频率 ω_0 的频率分量才具有较大阻抗，才能产生相对较大的回路电压，其他频率分量因为偏离 ω_0 被抑制掉，如图 4-5（c）所示，开始部分描述了电压 u_{ce} 由微弱多噪声信号变化为微弱 ω_0 频率信号，即产生初始振荡频率 ω_{osc}（该频率近似等于 LC 回路的谐振频率 ω_0），实现振荡信号的从无到有。

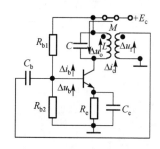 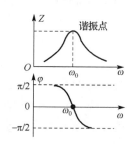 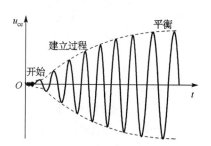

（a）互感反馈式振荡器电路 （b）LC 并联回路阻抗和相频特性曲线　　（c）自激振荡建立过程

图 4-5　反馈式振荡器电路、LC 并联回路选频特性及自激振荡建立过程

振荡频率 ω_{osc} 初始电压幅度非常微弱，只有当每次反馈电压信号都和上一次同相，且幅度都比上一次大时，才能使振荡电压幅度持续增大，形成图 4-5（c）所示的振荡建立过程。因此，在振荡初始，振荡器环路增益和相位必须满足以下条件：

$$|F(j\omega_{osc})K(j\omega_{osc})| > 1 \qquad\qquad (4-9)$$

$$\angle F\text{（j}\omega_{\text{osc}}\text{）}K\text{（j}\omega_{\text{osc}}\text{）}=2n\pi \quad （n=0，\pm1，\cdots） \tag{4-10}$$

式（4-9）和式（4-10）为振荡器起振条件，其物理意义是：在起振过程中，环路增益必须始终大于 1，以保证每次反馈电压幅度都比上一次大，环路的总相移 $\sum\varphi$（计算为 $\varphi_{\text{K}}+\varphi_{\text{F}}$）必须是 360°的整数倍，以保证环路始终是正反馈。通过下面例子描述这一起振过程。

> 假设振荡器主网络放大倍数 $K=100$，反馈网络系数 $F=1/10$。电源接通瞬间，发射结电流产生增量 Δi_{b}，引起的发射结电压增量 Δu_{be} 为 1 μV，经主网络放大形成振荡电压 Δu_{ce}（指 LC 回路选频 ω_0 形成的电压分量）为 100 μV，经正反馈网络返回发射结电压 Δu_{be} 为 10 μV，继续放大 100 倍，Δu_{ce} 为 1 mV，正反馈 Δu_{be} 为 100 μV……振荡器输出电压逐渐增大起来，其过程如图 4-5（c）所示。

（2）平衡状态的到达

观察图 4-5（c）所示自激振荡输出波形的变化过程可以发现，在振荡建立过程中，电压幅度的确会逐渐增大，但是增大幅度却渐渐降低下来，最终维持在一定幅度稳定输出，即达到振荡平衡状态，这是为什么？在振荡的过程中发生了什么变化？振荡器环路增益取决于主网络放大倍数 K 和正反馈网络系数 F，若 KF 不变，则振荡器输出电压波形应该线性增大，而实际振荡波形并非线性增大，尤其是振荡幅度达到一定程度以后。

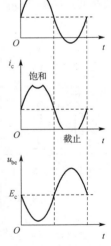

要解释这一现象，离不开对电路和器件的特性分析。一般反馈网络系数是不变的，但是主网络中放大器是以晶体管（或 MOS 管）为关键器件组成的，根据晶体管放大特性，随着振荡幅度增大，晶体管将会逐渐进入饱和、截止状态，主网络放大器从线性放大区延伸至非线性区，放大倍数 K 会逐渐减小，起始时刻条件 $KF>1$ 逐渐转变为 $KF=1$，振荡环路中各点电压幅度不再继续增大，振荡器到达平衡状态。

观察图 4-5（c）还可以发现，在振荡建立整个过程中，振荡器始终保持正弦波形输出。为什么放大电路延伸至非线性区，而输出电压波形不失真？

当振荡器各点电压幅度足够大时，主网络放大器进入非线性区，其输入电压 u_{be}、集电极输出电流 i_{c} 和输出电压 u_{ce} 如图 4-6 所示，可见电路中失真和不失真波形均出现。

图 4-6　振荡建立过程中电流失真和电压不失真波形

输入电压 u_{be} 幅度较大时，晶体管部分时间处于饱和截止状态，导致基极电流 i_b 和集电极电流 i_c 出现切顶现象（波形产生失真），失真电流经过 LC 并联回路，由于回路阻抗特性，电流成分中只有基波分量具有最大阻抗，形成幅度较大、不失真电压 u_{ce} 输出。

总结振荡建立过程中的电压、电流情况，需要注意以下几点：

① 振荡器通过选频放大电扰动或电噪声中的振荡频率，实现振荡从无到有，满足起振条件使得振荡幅度由小变大。

② 振荡幅度较小时，电压和电流波形均不失真，频率同为振荡频率，基本由 LC 回路决定，振荡幅度增大较快。

③ 振荡幅度足够大时，电流出现削波失真（切顶现象），电流不再为单一振荡频率信号，变为由基波分量（振荡频率）和谐波分量（振荡频率整数倍）组成，基波分量幅度相对较大，谐波分量阶次越高，其幅度越小。电流经过 LC 回路，因为 LC 并联回路谐振频率为振荡频率，所以只有基波分量具有最大阻抗（LC 并联回路阻抗特性）时，形成幅度较大、不失真电压输出。

3）稳定条件

自然界中处于平衡状态的物体均有稳定平衡与不稳定平衡之分。所谓稳定平衡，在物理学中是指外因存在时，使状态稍微偏离原来的平衡状态，如果外因消失后，系统能自动回到原来的平衡状态，则为稳定平衡，否则为不稳定平衡。关于这一定义可由图 4-7 示意。

反馈式振荡器的
稳定条件

（a）稳定平衡状态　　　　（b）不稳定平衡状态

图 4-7　物体的稳定平衡状态与不稳定平衡状态

电子振荡器的平衡状态也是如此。电源电压、温度、湿度、噪声干扰及振动等因素的改变会引起振荡状态偏离原来的平衡状态，例如，温度引起 LC 回路元件尺寸变化，会改变输出正弦波的幅度和频率。因此，也应研究振荡器平衡状态的稳定性，包括振幅平衡和相位平衡两方面稳定性及相应稳定条件。

（1）振幅平衡的稳定性分析与稳定条件

外因破坏振幅平衡，振荡器振幅稳定平衡须具备阻碍幅度变化的能力，晶体管的非线性特性就具有这种能力。图 4-8 描绘了振荡器放大特性曲线

$K\text{-}u_\mathrm{i}$、反馈特性曲线 $1/F\text{-}u_\mathrm{i}$（反馈系数 $1/F$ 保持不变），以及振荡器设计可能出现的硬激励现象。

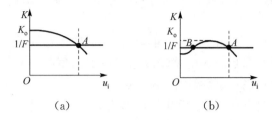

图 4‑8　振荡器放大、反馈特性曲线和硬激励现象

接通电源后无须外加激励便可产生自激振荡，进入稳定平衡状态的情况称为软激励，反之为硬激励。

图 4‑8（a）振荡器为软激励状态，其放大特性曲线 $K\text{-}u_\mathrm{i}$ 为单调递减曲线，在 A 点，振荡器处于平衡状态，此时，$KF=1$。如果外因造成输入信号增大，导致放大器电压增益 K 下降，即放大能力下降，振荡器的环路增益 $KF<1$，将工作状态拉回 A 点，有效抑制外因造成的输入信号增大问题，保证输出信号基本不变；反之，如果外因造成输入信号减小，工作状态仍能回到 A 点，说明 A 点是稳定的平衡点。

图 4‑8（b）振荡器为硬激励状态，其放大曲线 $K\text{-}u_\mathrm{i}$ 为非单调曲线，出现两处平衡点 A 和 B。A 点分析同上，是一个稳定的平衡点。而在 B 点，虽然满足 $KF=1$ 的平衡条件。但是如果外因造成输入信号增大，将导致放大器的电压增益 K 继续增大，出现 $KF>1$ 情况，输出与输入信号持续增长；而若外因造成输入信号减小，将导致放大器的电压增益 K 继续减小，出现 $KF<1$ 的情况，输出与输入信号持续减小，直至停振，说明 B 不是稳定的平衡点。

由此，得出振幅平衡的稳定条件：在平衡点，$K\text{-}u_\mathrm{i}$ 曲线的斜率为负，即满足

$$\left.\frac{\mathrm{d}K}{\mathrm{d}u}\right|_{K=\frac{1}{F}}<0 \tag{4-11}$$

则为稳定的平衡点，而若斜率为正，则不满足稳定条件。

注意： 一般情况下，振荡电路工作于软激励状态，硬激励通常是应当避免的。硬激励状态的出现主要是晶体管的静态工作点取得太低，或是反馈系数 F 选得太小造成的，振荡器工作于硬激励状态时，不能自行起振，需要外加一个足够大的脉冲信号，使其冲过 B 点，才有可能激起稳定于 A 点的平衡状态。

（2）相位平衡的稳定性分析与稳定条件

讨论相位稳定问题和频率问题具有一致性。因为振荡器的角频率是相位对

时间的变化率，即 $\omega=\dfrac{\mathrm{d}\varphi}{\mathrm{d}t}$，当振荡器的相位发生变化时，其输出信号的频率也必然发生了变化，所以，相位稳定性和频率稳定性本质是相同的。

当外因破坏振荡的相位平衡条件时，必然在整个振荡环路中引入附加相位，设为 $\Delta\varphi$。

① 从理论角度讨论 $\Delta\varphi$ 带来的问题

若 $\Delta\varphi$ 为相位增量，这意味着在振荡器正反馈一周后，反馈电压 u_f 的相位将超前原有电压 u_i 相位 $\Delta\varphi$，即完成一周变化的周期缩短。通过正反馈循环导致每次反馈电压的相位均超前上一次，相当于每秒完成循环的次数不断增加，造成振荡频率持续升高，如图 4-9（a）所示。若 $\Delta\varphi$ 为相位减量，则情况相反，循环一周的相位不断落后，造成振荡频率持续降低，如图 4-9（b）所示。

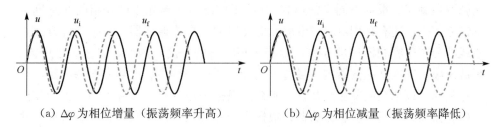

（a）$\Delta\varphi$ 为相位增量（振荡频率升高）　　　（b）$\Delta\varphi$ 为相位减量（振荡频率降低）

图 4-9　振荡器的相位平衡稳定性

② 从振荡电路实际工作时的角度讨论 $\Delta\varphi$ 的问题

事实上，振荡器输出信号频率不会因为附加相位 $\Delta\varphi$ 的出现而真的持续升高或降低。究其根本原因，需要分析 LC 振荡回路对于附加相位 $\Delta\varphi$ 的反应问题。图 4-10 所示为 LC 振荡回路的相频特性曲线。

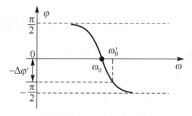

图 4-10　振荡器的相频特性曲线

忽略振荡频率和振荡回路谐振频率的差别，则当振荡器工作在谐振频率 ω_0 时为平衡状态，回路为纯电阻，所以相位为零。当外界干扰导致相位增量 $\Delta\varphi$ 出现时，振荡频率升高，从 ω_0 变化到 ω_0'，则回路失谐，呈现为容性，引入相位 $-\Delta\varphi'$，抵消了附加相位 $\Delta\varphi$ 的影响，振荡频率降低；相位减量 $\Delta\varphi$ 出现的情况类似，所以 LC 振荡回路具有相位补偿作用，能够有效抑制频率的变化问题。

由此得出相位平衡稳定条件：在平衡点，相频特性曲线 φ-ω 斜率为负，即满足

$$\frac{\mathrm{d}\varphi}{\mathrm{d}\omega}\bigg|_{\omega=\omega_0}<0 \tag{4-12}$$

则为稳定的平衡点，而若斜率为正，则不满足稳定条件。

> **【小结】** 反馈式振荡器是一种正反馈系统，它放大自己噪声中的某一频率 ω_0。在放大器中，振荡是有害且不被允许发生的现象，而振荡器却正是利用正反馈原理产生所需要的信号。

4.3 基本型三点式 *LC* 振荡器

采用 *LC* 回路作为选频网络的反馈式正弦波振荡器形式很多，统称为 *LC* 正弦波振荡器。根据不同反馈形式，*LC* 正弦波振荡器除了已介绍的互感耦合反馈方式外，还有采用电容或电感元件反馈的三点式振荡器。互感耦合方式由于线圈分布电容和漏感的存在，影响振荡频率的提高，因此，只适用于中波、短波波段。三点式振荡器则是目前应用最广泛的一种中、小功率振荡电路，其工作频率可以从几兆赫兹到几百兆赫兹。根据采用的有源器件不同，分为晶体三极管振荡器和场效应管振荡器；根据有源器件的不同组态，又分为共射、共基和共集振荡器（或共源、共栅和共漏振荡器）。

4.3.1 三点式 *LC* 振荡电路组成原则

三点式 *LC* 振荡器是指 *LC* 振荡回路引出三个端点，分别与晶体管的三个电极相连所构成的振荡器，其电路一般形式如图 4-11 所示。

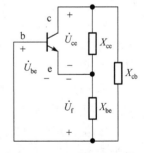

图 4-11 三点式 *LC* 振荡器的一般形式

不论为何种反馈的振荡器，组成原则都必须首先满足起振所需的相位条件：$\sum\varphi=2n\pi$，即 $\dot U_{\mathrm{f}}$ 和 $\dot U_{\mathrm{be}}$ 同相，反馈网络为正反馈结构。三点式 *LC* 振荡器的相位条件是否满足要求呢？

三点式 *LC* 振荡器的组成原则

假设 *LC* 振荡回路三个电极所接纯电抗元件分别为 X_{be}、X_{ce}、X_{cb}，忽略回路损耗。由于晶体三极管 b—e 之间电压与 c—e 之间电压反相，即

$$\dot U_{\mathrm{ce}}=-A\dot U_{\mathrm{be}} \tag{4-13}$$

为了保证振荡器电路的正反馈特性，由图 4-11 可知，必须有

$$\dot{U}_{\mathrm{f}} = -\dot{F}\dot{U}_{\mathrm{ce}} \tag{4-14}$$

即反馈电压 $\dot{U}_{\mathrm{f}}$ 必须与输出电压 $\dot{U}_{\mathrm{ce}}$ 反相。考虑振荡器的振荡频率十分接近其 LC 回路的谐振频率，所以，可以进一步忽略晶体管输入/输出阻抗的影响。当 LC 回路处于谐振状态时，其串联总电抗为零，即 $X_{\mathrm{ce}} + X_{\mathrm{be}} + X_{\mathrm{cb}} = 0$。

反馈电压 $\dot{U}_{\mathrm{f}}$ 是输出电压 $\dot{U}_{\mathrm{ce}}$ 在 X_{be}、X_{cb} 支路中分配在 X_{be} 上的电压，因此，可计算 $\dot{U}_{\mathrm{f}}$ 与 $\dot{U}_{\mathrm{ce}}$ 的关系如下（根据图示参考电压方向）

$$\dot{U}_{\mathrm{f}} = \frac{X_{\mathrm{be}}}{X_{\mathrm{be}} + X_{\mathrm{cb}}} U_{\mathrm{ce}} = -\frac{X_{\mathrm{be}}}{X_{\mathrm{ce}}}\dot{U}_{\mathrm{ce}} \tag{4-15}$$

欲使得 $\dot{U}_{\mathrm{f}}$ 与 $\dot{U}_{\mathrm{ce}}$ 反相，则 X_{be} 与 X_{ce} 必须为同性电抗。而由 $X_{\mathrm{ce}} + X_{\mathrm{be}} + X_{\mathrm{cb}} = 0$ 可知，则 X_{be}、X_{ce} 必须同时和 X_{cb} 为异性电抗，且应满足

$$|X_{\mathrm{ce}} + X_{\mathrm{be}}| = |X_{\mathrm{cb}}| \tag{4-16}$$

由此可知，满足起振相位条件的三点式振荡器的组成原则为："射同集（基）反"，即与发射极连接的两个电抗元件电抗性质必须相同，集电极－基极之间的电抗元件性质则相反。依据这一原则，较容易判断出三点式 LC 振荡器是否可能产生振荡。三点式 LC 振荡器的两种典型电路模型如图 4-12 所示，根据不同反馈元件，分别为电感反馈三点式振荡器和电容反馈三点式振荡器。

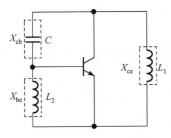　　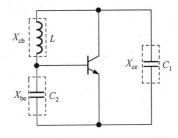

（a）电感反馈三点式 LC 振荡器　　　　（b）电容反馈三点式 LC 振荡器

图 4-12　三点式 LC 振荡器的两种典型电路模型

【**例题 4-1**】　利用相位平衡条件，判断图 4-13 所示电路，哪些可能振荡？属于哪种类型的振荡电路？并说明振荡条件。

【**分析**】　三点式 LC 振荡器能否振荡，一个基本条件是振荡回路要包含两种电抗性质不同的储能元件，即满足"射同集反"原则。需要说明的是，振荡器的起振条件中，振幅起振条件可以通过设计元件参数满足，但是如果不满足起振的相位条件，则振荡器一定不能起振。

【**答案**】　（a）不可能振荡，因为晶体管的发射极两边为相异性质的电抗；
（b）可能振荡，只要 LC_3 支路电抗在振荡器工作频率上表现为感性；

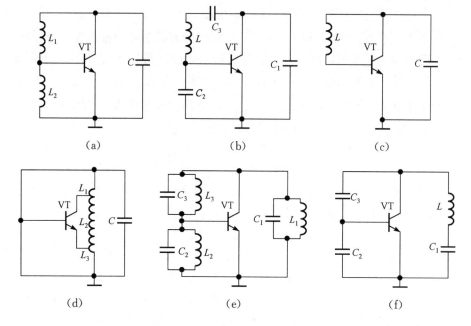

图 4–13　三点式 LC 振荡器电路

（c）可能振荡，考虑发射结存在极间电容 C_{be}，不过由于 C_{be} 较小，所以振荡频率会较高；

（d）不可能振荡，虽然射极两边为电感，但是集电极和基极之间仍然是电感；

（e）可能振荡，条件是在振荡器工作频率上 L_1C_1 支路、L_2C_2 支路电抗呈现相同性质，同时，L_3C_3 支路电抗呈现与之不同的性质；

（f）不可能振荡，因为 b—e 和 b—c 之间电抗为相同性质。

结合图 4–13（e），分析振荡频率、支路固有谐振频率与支路电抗性质之间的关系。

（1）设振荡器工作频率为 f_{osc}，c—e、b—e、b—c 间分别为 L_1C_1、L_2C_2 和 L_3C_3 并联支路，支路固有谐振频率分别为 f_{o1}、f_{o2} 和 f_{o3}，电抗为 X_{ce}、X_{be} 和 X_{bc}。

（2）若要满足三点式振荡器"射同集反"这一相位起振条件，只可能是 c—e 支路电抗呈现感性，同时 b—e、b—c 支路电抗呈现容性，构成电容反馈三点式 LC 振荡器；或是 c—e 支路为容性，而 b—e、b—c 支路为感性，构成电感反馈三点式 LC 振荡器。

图 4–14 所示为振荡频率、支路固有谐振频率与支路电抗性质之间的关系。

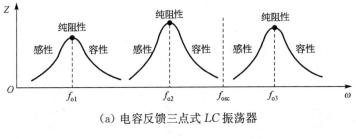

（a）电容反馈三点式 *LC* 振荡器

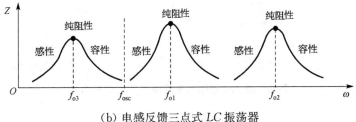

（b）电感反馈三点式 *LC* 振荡器

图 4-14 振荡频率、支路固有谐振频率与支路电抗性质之间的关系

• 若 $f_{osc}>\max\{f_{o1}、f_{o2}\}$，同时 $f_{osc}<f_{o3}$，根据并联谐振回路特性，此时 X_{ce}、X_{be} 和 X_{bc} 分别表现为容性、容性和感性，满足"射同集反"的条件，为电容反馈三点式 *LC* 振荡器；

• 若 $f_{osc}<\max\{f_{o1}、f_{o2}\}$，同时 $f_{osc}>f_{o3}$，根据并联谐振回路特性，此时 X_{ce}、X_{be} 和 X_{bc} 分别表现为感性、感性和容性，满足"射同集反"的条件，为电感反馈三点式 *LC* 振荡器。

如果极间支路为 *LC* 串联支路，或既有 *LC* 串联又有 *LC* 并联，分析方法相同。

4.3.2 电容反馈三点式振荡器

电容反馈三点式振荡器（Colpitts Oscillator）也称为"考毕兹振荡器"，其电路特点是与发射极连接的两个电抗元件均为电容，集电极和基极之间接入电感，原理电路和交流通路如图 4-15 所示。

其中，R_{b1}、R_{b2}、R_e 是直流偏置电阻，Z_L 为高频扼流圈，C_b、C_c 为隔直电容，C_e 为交流旁路电容，使晶体管射极交流接地，反馈电压取自电容器 C_1 和 C_2 的分压，电容 C_2 为反馈元件，故称之为电容反馈三点式振荡器。

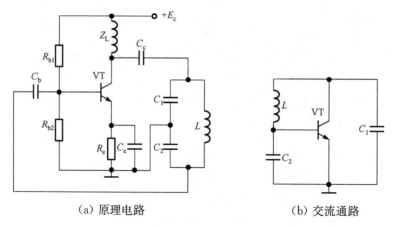

（a）原理电路   （b）交流通路

图 4‑15　共射组态电容反馈三点式振荡器

1）起振条件

首先，分析振荡器是否满足起振的相位条件。由于振荡器结构满足"射同集反"原则，与发射极连接的两个电抗元件的电抗性质必须相同，集电极‑基极之间的电抗元件则性质相反。因此，较容易判断出电容反馈三点式振荡器可能产生振荡。

其次，分析振荡器是否满足起振的振幅条件。由于振幅条件主要取决于放大器的电压增益 K 和反馈系数 F，所以现在的主要问题是：电容反馈三点式振荡器的环路增益 KF 是否大于 1？

现将晶体管的混合 π 模型引入振荡电路，得图 4‑16（a）所示的等效电路。其中，R_0 为 LC 回路谐振电阻，R_i 为晶体管输入电阻，R_c 为晶体管输出电阻，C_i 为晶体管输入电容，C_o 为晶体管输出电容（根据晶体管混合 π 模型的参数特点，忽略了部分影响较小的等效元件）。

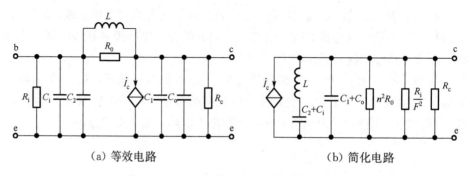

（a）等效电路   （b）简化电路

图 4‑16　电容反馈三点式振荡器等效电路

为了计算方便，将图 4 - 16（a）中各元件向 c—e 端折算，简化后电路如图 4 - 16（b）所示。

电抗元件：电感 L 和电容 C_1、C_2 直接并入 c—e 端。

电阻元件：从 c—e 端向 LC 回路折算的系数为 n，$n = \dfrac{C_2 + C_i}{C_1 + C_o + C_2 + C_i}$，电阻 R_0 从 LC 回路向 c—e 端折算，则为 $n^2 R_0$，反馈系数 F 等于 U_{be} 与 U_{ce} 之比，若忽略电阻对电容的旁路作用，可计算 $F \approx \dfrac{C_1 + C_o}{C_2 + C_i}$。电阻 R_i 从 b—e 端向 LC 回路折算，为 $\left(\dfrac{C_1 + C_o + C_2 + C_i}{C_1 + C_o} \right)^2 R_i$，再向 c—e 端折算，则为

$$\left(\frac{C_2 + C_i}{C_1 + C_o + C_2 + C_i} \right)^2 \left[\left(\frac{C_1 + C_o + C_2 + C_i}{C_1 + C_o} \right)^2 R_i \right] = \left(\frac{C_2 + C_i}{C_1 + C_o} \right)^2 R_i \approx \frac{R_i}{F^2} \quad (4-17)$$

谐振时，c—e 端总电阻为：$\dfrac{1}{R_{ce}} = \dfrac{1}{R_\Sigma} = \dfrac{1}{R_c} + \dfrac{1}{n^2 R_0} + \dfrac{F^2}{R_i}$，电压放大倍数 K 可计算为

$$K = \frac{U_{ce}}{U_{be}} = \frac{I_c R_{ce}}{I_b R_i} = \frac{\beta R_{ce}}{R_i} \quad (4-18)$$

振荡器起振的振幅条件必须满足：$KF = \dfrac{\beta R_{ce}}{R_i} \cdot F > 1$，即 $\beta > \dfrac{R_i}{R_{ce}} \cdot \dfrac{1}{F}$，将 R_{ce} 代入得

$$\beta > \frac{R_i}{F} \left(\frac{1}{R_c} + \frac{1}{n^2 R_0} + \frac{F^2}{R_i} \right) \quad (4-19)$$

式（4 - 19）中，当 R_i、R_c 和 R_0 一定时，F 越大，条件公式前两项就越小，振荡器对电流放大系数 β 的要求就越低，利于起振，但是同时，第三项就越大，其影响相反。通过分析可以发现，反馈系数 F 的取值存在现实的矛盾。

电容反馈三点式振荡器的反馈系数 F 应该如何取值呢？反馈的作用是将输出电压的一部分送回输入端产生振荡，反馈系数 F 越大，则反馈信号越强，振荡器就越容易起振；但是，F 也把晶体管的输入电阻 R_i 引入了 LC 回路，对 LC 回路谐振总电阻 R_{ce} 造成影响。由于 $\dfrac{1}{R_{ce}} = \dfrac{1}{R_\Sigma} = \dfrac{1}{R_c} + \dfrac{1}{n^2 R_0} + \dfrac{F^2}{R_i}$，所以 F 越大，R_{ce} 越小，放大倍数下降，不利于起振，而且 $Q_L = \dfrac{R_{ce}}{\omega_0 L}$，$Q_L$ 也越小，振荡器输出电压信号的波形变差，甚至在 F 过大时产生严重的非线性失真。

工程上，F 的值通常选取得较小，为 $0.01 \sim 0.5$，此时，式（4 - 19）可近似写成 $\beta > \dfrac{1}{F} \left(\dfrac{R_i}{R_c} + \dfrac{R_i}{n^2 R_0} \right)$，将 F 的计算式代入，得到振荡器起振的振幅条件近

似表达式为

$$\beta > \frac{C_2 + C_i}{C_1 + C_o} \cdot \left(\frac{R_i}{R_c} + \frac{R_i}{n^2 R_0} \right) \qquad (4-20)$$

2) 振荡器工作频率计算

振荡频率由振荡回路总的电感量和电容量决定，将晶体管的极间电容抽象出来画入交流通路，如图 4-17 所示。振荡回路电感就是 L，电容则包含 C_1、C_2 及 C_i、C_o，振荡器工作频率基本等于振荡回路的谐振频率，可计算为

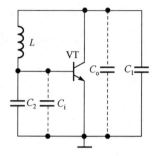

$$f_o = \frac{1}{2\pi \sqrt{LC_\Sigma}} \approx \frac{1}{2\pi \sqrt{L \dfrac{(C_1 + C_o)(C_2 + C_i)}{(C_1 + C_o + C_2 + C_i)}}}$$

$$(4-21)$$

图 4-17 电容反馈三点式振荡器交流通路

由式（4-21）可知，电容反馈三点式振荡器的振荡频率要比 LC 回路空载时的谐振频率略低。

【例题 4-2】 考毕兹振荡电路如图 4-18 所示。给定回路参数 $C_1 = 36$ pF，$C_2 = 680$ pF，$L = 2.5\ \mu\text{H}$，$Q_0 = 100$，晶体管输出电阻 $R_c = 10$ kΩ，输入电阻 $R_i = 2$ kΩ，输入电容 $C_i = 41$ pF，输出电容 $C_o = 4.3$ pF。求：

(1) 振荡频率 f_o；

(2) 反馈系数 F；

(3) 为满足起振所需的 β 最小值。

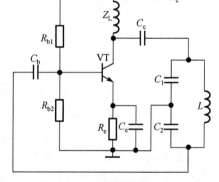

图 4-18 考毕兹振荡电路

【分析】 考毕兹振荡器的振荡频率 f_o 基本等于振荡回路的谐振频率，可由式（4-19）计算。振荡回路设置电容 C_2 为反馈元件，考虑晶体管参数 C_i 与 C_2 相并联，然后与 C_1 和 C_o 并联支路对 c—e 进行分压，可计算反馈系数 F，根据式（4-18）计算起振所需的 β 最小值。

【解答】 （1）求振荡频率 f_o

振荡回路总电容为：

$$C_\Sigma = \frac{(C_1 + C_o)(C_2 + C_i)}{C_1 + C_o + C_2 + C_i} = \frac{(36 + 4.3)(680 + 41)}{36 + 4.3 + 680 + 41}\ \text{pF} = 38.17\ \text{pF}$$

所以，

$$f_{\text{o}} = \frac{1}{2\pi\sqrt{LC_{\Sigma}}} = \frac{1}{2\times3.14\times\sqrt{2.5\times10^{-6}\times38.17\times10^{-12}}} \text{ Hz} \approx 16.3 \text{ MHz}$$

（2）反馈系数 F

$$F \approx \frac{C_1+C_{\text{o}}}{C_2+C_{\text{i}}} = \frac{36+4.3}{680+41} \approx 0.056$$

（3）为满足起振所需的 β 最小值

由式（4-19）：$\beta > \dfrac{R_{\text{i}}}{F}\left(\dfrac{1}{R_{\text{c}}} + \dfrac{1}{n^2 R_0} + \dfrac{F^2}{R_{\text{i}}}\right)$

其中，$n = \dfrac{C_2+C_{\text{i}}}{C_1+C_{\text{o}}+C_2+C_{\text{i}}} \approx 0.95$，$R_0 = Q_0\sqrt{\dfrac{L}{C}} = 100\sqrt{\dfrac{2.5}{38}\times10^6}$ $\Omega =$ 25.65 kΩ，所以

$$\beta > \frac{R_{\text{i}}}{F}\left(\frac{1}{R_{\text{c}}} + \frac{1}{n^2 R_0} + \frac{F^2}{R_{\text{i}}}\right) = \frac{2}{0.056}\left(\frac{1}{10} + \frac{1}{0.95^2\times25.65} + \frac{0.056^2}{2}\right) \approx 5.17$$

电容反馈三点式振荡器存在一些重要缺陷：

其一，振荡回路中的两个电容取值不能太小，否则受晶体管极间电容的影响太大，频率准确度和稳定度大大下降，这将导致其最高振荡频率受限。

其二，电容三点式振荡器的反馈系数是由电容分压确定的。所以，在不影响反馈的前提下，难以通过改变电容来改变振荡频率。针对电容反馈三点式振荡器的这些缺陷，在实际中常常使用一些改进型电路。

4.3.3　电感反馈三点式振荡器

电感反馈三点式振荡器（Hartley Oscillator）也称为"哈特莱振荡器"，连接的特点是与发射极连接的两个电抗元件为电感，集电极和基极之间接入电容。图 4-19 所示为电感反馈三点式振荡器的原理电路和交流通路。

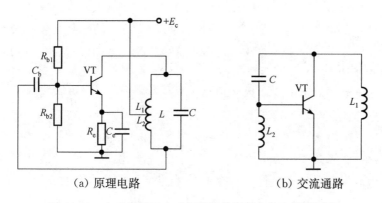

　　　　　（a）原理电路　　　　　　　　　　　（b）交流通路

图 4-19　电感反馈三点式振荡器的原理电路和交流通路

图 4-19（a）电路采用 R_{b1}、R_{b2} 和 R_c 分压式射极偏置电路，C_e 为射极旁路电容，电容 C 和电感 L_1、L_2 构成谐振回路（振荡回路），其中，电感 L_2 为电感反馈三点式振荡器的反馈元件，由于电感对晶体管非线性产生的高次谐波呈高阻抗，所以反馈信号中含高次谐波分量较多，使得振荡器的输出波形、频谱质量比电容反馈三点式振荡器差很多。

电感反馈三点式振荡器和电容反馈三点式振荡器的分析方法相似，起振必须满足的振幅条件为

$$\beta > \frac{R_i}{F}\left(\frac{1}{R_c} + \frac{1}{n^2 R_0} + \frac{F^2}{R_i}\right) \tag{4-22}$$

式中，各参数定义与电容反馈三点式振荡器相同。

在起振需要的相位条件方面，由图 4-19（b）所示的交流通路可知，电感反馈三点式振荡器满足 LC 三点式振荡电路的"射同集反"原则，其总的相移为 $\sum \varphi = \varphi_K + \varphi_F = 0$。

哈特莱振荡器的振荡频率 f_o 近似计算为

$$f_o \approx \frac{1}{2\pi \sqrt{(L_1 + L_2 + 2M)\,C}} \tag{4-23}$$

式中，M 为 L_1 和 L_2 之间的互感系数。

【扩展阅读】 古典振荡器电路，很多都采用 Hartley 电路，其原因之一是当初所使用的频率较低，无须考虑极间电容的影响，而且 Hartley 振荡器在连续性改变频率时有其优点，因为它只有一个电容性元件，调频时只需改变此电容器即可。

现在，Colpitts 振荡器比 Hartley 振荡器更具有吸引力，应用得更广泛，主要原因是 Colpitts 振荡器是电容三点式，在振荡回路中采用更少的电感，通常在射频频率上电容的 Q 值比电感的 Q 值高，而且反馈元件为电容，滤波特性较好，因此，振荡波形好；此外，晶体管的输入/输出电容与回路电容并联，可以适当增加回路电容，提高频率稳定度；当利用极间电容时，振荡器的频率可以做得很高，适合高频领域工作，而且电容比电感占用芯片面积小，缺点主要是起振不易，调整困难。Hartley 振荡器是电感三点式，电路中的电感可能会和器件的寄生电容产生谐振，从而产生杂散频率，输出波形不好，优点是起振容易（工作频率高时不易起振），调整方便。

因此，在振荡频率要求较高时，一般优先考虑 Colpitts 振荡器，而在需要大范围改变振荡频率的地方（如超外差接收机中的本地振荡器），往往需要采用 Hartley 振荡器。

4.4　改进型三点式 *LC* 振荡器

4.4.1　基本型三点式 *LC* 振荡器的优点与不足

1）问题的提出

在 4.3 节中，公式（4-21）计算了 Colpitts 振荡器的振荡频率：

$$f_{o}=\frac{1}{2\pi\sqrt{LC_{\Sigma}}}\approx\frac{1}{2\pi\sqrt{L\dfrac{(C_{1}+C_{o})(C_{2}+C_{i})}{(C_{1}+C_{o}+C_{2}+C_{i})}}}$$

晶体管的输入结电容 C_i（基极和射极之间电容）、输出结电容 C_o（集电极和射极之间电容）分别与回路电容 C_1、C_2 并联。C_o、C_i 的大小会变化，与晶体管的工作状态以及振荡器的外界条件有关，而当 C_o、C_i 变化时，必然引起回路总电容变化，进而引起振荡频率的变化。

一个自然的问题是：如何才能减小晶体管结电容对振荡频率的影响呢？

2）解决方法

分析振荡频率 f_o 的计算式可以发现，增大回路电容 C_1 与 C_2 可以减小 C_o、C_i 变化对振荡频率的影响。但是，增大回路总电容是有限度的，因为当振荡频率一定时，增大电容就意味着减小回路电感 L（维持振荡频率不变）。振荡频率越高，电感越小，而实际制作电感线圈时，电感量小，线圈品质因数就低，导致回路品质因数 Q 值下降，振荡波形和频谱纯度变差；另外，C_1、C_2 过大时，放大器电压增益、振荡幅度下降，甚至造成停振，这样反而不利于频率稳定度的提高。

振荡器电路改进是减小晶体管结电容影响更常用的方法，具体做法是在电容反馈三点式振荡器的基础上，减小晶体管和 *LC* 回路之间耦合强度。改进电路主要有两种：串联改进型电容反馈三点式［Clapp 振荡器（克拉泼振荡器）］和并联改进型电容反馈三点式［Seiler 振荡器（西勒振荡器）］。

4.4.2　改进型电容反馈三点式振荡器（Clapp 振荡器）

Clapp 振荡器（克拉泼振荡器）原理电路和交流通路如图 4-20 所示，其特点是在振荡回路中增加一个与电感串联的小电容 C。

克拉泼振荡器

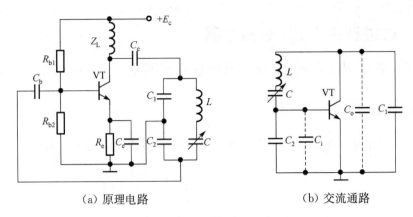

（a）原理电路　　　　　（b）交流通路

图 4 - 20　Clapp 振荡器原理电路和交流通路

Clapp 振荡器振荡频率可求解为：$f_\circ \approx \dfrac{1}{2\pi\sqrt{LC_\Sigma}}$，其中，$C_\Sigma = $

$\dfrac{1}{\dfrac{1}{C}+\dfrac{1}{C_1+C_\circ}+\dfrac{1}{C_2+C_i}}$。若选取回路元件 $C \ll C_1$，$C \ll C_2$，则 $C_\Sigma \approx C$，此时振荡

频率为 $f_\circ \approx \dfrac{1}{2\pi\sqrt{LC}}$，完全由元件 C 决定，晶体管极间电容 C_i 与 $C_\circ$ 对振荡器频率稳定性的影响可以忽略，而且串联 C 越小，晶体管各端接入 LC 回路的接入系数也越小，振荡器的频率稳定性越高。

串联小电容 C 引入振荡回路，除上述分析的有利面外，也会带来一些不利影响：

· 电容 C 取值越小，反馈系数 F 也越小，因此，振荡器起振条件也越来越难以满足，尤其是当振荡器工作在高频段时。

· 电容 C 被用做可调电容实现振荡器频率可调时，由于 C 取值太小，极大地限制了振荡频率调谐范围，因此，Clapp 振荡电路最常用做固定频率或者窄带振荡器。

为改善 Clapp 振荡器调频范围窄的问题，进一步提出了西勒振荡器。

4.4.3　改进型电容反馈三点式振荡器（Seiler 振荡器）

西勒振荡器

Seiler 振荡器（西勒振荡器）原理电路和交流通路如图 4 - 21 所示，其特点是集-基支路采用 LC 并联回路与 C_3 串联方式。相比于 Clapp 振荡器，Seiler 振荡器的区别是在 LC 回路的电感 L 上，先并联一个电容 C，再串联小电容 C_3。

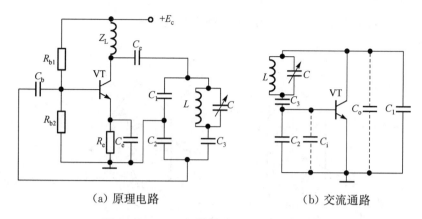

（a）原理电路 （b）交流通路

图 4-21 Seiler 振荡器原理电路和交流通路

Seiler 振荡器的振荡频率为：

$$f_o \approx \frac{1}{2\pi\sqrt{LC_\Sigma}}, \quad \text{其中，} \quad C_\Sigma = C + \cfrac{1}{\cfrac{1}{C_3} + \cfrac{1}{C_1+C_o} + \cfrac{1}{C_2+C_i}}$$

若选取回路元件 $C_3 \ll C_1$，$C_3 \ll C_2$，则 $C_\Sigma \approx C + C_3$，此时振荡频率为 $f_o \approx$ $\dfrac{1}{2\pi\sqrt{L(C+C_3)}}$，同样可以消除晶体管极间电容 C_i 和 C_o 的影响。同时，没有对电容 C 提出约束，因此增大了振荡器的调谐范围。

4.4.4 石英晶体振荡器

采用 LC 并联谐振回路作为振荡回路时，由于电感和电容的品质因数限制，回路的 Q 值不能做到很高（一般在 200 以下），加载后回路的 Q 值进一步降低，因此 LC 振荡器的频率稳定度一般只能达到 10^{-3} 量级。晶体管和振荡回路采用部分接入的克拉泼电路和西勒电路的频率稳定度也只能达到 $10^{-4} \sim 10^{-5}$ 量级。在频率稳定度要求更高的场合往往采用石英晶体振荡器，如电子表、计算机、信号产生器、通信系统的主时钟等，振荡器的频率稳定度可高达 $10^{-10} \sim 10^{-11}$ 量级。

1）石英谐振器

（1）石英谐振器的结构

自然界中的石英晶体是六棱柱结晶，如图 4-22 所示，它的化学成分是 SiO_2。石英晶体的物理性质在 x 轴（电轴）、y 轴（机械轴）和 z 轴（光轴）不

石英晶体振荡器

同。将石英晶体按照一定方位切成片，即为石英晶片。

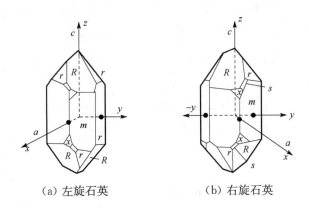

（a）左旋石英　　　　　　　（b）右旋石英

图 4 - 22　天然石英晶体及其横截面

将切割成形的晶片两边敷以电极，焊上引出线，采用金属或玻璃外壳封装，即构成石英谐振器。图 4 - 23 所示为石英谐振器的内部结构图、引线示意图和实物图。

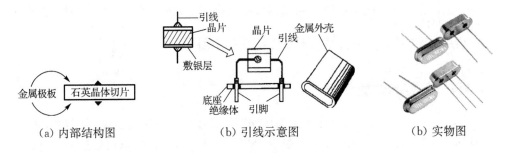

（a）内部结构图　　　　　　（b）引线示意图　　　　　　（b）实物图

图 4 - 23　石英谐振器的结构

石英谐振器具有正反压电效应，能够用作谐振电路。此外，石英谐振器还具有非常稳定的物理特性、化学特性及多谐性。

（2）石英谐振器的电路符号和等效电路

石英谐振器的电路符号如图 4 - 24（a）所示，因为具有和 LC 串联谐振回路相似的阻抗频率特性和相位频率特性，可以采用图 4 - 24（b）所示的等效电路（泛音晶体），石英谐振器的每次泛音都对应一个串联谐振支路，例如，基音对应 L_{q1}、C_{q1}、r_{q1} 串联谐振支路，其谐振频率为基音频率；3 次泛音对应 L_{q3}、C_{q3}、r_{q3} 支路，谐振频率为 3 次泛音频率，其他泛音相同分析，C_0 表示石英谐振器安装使用时存在的静态和支架电容（由切片与金属极板引起）。基音等效电路如图 4-24（c）（基音晶体），为方便书写，省略谐振支路元件下标，用 L_q、C_q、r_q 分别表示晶体的动态电感、动态电容和动态电阻。

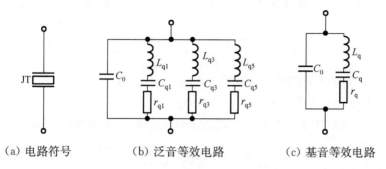

（a）电路符号　　　　　（b）泛音等效电路　　　　　（c）基音等效电路

图 4-24　石英谐振器的等效电路

石英谐振器的 L_q 较大，为几十毫亨，C_q 很小，在 10^{-2} pF 以下，r_q 很小，一般分析时可以忽略。石英谐振器具有很高的 Q_q，C_0 远大于 C_q，因而构成晶体振荡电路时，外电路对晶体电特性的影响很小，回路标准性会很高，稳频效果显著。

（3）基音晶体石英谐振器的阻抗—频率特性

① 基音晶体的谐振频率计算（$r_q=0$）

图 4-24（c）电路中，石英谐振器具有两个重要频率，忽略 r_q 影响（由于 r_q 较小）时，可计算如下。

串联谐振频率 f_s：$f_s = \dfrac{1}{2\pi\sqrt{L_q C_q}}$，为 L_q、C_q 串联支路的谐振频率。

并联谐振频率 f_p：$f_p = \dfrac{1}{2\pi\sqrt{L_q\dfrac{C_0 C_q}{C_0 + C_q}}}$，为 L_q、C_q 和 C_0 组成的并联谐振

回路的谐振频率。其中，$f_p = \dfrac{1}{2\pi\sqrt{L_q C_q}} \cdot \dfrac{1}{\sqrt{\dfrac{C_0}{C_0 + C_q}}} = f_s\left(1 + \dfrac{C_q}{C_0}\right)^{\frac{1}{2}}$，由于等效

电容 $C_q \ll C_0$，所以利用 $y = (1+x)^{\frac{1}{2}} \approx \left(1 + \dfrac{x}{2} + \dfrac{x^2}{3} + \cdots\right)$，取前两项得，$f_p = f_s\left(1 + \dfrac{C_q}{C_0}\right)^{\frac{1}{2}} \approx f_s\left(1 + \dfrac{C_q}{2C_0}\right)$，因为 $\dfrac{C_q}{C_0} \ll 1$，f_p 和 f_s 非常接近。

石英晶体产品还有一个标称频率 f_N：f_N 的值位于 f_p 和 f_s 之间，是指石英晶体两端并接某一规定负载电容 C_L 时石英晶体的振荡频率。

例题 4-3 具体描述了石英谐振器的两个频率 f_p 和 f_s 之间的相近关系。

【例题 4-3】   一个石英谐振器的标称频率为 2.5 MHz，$C_q = 2.1 \times 10^{-4}$ pF，$C_0 = 5$ pF，近似估算谐振频率 f_p 和 f_s 之间的差值。

【解答】   考虑标称频率位于 f_p 和 f_s 之间，所以可以近似估算 f_p 和 f_s 的差值

$$f_p - f_s \approx \frac{1}{2} \times \frac{2.1 \times 10^{-4}}{5} \times 2.5 \text{ MHz} = 52.5 \text{ Hz}$$

可见，两谐振频率确实相隔很近。

② 基音晶体的阻抗计算（$r_q = 0$）

同样，如果忽略 r_q 的影响，基音晶体的阻抗（表现为纯电抗）可计算为：

$Z_{eq} = \dfrac{Z_0 Z_q}{Z_0 + Z_q}$，式中，$Z_0 = \dfrac{1}{j\omega C_0}$，$Z_q = j\left(\omega L_q - \dfrac{1}{\omega C_q}\right)$。所以，阻抗近似为

$$Z_{eq} \approx j X_{eq} = \frac{\dfrac{1}{j\omega C_0} \cdot j\left(\omega L_q - \dfrac{1}{\omega C_q}\right)}{\dfrac{1}{j\omega C_0} + j\left(\omega L_q - \dfrac{1}{\omega C_q}\right)} = \frac{1}{j\omega C_0} \cdot \frac{j \dfrac{\omega^2 L_q C_q - 1}{\omega L_q}}{\dfrac{C_q + C_0 - \omega^2 L_q C_q}{j\omega C_0 L_q}} \quad (4-24)$$

将谐振频率 f_p 和 f_s 代入式（4-24），其中，$f_p^2 = f_s^2\left(1 + \dfrac{C_q}{C_0}\right)$，所以有

$$Z_{eq} = -j \frac{1}{\omega C_0} \cdot \frac{1 - \left(\dfrac{f_s}{f}\right)^2}{1 - \left(\dfrac{f_p}{f}\right)^2} \quad (4-25)$$

根据式（4-25）讨论石英晶体工作在不同频率时具有的特性：

• 当 $f < f_s$ 时，$Z_{eq} = -jx$，电抗呈现容性；

• 当 $f = f_s$ 时，$Z_{eq} = 0$，L_q、C_q 串联支路产生谐振，表现串联谐振特性（支路阻抗最小，纯电阻，相移为 0，电流最大，且与输入电压信号同相）；

• 当 $f_s < f < f_p$ 时，$Z_{eq} = jx$，电抗呈现感性；

• 当 $f = f_p$ 时，$Z_{eq} \to \infty$，L_q、C_q 和 C_0 组成的并联回路产生谐振，表现并联谐振特性（回路导纳最小，电感导纳与电容导纳抵消，纯电阻，电压最大，且与输入电流信号同相）；

• 当 $f > f_p$ 时，因为 $f_p > f_s$，所以 $Z_{eq} = -jx$，电抗呈现容性。

根据分析可以画出晶体的阻抗－频率特性曲线，如图 4-25 所示。在 f_p 和 f_s 很小的区间内，晶体呈现感性，电抗却从 0 变化到无穷大，曲线的斜率非常大，这对稳定频率很有利，电容区是不宜使用的。

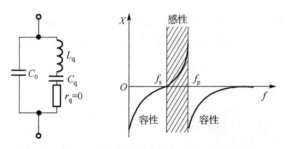

图 4‑25　基音晶体的阻抗—频率特性曲线

（4）石英谐振器频率稳定度高的原因

① 石英谐振器的频率温度系数小，进一步采用恒温设备后，更可保证频率的稳定度。

② 石英谐振器的品质因数非常高，在谐振频率 f_p 或 f_s 附近，相位特性变化率很高（相频特性的斜率很大），有利于稳频。

③ 石英谐振器典型等效电路中，电容 $C_q \ll C_0$，因此谐振频率基本由 L_q 和 C_q 决定。

2）石英晶体振荡器电路

（1）并联型石英晶体振荡器（Parallel-Mode Crystal Oscillator）

并联型石英晶体振荡器的电路结构、工作原理与基本三点式 LC 振荡器相同，不同之处是谐振回路中电感元件用高 Q 值的石英谐振器置换，以提高回路标准性。理论上可以构成三种类型的基本电路，但是实际应用中，通常将晶体接在晶体三极管 c—b 或 b—e 之间，如图 4‑26 所示，称为皮尔斯（Pierce）晶振。

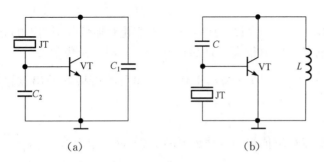

图 4‑26　Pierce 晶振的两种基本电路

Pierce 晶振的实用电路与交流通路如图 4‑27 所示。石英谐振器等效为振荡回路的电感，回路电容则包括回路电容 C_1、C_2、晶体管等效电容 C_i、C_o 及两只外接电容 C_P、C_N。石英谐振器产品（晶体）指标给出的标称频率为 1 MHz。

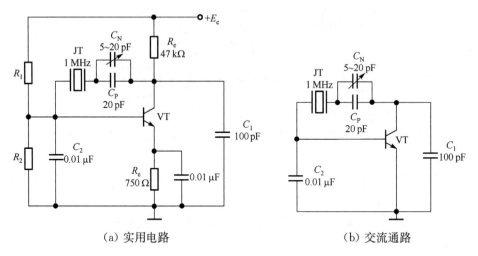

（a）实用电路   （b）交流通路

图 4‑27   Pierce 晶振的实用电路与交流通路

计算回路总电容：$\dfrac{1}{C_\Sigma}=\dfrac{1}{\dfrac{1}{\dfrac{1}{C_1+C_o}+\dfrac{1}{C_2+C_i}+\dfrac{1}{C_P+C_N}}+C_0}+\dfrac{1}{C_q}$，由于 C_P、

C_N 相比 C_1、C_2 小很多，因此 C_1、C_2 及与之并联的 C_i、C_o 可以近似忽略。总

电容可计算为 $\dfrac{1}{C_\Sigma}=\dfrac{1}{C_P+C_N+C_0}+\dfrac{1}{C_q}$，Pierce 晶振的振荡频率可计算为：

$$f_o=\frac{1}{2\pi\sqrt{L_qC_\Sigma}}=\frac{1}{2\pi\sqrt{L_q\dfrac{C_q(C_P+C_N+C_0)}{(C_P+C_N+C_0+C_q)}}} \tag{4-26}$$

外接电容 C_P、C_N（归并为电容 C）的变化对振荡频率的影响分析如下：

若可调电容 C 取值很大（理想值趋于 ∞）时，总电容 $C_\Sigma\approx C_q$，振荡频率

$f_o=\dfrac{1}{2\pi\sqrt{L_qC_q}}=f_s$，即振荡器工作频率和石英谐振器的串联谐振频率趋于

相同。

若可调电容 C 取值很小（理想值趋于 0）时，总电容 $C_\Sigma\approx\dfrac{C_0C_q}{C_0+C_q}$，振荡频

率 $f_o=\dfrac{1}{2\pi\sqrt{L_q\dfrac{C_0C_q}{(C_0+C_q)}}}=f_p$，振荡器工作频率和石英谐振器的并联谐振频率

趋于相同。

上述分析表明，无论外接电容 C_P、C_N 如何调节，皮尔斯晶振的工作频率 f_o 始终处于石英晶体谐振器的串联谐振频率 f_s 和并联谐振频率 f_p 之间，但是 f_o 只有在趋近 f_p 时，石英晶体才具有并联谐振回路的特点，也才能等效为高 Q 值电感。

（2）串联型石英晶体振荡器（Series-Mode Crystal Oscillator）

图 4-28 所示为串联型石英晶振的实用电路和交流通路。串联型石英晶体振荡器的特点是：晶体工作在串联谐振频率 f_s 上，并作为短路元器件串接在三点式振荡器电路的反馈支路中，此时晶体的阻抗趋于零，电路的正反馈最强；否则，将由于反馈系数太小而不能满足起振条件。为了减小回路对频稳度的影响，一般都将串联型晶振调谐在晶体串联谐振频率 f_s 附近。这种振荡器的振荡频率主要取决于晶体的串联谐振频率，而且频率的稳定度也完全取决于晶体串联谐振频率 f_s 的稳定度。

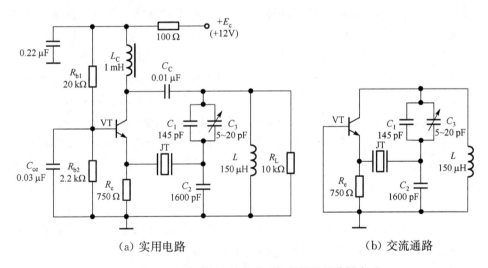

（a）实用电路　　　　　　　　　　　　　（b）交流通路

图 4-28　采用微调电容的串联型石英晶体振荡器电路

串联型晶振电路的基础是三点式振荡电路，晶体作为具有高选择性的短路器件，可以接在晶体三极管的任意一个电极（c、b 或 e）至振荡回路的三个端点（A、B 或 C）之间，只有当回路的谐振频率 $f_o = \dfrac{1}{2\pi\sqrt{LC_\Sigma}} = f_s$（式中，$C_\Sigma = \dfrac{(C_1 + C_3)\,C_2}{C_1 + C_2 + C_3}$，为 L、C_1、C_2、C_3 回路的总电容）时，电路才符合三点式振荡器的组成原则，为电容反馈三点式振荡器，而当工作频率偏离晶体的串联谐振频率时，晶体的阻抗迅速增大，电路停止振荡。

> 【小结】 利用石英谐振器的高 Q 值特性提高振荡器的频率稳定度是广泛使用的方法。但是，我们不应该忘记，增加电路的复杂度本身并不是优点。工程师不是要提出一个过大的设计，而是要尽力找到最简单和精致的设计方案，并有效率、可靠地满足给定的功能规格。

4.5 振荡器的主要性能指标

正弦波振荡器的频率稳定度

频率稳定度（Frequency Stability，FS）是振荡器的主要性能指标之一，对采用振荡器的电子设备十分重要，尤其是军用电子设备。为保证通信设备性能稳定，人们总希望振荡器的振荡频率能够恒定不变。但是在实际工作中，由于受到温度、电源电压及元器件老化等因素的影响，振荡频率会发生缓慢变化（称为漂移）。当漂移超出允许范围时，就会影响正常通信，严重时甚至可能造成通信中断。例如，在军事通信时，若通信双方的工作频率都十分准确和稳定，则在通信联络时只要按时开机就可以通信，甚至不需要呼叫和寻找，这时不仅可以保证通信及时和可靠，也有利于防止敌方侦察实施干扰；而若频率不稳定，就会漏失信号导致联系不上。在测量时，测量仪器如果频率不稳定，则会引起较大测量误差；在载波电话中，载波频率不稳会引起话音失真。目前，空间技术迅速发展，对振荡器频率稳定度的要求更为严格。例如，要实现与火星通信，频率的相对误差不能大于 10^{-11} 数量级，而若是给 4050 万 km 之外的金星定位，则要求无线电波频率的相对误差不超过 10^{-12} 数量级。因此，振荡器的频率稳定度是一个广受重视的技术问题。为了提出稳定振荡器频率的有效措施，首先要弄清楚衡量频率稳定度的主要指标的定义和测量方法。评价振荡频率的主要性能指标为频率准确度和频率稳定度。

4.5.1 频率准确度和稳定度

频率准确度（精度）描述振荡器在实际工作时其振荡频率偏离标称频率的程度，一般有两种表示方法：绝对频率准确度和相对频率准确度。

1）绝对频率准确度

绝对频率准确度是指振荡器在一定工作条件下，实际振荡频率 f 与标称频

率 f_0 之间的偏差值 Δf

$$\Delta f = f - f_0 \qquad\qquad (4-27)$$

2) 相对频率准确度

相对频率准确度是指振荡器在一定工作条件下，绝对频率准确度 Δf 与标称频率 f_0 之比

$$\frac{\Delta f}{f_0} = \frac{f - f_0}{f_0} \qquad\qquad (4-28)$$

频率稳定度则是指在一定的时间间隔内频率准确度变化的最大值 $|f - f_0|_{max}$（最坏情况），可以采用绝对频率稳定度来表示，但最常用的是相对频率稳定度（简称频率稳定度），以 δ 表示：

$$\delta = \frac{|f - f_0|_{max}}{f_0}\Bigg|_{\text{时间间隔}} \qquad\qquad (4-29)$$

频率稳定度按照时间间隔主要分为如下几种：

① 瞬时频率稳定度：秒或毫秒时间内振荡频率。

② 短期频率稳定度：1 小时内的频率相对稳定度，一般用来评价通信设备、测量仪器中主振荡器的频率稳定度。

③ 中期频率稳定度：1 天内的频率稳定度。例如：某振荡器标称频率为 5 MHz，在一天的工作中，测得偏离标称值最大的一个振荡频率点为 4.999 95 MHz，由此可计算出该振荡器的中期频率稳定度为

$$\delta = \frac{|f - f_0|_{max}}{f_0}\Bigg|_{1\text{天}} = \frac{|4.999\,95 - 5|}{5}\Bigg|_{1\text{天}} = 1 \times 10^{-5}\Big|_{1\text{天}} \qquad (4-30)$$

④ 长期频率稳定度：数月或一年内的频率相对稳定度，主要用来评价天文台或国家计量单位高精度频率标准和计时设备的频率稳定度。

至今，对于评价稳定度的时间间隔的划分并没有统一的规定，但是这样大致的分类还是有一定实际意义的。瞬时频率稳定度主要是振荡器自身内部噪声引起的频率起伏，通常也称为振荡器的"相位抖动"或"相位噪声"，它和长期频率漂移无关。短、中期频率稳定度则主要与温度变化、电源电压变化及电路参数的不稳定因素有关。长期频率稳定度是指振荡器长时间工作产生的频率漂移，主要取决于有源器件、电路元器件和石英晶体等的老化特性，与频率的瞬时变化无关。

在两个指标中，稳定度要比准确度更为重要，因为只有频率稳定，讨论频率准确度才有意义。频率稳定度的研究是稳频和测频学科的一个基本问题，具有很深的理论和许多实践难题，因此，下面主要分析振荡频率的稳定度。

4.5.2　影响频率稳定度的原因分析

找出引起振荡器频率不稳定的因素是提高频率稳定度的前提。

振荡器的振荡频率主要取决于 LC 回路的参数，但是有源器件（晶体管）的参数和电路元器件中的寄生参数，对振荡频率也有一定的影响（在某种条件下甚至起决定性作用）。而这些参数又不是固定不变的，所以振荡器的振荡频率不可能绝对稳定。

1) LC 回路参数不稳定

工作温度的变化是导致 LC 回路参数不稳定的主要因素。温度影响回路电感线圈和电容的几何尺寸，几何尺寸随温度变化产生形变，则改变其参数值，降低 LC 回路的标准性。

> LC 回路的标准性是指因外界因素变化，回路保持固有频率不变的能力，LC 回路的标准性取决于回路电感 L 和电容 C 的标准性。一般 L 具有正温度系数，即 L 随温度的升高而增大，而电容由于介电材料和结构的不同，温度系数可正可负。

电源电压的变化会引起晶体管寄生参数（如极间电容）的变化，导致振荡频率产生变化。

负载的变化同样会影响 LC 回路的标准性。在第 2 章介绍 LC 并联谐振回路时学习过，当负载变化时，将导致振荡器的品质因数发生变化，从而降低振荡器的频率选择能力。

另外，机械振动也会使电感和电容产生形变，引起 L 和 C 数值的变化，改变振荡频率。

2) 晶体管参数不稳定

晶体管对振荡频率的影响主要有两个方面：一方面是通过寄生参数（极间电容 C_i、C_o）直接影响振荡频率；另一方面则是通过工作点及内部状态的变化，对放大器的相位和反馈网络的相位产生影响，间接影响振荡频率。

晶体管极间电容受温度、工作电压及电流等变化的影响，是一个很不稳定的因素。电源电压同样影响晶体管的工作点，使振荡频率不稳定。

4.5.3　提高振荡频率稳定度的主要措施

由上面分析可知，提高振荡频率稳定度的措施主要集中在两个方面。

1）减小外界因素的变化

（1）采用恒温措施（如恒温槽），保持温度恒定。

（2）设计高精度的稳压源，稳定电源电压。在振荡器和整机其他部分共用一个电源时，可以从公共电源取出电压，经过一次单独稳压后作为振荡器的供电电源。

（3）设计隔离电路，减小负载变化的影响。通常在负载和振荡器之间引入缓冲器（如射极跟随器），以缓解负载变化对振荡频率的影响。

（4）采用减振措施，减轻机械振动冲击的影响。

（5）采取密封措施，消除湿度和大气压力的影响。

（6）采取屏蔽措施，防范周围磁场的影响。

另外，在整体电路设计时，振荡器电路应远离其他部分干扰较强的电路。

2）提高振荡电路抵抗外界因素影响的能力

（1）提高振荡回路的标准性

LC 并联回路的谐振频率主要取决于回路电感 L 和回路电容 C，因此提高回路元件数值的稳定性是提高回路标准性的根本。LC 回路除了采用的电感 L 和电容 C 之外，还包括元件和引线的分布电容和分布电感，以及晶体管的极间电容等寄生参量。

L、C 元件可采用低温度系数、高稳定的电感和电容；对元器件进行老化预处理，提高寄生参量的稳定性；或是利用正温度系数的电感和负温度系数的电容互相补偿；回路的有载品质因数越高，振荡器的稳频能力越强。因此，可以采用减小回路电容、增大回路电感、减小寄生参量在 LC 回路中的比重等方法，提高 LC 回路的有载品质因数。

（1）回路品质因数 Q、电感品质因数 Q_L 和电容品质因数 Q_C 的关系

① 由于 $Q < Q_L < Q_C$，因此回路的 Q 受限于 Q_L，谐振频率一定时，降低电容值（牺牲电容 Q 值），提高电感值（有效增大电感 Q 值）是个不错的办法。

② 这一方法随振荡器工作频率的提高而逐渐失效，原因在于电容的减小必然会增大晶体管极间电容和线路中分布电容的影响，从而降低回路的标准性，不利于稳频。

（2）元器件的老化预处理

元器件在出厂一段时间内是故障多发时期，用在电路上导致的故障率较高，可靠性低，过了这段时间，可靠性就会大幅度增加，所以人为对元器件进行老化处理，通过故障高发时间后剔除不良元器件。电子元器件采取两种方法进行老化处理：一种是通电老化，另一种是恒温老化。经过老化处理以后的元器件性能更加稳定。

（2）改进振荡器电路结构，减小晶体管对振荡频率的影响

从元器件角度提高 LC 回路标准性具有一定的限度。例如，不易提高的电感品质因数，对元器件应用人员而言无法改变的元器件制造工艺等问题，以及晶体管寄生参数的现实影响。

从电路角度考虑，通过减小晶体管寄生参数在 LC 回路中的比重，可以减弱晶体管寄生参数对频率稳定度的影响，提高振荡器的频率稳定度。而这些是在振荡器电路设计上切实可行的方法。

压控振荡器

4.6　压控振荡器

4.6.1　工作原理与性能指标

除了输出频率固定的正弦波振荡器之外，在许多射频（RF）应用中要求振荡器的频率是可以控制的，即输出频率是控制输入信号（大多数是以电压形式）的函数，可以描述为：

$$f_{osc} = f_0 + K_{VCO} \times u_c \tag{4-31}$$

这类振荡器称为压控振荡器（Voltage Controlled Oscillator，VCO）。式中，f_{osc} 是 VCO 的振荡频率，f_0 是其自由振荡频率（中心频率），u_c 是控制电压，K_{VCO} 是压控灵敏度。具有压控特性（f-u 转换特性）的 VCO 是现代无线电通信系统的重要组成部分，在频率调制、频率合成、锁相环路、电视调谐器、频谱分析仪等方面应用广泛。整个 VCO 设计都将围绕其压控特性曲线及其相应的性能指标进行，图 4-29 所示为变容二极管 VCO 压控特性曲线。其中，直流电压 U_D 决定 VCO 的中心频率 f_0。曲线表明这一压控特性具有非线性特点，在 VCO 中心频率 f_0 附近的一定范围内，f-u 转换呈现近似线性，而

在振荡频率的低端和高端则线性度不佳。

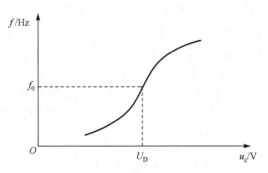

图 4‑29　变容二极管 VCO 压控特性曲线

　　$f\text{-}u$ 转换曲线非线性程度取决于变容二极管的 $C\text{-}u$ 转换特性线性程度，根本原因在于变容二极管变容指数 n 和振荡器的电路结构。因此，在设计 VCO 时，必须优选变容二极管，同时还要采用合理的振荡电路结构。

1) 压控灵敏度

　　压控灵敏度也称为 VCO 的调谐增益，描述的是单位控制电压所引起的频率变化量，用 K_{VCO} 表示，单位为 Hz/V，其定义式可写为

$$K_{\text{VCO}} = \frac{\Delta f}{\Delta u_{\text{c}}} \tag{4-32}$$

　　由图 4‑29 所示压控特性曲线可以发现，K_{VCO} 在中心频率 f_0 附近时值较大。

2) 相位噪声

　　理想振荡信号可以表示为 $u(t) = U_{\text{m}}\cos\omega_{\text{c}}t$，但是由于电路噪声等原因，实际信号为：$u(t) = [1+\Delta u(t)]U_{\text{m}}\cos[\omega_{\text{c}}t+\Delta\varphi(t)]$，其中，$\Delta u(t)$ 为寄生调幅成分，$\Delta\varphi(t)$ 为相位噪声。

　　正弦波信号的时域波形与频谱如图 4‑30 所示，信号含有相位噪声，时域中表现为波形存在相位抖动，频域中表现为频谱不再是单一频率点，在振荡频率周围存在噪声，且越接近信号频率，噪声越大。

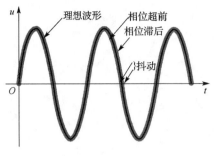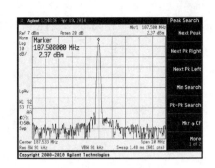

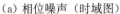

（a）相位噪声（时域图）　　　　　　　（b）相位噪声（频谱图）

图 4‑30　相位噪声与相位抖动

相位噪声是衡量 VCO 性能的一个重要性能指标，该指标的优劣直接影响接收机的灵敏度性能。

频率综合器是接收机的重要模块，为通信机提供本振信号，VCO 作为频率综合器的核心电路，是影响通信机本振输出信号相位噪声的关键因素之一。

在结构上，LC 回路型 VCO 和一般 LC 振荡器一样，由放大器、LC 回路构成的主网络和正反馈网络组成。VCO 的相位噪声主要来自放大器电路，LC 回路具有滤波特性，其滤波特性主要受限于回路标准性（Q 值大小是主要因素），Q 值越大，则滤波性能越好，因此，低噪声放大器和高 Q 值 LC 回路是 VCO 设计时首要考虑的问题。

3) 频率调谐范围

频率调谐范围是指 VCO 受控可变的最高频率 f_{max} 和最低频率 f_{min} 之差。理论上，对频率控制范围的要求是越宽越好。但是受限于变容二极管的变容特性，很难实现宽带频率调谐范围。工程实践中，这一指标通常根据实际应用要求来定。

4.6.2　变容二极管压控振荡器

VCO 的构成方法一般有两种。一种是带有调谐回路（如 LC 回路）的振荡器，通过控制电压改变回路可变电抗值的方法来实现频率控制；另外一种称为张弛振荡器，在高频应用中包括射极耦合多谐振荡器和环形振荡器，通过改变电容充放电电流大小和各级的延迟时间的方法来实现对频率的控制。环形振荡器的相位噪声性能不如 LC 振荡器，但是易于集成，可调频率范围大，而 LC

振荡器要求高品质因数无源器件，即采用片上电感和变容管器件作单片集成。

可变电抗可以是可变电感、电抗管及可变电容等，可变电容应用最为广泛，最早是变容二极管。

本节主要介绍基于变容二极管的压控振荡器，属于带 LC 调谐回路的振荡器形式。

1) 变容二极管

变容二极管是利用 PN 结势垒电容随反向电压大小变化的特性而制成的一种半导体二极管，它是一种电压控制可变电抗器件，其电路符号如图 4-31 所示。

图 4-31　变容二极管的电路符号

变容二极管是一种应用普遍的变容器件，实际工作中，变容二极管必须始终工作在反向偏压状态。

2) 变容二极管 VCO

变容二极管 VCO 的特点是振荡回路引入了可变电抗变容二极管。图 4-32 是变容二极管的接入振荡回路的两种方式：直接作为回路总电容或部分接入。

（a）作为振荡回路总电容　　　　　（b）部分接入振荡回路

图 4-32　变容二极管接入振荡回路的两种方式

变容二极管 VCO 的一个实用电路如图 4-33 所示，变容二极管作为高频振荡回路的一部分。

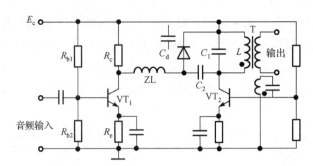

图 4‑33　变容二极管 VCO 的实用电路（用做调频电路）

音频电压信号 $u_\Omega(t)$ 经放大器 VT_1 放大后，通过高频扼流圈 ZL 施加于变容二极管 C_d 的 P 端，C_d 的 N 端接入 E_c 电源，从而保证 C_d 始终工作于反偏状态，其反偏强度受 $u_\Omega(t)$ 的控制。

图中电容 C_2 对音频信号和直流的容抗大，做音频分析时可视为开路，而做高频分析时则是振荡回路的一部分，高频扼流圈 ZL 对音频和直流的容抗可忽略不计，但是对高频振荡信号的感抗非常大，因而音频分析时视为短路，高频分析则视为开路。所以，音频分析和高频分析时的交流通路分别如图 4‑34（a）、（b）所示。

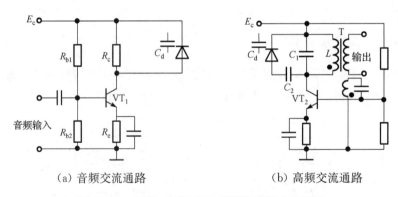

（a）音频交流通路　　　　　　　　　（b）高频交流通路

图 4‑34　变容二极管 VCO 音频和高频交流通路

变容二极管 VCO 的特点是：调谐的范围宽，完全取决于变容二极管的 $C\text{-}u$ 转换范围。缺点是稳定性不够高，原因在于普通 LC 振荡器的稳定性差，引入变容二极管后稳定性进一步变差。

4.6.3　晶体变容二极管压控振荡器

为进一步提高 VCO 中心频率稳定度，可采用晶体变容二极管 VCO（简记为 VCXO）电路结构，其实用电路和交流通路如图 4-35 所示。增加晶体是从稳定性角度对变容二极管结构进行改进，等效为一个高 Q 值电感元件，取代振荡回路中的电感元件，而压控器件仍然是变容二极管。

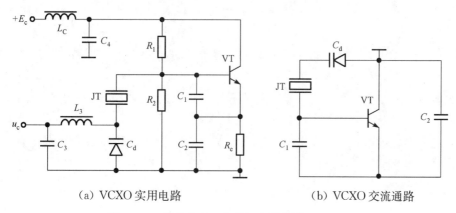

（a）VCXO 实用电路   （b）VCXO 交流通路

图 4-35 晶体变容二极管振压控荡器（VCXO）

显然，正常工作时 VCXO 振荡频率在晶体串联谐振频率、并联谐振频率之间，这是一个很窄的频率调谐范围。因此，相比于变容二极管 VCO，晶体变容二极管 VCO 的特点是稳定性大幅提高，缺点是频率调谐的范围比较窄，通常需要通过频偏拓展技术解决。

【拓展阅读】 压控振荡器自其诞生以来就一直在通信、电子、航海、航空、航天及医学等领域扮演着重要的角色。在无线电技术发展初期，它就在发射机中用来产生高频载波电压，在超外差接收机中用作本机振荡器，成为发射和接收设备的基本部件。

20 世纪初，阿姆斯特隆（Armstrong）发明电子管振荡器，经 Hartley 改进电路设计并开发成功电子管压控振荡器。电子管压控振荡器通过改变振荡回路中电感器或电容器的参数值来进行调节。当时人们对电子管振荡电路开展了大量研究，今天仍在沿用 Hartley、Colpitts、Clapp、Armstrong、Pierce 等经典振荡电路结构。晶体管问世后，很快取代电子管成为振荡电路的有源器件，特别是变容二极管的应用对压控振荡器发展具有重要意义。变容二极管的电容随外加电压改变而变化，引入振荡回路时，改变其控制电压就可实现振荡频率的调节。这样，晶体管、变容二极管和其他无源元器件就构成了分立式的晶体管 VCO。实现振荡频率的电子调谐是变容二极管对压控振荡器发展做出的重大贡献。

1960—1980 年，晶体管 VCO 在电子系统设计中被广泛采用，混合集成

VCO 组件和单片集成 VCO 出现后，对 VCO 的发展产生重要影响。虽然分立元器件晶体管 VCO 具有按用户要求设计工作频率和调谐范围的灵活性，但一般在生产中都需要耗费大量人工对确定频率的元器件进行调试，以消除元器件误差对频率的影响。此外，分立元器件 VCO 需要良好的屏蔽，尺寸也比较大，分立元器件 VCO 已不能完全满足现代无线电子系统发展的要求。

变容二极管、电容器、电感器等元器件的小型化，为制造 VCO 组件创造了条件。单片集成 VCO 是一种尺寸更小、成本更低的 VCO 技术，其全部元器件集成在同一芯片上，是一个完整的 VCO。由于射频集成 VCO 技术的不断发展，卫星接收机、CATV 机顶盒、无线数据装置、无绳电话、移动电话等射频系统与装置越来越多地采用集成化频率源。显然，在大规模商业和军事应用领域中，单片集成 VCO 占有的份额不断增大，而分立元器件 VCO 和 VCO 组件逐步减小，单片集成 VCO 居主导地位。

4.7 正弦波振荡器 Multisim 仿真

本节所仿真的振荡器均为 LC 调谐回路结构，包括 Hartley、Colpitts、Clapp、Seiler 等振荡器电路及振荡输出波形，电路参数实际可行。

4.7.1 Hartley 振荡器

Hartley 振荡器是电感反馈三点式 LC 振荡器。利用 Multisim 11.0 建立的 Hartley 振荡器仿真电路如图 4-36 所示。

三点式 LC 振荡器的电路仿真

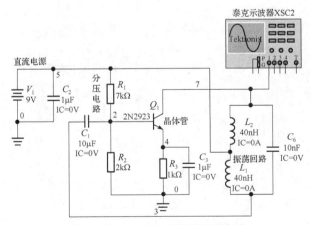

图 4-36 Hartley 振荡器仿真电路

供电电源电压为 9 V，C_2 是滤波稳压电容，容值为 1 μF，利用阻值 7 kΩ 的 R_1 和 2 kΩ 的 R_2 分压，确定共射放大器的直流静态工作点，射极电阻 R_3 实现负反馈补偿温度对放大器的影响，射极旁路电容 C_3 的作用是减小射极电阻对放大器电压增益的影响，振荡回路电容 C_6 容值为 10 nF，电感 L_1 感值为 40 nH，反馈电感 L_2 感值为 40 nH。

输出波形的测量主要采用 Multisim 软件提供的泰克示波器、安捷伦示波器或者普通示波器，可辅助采用频率计、电压表等仪表。振荡器电路仿真的起振波形如图 4-37 所示，振荡器起振时间小于 10 μs，可以看出 Hartley 振荡器的起振速度较快。

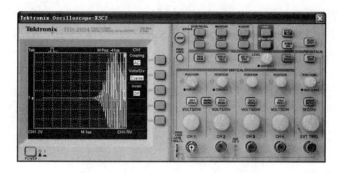

图 4-37 Hartley 振荡器仿真起振波形

按照振荡回路元件计算理论，LC 回路谐振频率为

$$f_0 = \frac{1}{2\pi\sqrt{80\times10^{-9}\times10\times10^{-9}}} \text{ Hz} \approx 5.6 \text{ MHz} \qquad (4-33)$$

振荡器稳定后输出正弦波波形如图 4-38 所示，正弦波的频率为 5 MHz，略低于 LC 回路的谐振频率，这也能说明振荡器的输出信号频率并不完全等于

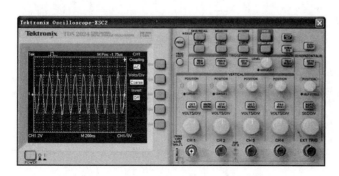

图 4-38 Hartley 振荡器仿真输出波形

其 LC 回路的谐振频率，主要因为振荡频率除了由 LC 元件直接决定外，还受放大器晶体管的寄生参数的制约。另外，从图中还可以看出，输出的正弦波振荡信号的波形不够理想，这主要是因为振荡器采用电感作为反馈元件，滤波特性比较差。

4.7.2 Colpitts 振荡器

Colpitts 振荡器是电容反馈三点式 LC 振荡器。建立 Colpitts 振荡器仿真电路如图 4-39 所示。供电电源电压为 9 V，C_2 是滤波稳压电容，容值为 1 μF，10 mH 高频扼流圈 L_2 阻止电源支路与振荡电路之间的相互高频干扰，利用阻值 12 kΩ 的 R_1 和 2 kΩ 的 R_2 分压，确定共射放大器的直流静态工作点，射极电阻 R_3 实现负反馈补偿温度对放大器的影响，射极旁路电容的作用是减小射极电阻对放大器电压增益的影响，振荡回路电感 L_1 感值为 3.2 μH，电容 C_4、C_5 的容值均为 124 pF。

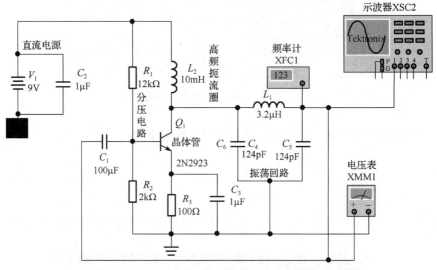

图 4-39 Colpitts 振荡器仿真电路

振荡器仿真电路的起振波形如图 4-40 所示，振荡器在 800 μs 时开始起振，相比 Hartley 振荡器，Colpitts 振荡器的起振速度偏慢。

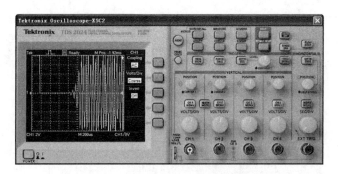

图 4-40　Colpitts 振荡器电路仿真起振波形

按照振荡回路元件计算理论，LC 回路谐振频率为

$$f_0 = \frac{1}{2\pi\sqrt{LC}} = \frac{1}{2\pi\sqrt{3.2\times10^{-6}\times62\times10^{-12}}}\ \text{Hz} \approx 11.3\ \text{MHz} \quad (4-34)$$

振荡器稳定后输出正弦波波形如图 4 - 41 所示。正弦波的频率为 10.7 MHz，略低于 LC 回路的谐振频率，原因同 Hartley 振荡器。由于采用电容作为反馈元件，滤波特性较好，因此，振荡器输出正弦波的波形比较好。

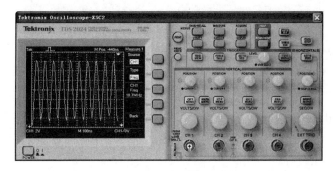

图 4-41　Colpitts 振荡器仿真输出波形

4.7.3　Clapp 振荡器

图 4-42 所示为 Clapp 振荡器仿真电路。Clapp 振荡器是 Colpitts 振荡器的改进电路，其特点是在 LC 谐振回路中，电感串联了一个 100 pF 的小电容 C_6。

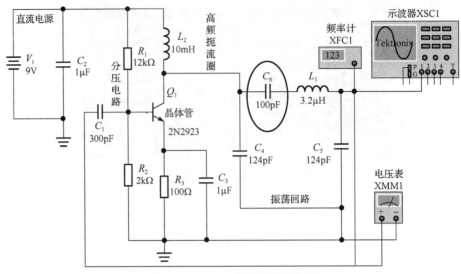

图 4 - 42 Clapp 振荡器仿真电路

计算 LC 回路的总电容为

$$C_\Sigma = \frac{1}{\frac{1}{100}+\frac{1}{124}+\frac{1}{124}} \approx 38.3 \text{ pF} \tag{4-35}$$

按照振荡回路元件计算理论，LC 回路谐振频率为

$$f_0 = \frac{1}{2\pi\sqrt{3.2\times10^{-6}\times38.3\times10^{-12}}} \text{ Hz} \approx 14.4 \text{ MHz} \tag{4-36}$$

仿真输出波形如图 4-43 所示。振荡器在 1 000 μs 时开始起振，起振速度相对慢。稳定后产生 13.7 MHz 的正弦波，略低于 LC 回路的谐振频率，振荡器的输出波形比较好。

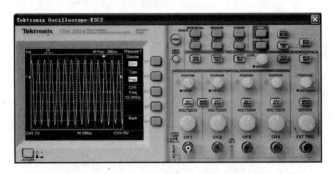

图 4 - 43 Clapp 振荡器仿真输出波形

4.7.4 Seiler 振荡器

图 4 - 44 所示为 Seiler 振荡器的仿真电路。Seiler 振荡器是在 Clapp 振荡器的基础上进一步改进的。其电路特点是在 LC 谐振回路中，电感 L 并联一个 20 pF 的电容，其余电容元件以串联形式并在 20 pF 电容的两端。包括 Clapp 振荡器电路特点中需要串联的 100 pF 的电容 C_6，以及两个 124 pF 的电容元件。

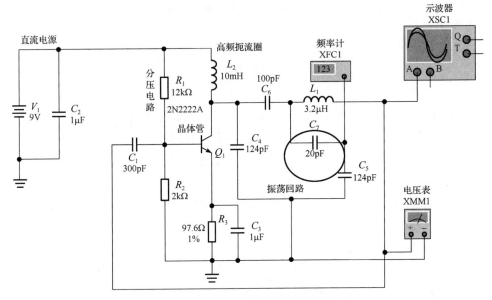

图 4 - 44　Seiler 振荡器仿真电路

计算 LC 回路的总电容为

$$C_{\Sigma} = 20 + \cfrac{1}{\cfrac{1}{100} + \cfrac{1}{124} + \cfrac{1}{124}} \approx 58.3 \text{ pF} \qquad (4-37)$$

按照振荡回路元件计算理论 LC 回路谐振频率为

$$f_0 = \frac{1}{2\pi \sqrt{3.2 \times 10^{-6} \times 58.3 \times 10^{-12}}} \approx 11.7 \text{ MHz} \qquad (4-38)$$

仿真输出波形如图 4 - 45 所示。振荡器在稳定后产生 10 MHz 左右的正弦波，略低于 LC 回路的谐振频率。

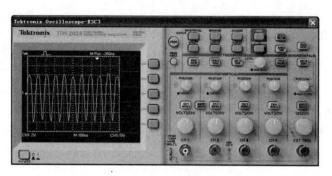

图 4-45　Seiler 振荡器仿真输出波形

本章小结

振荡器能够产生自我维持的输出振荡信号，其本身必须具有正反馈和足够的增益，以克服振荡器电路的损耗，同时还需要有选频网络。本章介绍了反馈振荡器的基本原理和正弦波振荡器的几种常用电路类型，需要重点掌握的内容主要包括：

振荡器典型
习题讲解

（1）反馈振荡器的基本电路组成，以及必须满足的起振、平衡、稳定三类条件（包括振幅和相位两方面的要求），并能够根据这些条件判断一个振荡器能否起振和稳定工作。

（2）几种常用反馈式振荡器电路：互感耦合振荡器、三点式振荡器。其中，三点式振荡电路是 LC 正弦波振荡器的主要形式。掌握三点式振荡器的组成原则，并结合电容三点式和电感三点式振荡器实用电路（包括克拉泼、西勒等改进振荡器，以及石英晶体振荡器），画出交流等效电路，计算振荡频率，进行优缺点分析。

（3）频率稳定度是振荡器的重要性能指标之一。提高频稳定度的常用措施主要集中在减小外界因素变化对振荡器的影响和提高电路自身抵抗外界因素变化影响的能力两个方面。

（4）利用具有电压控制电容变化特性的变容二极管组成压控振荡器 VCO，实现振荡频率随外加电压的变化。VCO 在调频和锁相环技术中有重要应用，在第 6 章中将进一步介绍。

通过本章内容学习，除了能够识别常用的正弦波振荡器的类型，判断振荡器能否起振和稳定工作外，读者还需要掌握实用振荡电路的分析和参数计算、电路的设计和调试，并明确各种类型正弦波振荡器的优缺点和应用场合。

习　题

一、填空题

1. 正弦波振荡器由_____、_____和_____三部分组成。

2. 要产生频率较高的正弦波信号应采用_____振荡器，要产生频率较低的正弦波信号应采用_____振荡器，要产生频率稳定度较高的正弦波信号应采用_____振荡器。

3. 一个正反馈振荡器必须满足三个条件，即_____、_____和_____，三点式 LC 振荡电路的相位平衡准则可以归结为_____。

4. 图题 4 - 1 为两种实用晶体振荡器的交流通路，在图题 4 - 1（a）所示的并联型晶体振荡器中，晶体作为_____元件使用，在图题 4 - 1（b）所示的串联型晶体振荡器中，晶体作为_____元件。（选填电感或短路元件）

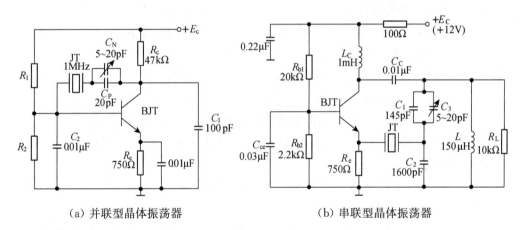

（a）并联型晶体振荡器　　　　　　（b）串联型晶体振荡器

图题 4 - 1

5. 并联型晶体振荡器中，晶体工作在_____频率附近，此时晶体等效为_____元件。

6. 提高 LC 正弦波振荡器频率稳定度的措施是_____、_____、_____、_____。

7. 与正弦波振荡器相比，晶体振荡器的主要特点有_____、_____。

8. 电感三点式振荡器的特点是_____起振（填"容易"或"不容易"），输出电压幅度_____（填"大"或"小"），频率调节_____（填"方便"或"不方便"）。

9. 电容三点式振荡器的特点是振荡波形＿＿＿＿＿＿（填"好"或"不好"），输出电压幅度＿＿＿＿＿＿（填"大"或"小"），频率调节＿＿＿＿＿＿（填"方便"或"不方便"）。

二、判断题

（　　）1. 晶体管的极间电容可能影响振荡器的频率稳定度。

（　　）2. 压控振荡器具有把电压变化转化为相位变化的功能。

三、选择题

1. 根据石英晶体的电抗特性，当 $f=f_s$ 时，石英晶体呈（　　）性；在 $f_s<f<f_p$ 的很窄范围内，石英晶体呈（　　）性；当 $f<f_s$ 或 $f>f_p$ 时，石英晶体呈（　　）性。

   (A) 纯阻特性   (B) 电感特性

   (C) 电容特性   (D) 短路特性

2. 反馈式振荡器 3 个主要的振荡条件不包括（　　）。

   (A) 平衡条件   (B) 稳定条件

   (C) 起振条件   (D) 自激振荡条件

3. 克拉泼振荡器，又名（　　）。

   (A) 电容反馈三点式振荡器   (B) 电感反馈三点式振荡器

   (C) 改进型电容反馈三点式振荡器   (D) 改进型电感反馈三点式振荡器

4. 并联型石英晶体振荡器电路中的石英晶体，等效为（　　）。

   (A) 电容   (B) 电感   (C) 电阻   (D) 短路线

四、综合题

1. 振荡器的起振条件是什么？试简要描述振荡器的起振过程，并画出振荡器的输出电压波形。

2. 电路中存在正反馈，且 $KF>1$，是否一定会发生自激振荡？说明理由。

3. 为什么兆赫级以上的振荡器很少采用 RC 振荡电路？

4. 反馈式自激振荡器由哪几部分组成？各自的功能是什么？

5. 为什么 LC 振荡器中的谐振放大器一般工作在失谐状态？它对振荡器的性能指标有何影响？

6. 试说明石英晶体振荡器的频率稳定度为什么比较高。

7. 试说明影响振荡器相位平衡条件的主要因素，指明提高振荡器频率稳定度的途径。

8. 试画出图题 4-2 所示电路的交流等效电路，并利用振荡器的相位条件，判断电路能否产生正弦波振荡。

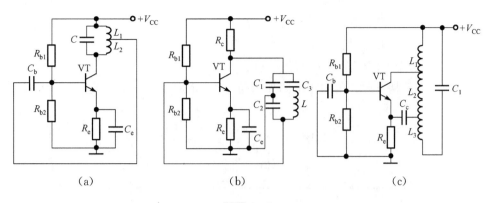

（a）　　　　　　　（b）　　　　　　　（c）

图题 4－2

9. 一个三回路振荡器的交流等效电路如图题 4－3
   所示，假设其中 3 个 LC 并联谐振回路的谐振
   频率满足 $f_{01} < f_{02} < f_{03}$。分析电路可能振荡
   的条件，指出振荡电路类型，分析振荡频率
   与各 LC 回路谐振频率之间的关系。

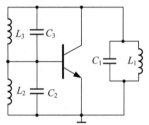

图题 4－3

10. 试判断图题 4－4 所示电路属于哪种振荡器？
    其中 L_C 为高频扼流圈，C_b 与 C_e 为耦合与旁
    路电容，请绘制它的交流等效电路，写出振荡频率计算式，并简单分
    析为什么该结构形式振荡器可以提高频率稳定度。

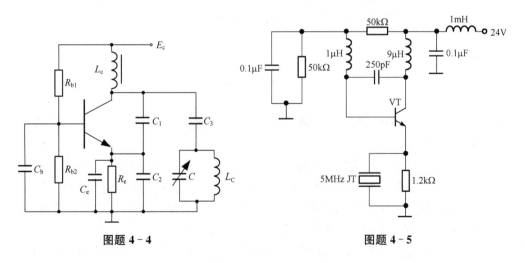

图题 4－4　　　　　　　　　　　　　图题 4－5

11. 分析图题 4－5 所示的晶体振荡器电路。
    （1）画出该电路的等效电路，指出是何种类型的晶体振荡器；

（2）计算该振荡器电路的振荡频率；

（3）分析说明晶体在电路中的作用；

（4）总结说明该晶振有何特点。

12. 某广播发射机的主振电路如图题 4-6 所示。

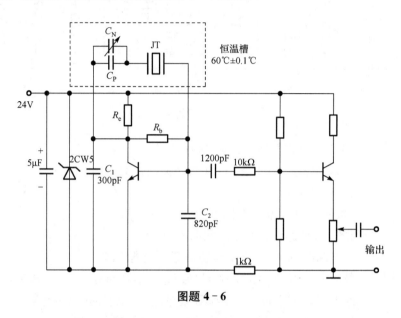

图题 4-6

（1）画出交流等效电路；

（2）分析电路中采用了哪些稳频措施。

参考文献

［1］徐勇，吴元亮，徐光辉，等．通信电子线路［M］．北京：电子工业出版社，2017.

［2］于洪珍．通信电子电路［M］．北京：清华大学出版社，2005.

［3］王卫东，等．高频电子电路［M］．3 版．北京：电子工业出版社，2014.

［4］HAGEN J B．射频电子学：电路与应用［M］．2 版．鲍景富，麦文，牟飞燕，等译．北京：电子工业出版社，2013.

［5］李智群，王志功．射频集成电路与系统［M］．北京：科学出版社，2008.

［6］顾宝良．通信电子线路［M］．2 版．北京：电子工业出版社，2013.

第5章　模拟调制与解调

【内容关键词】

- 调制/解调基本概念
- 调幅/调频/调相数学表达式、功率/带宽、波形/频谱
- 调制/解调功能电路

【内容提要】

　　本章主要讨论通信系统调制与解调技术，包括调制与解调的基本概念、基本数学模型、三种主要的模拟调制技术，包括调幅（AM）、调频（FM）和调相（PM）主要技术参数、波形与频谱，最后介绍实际工程应用中的调制与解调实现电路。本章知识点导图如图5-0所示，其中灰色部分为需要重点关注掌握的内容。

　　通信系统的核心功能是信号的调制与解调，即第1章内容所提及信号的"上车"与"下车"，专业的说法称之为"频谱搬移"，发射端信号的频谱从低频搬移至高频，然后接收端再行搬移回低频，所以本章内容是整个课程的特色，是重点也是难点，学习过程中注意关注以下几个关键问题：

　　（1）调幅/调频/调相三种方式的数学表达式与性能参数（功率、带宽、波形与频谱）对比；

　　（2）调幅/调频/调相三种方式数学表达式在具体实现电路的算法设计思路，电路工程师的设计思路出处在哪？

　　（3）不同调制与不同解调制方法各自特点、应用优缺点如何？

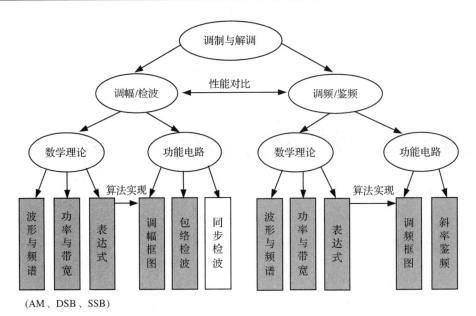

图 5-0　调制与解调知识点结构导图

5.1　引言

对于无线通信，根据电磁波理论知道，只有当天线实际长度与电信号的波长可比拟时，电信号才能以电磁波形式有效地辐射，这就要求原始电信号必须有足够高的频率。但是人的讲话声音变换为相应电信号的频率较低，最高也只有几千赫。为了使这种电信号能有效地辐射，就必须制造与该信号波长相比拟的天线。若信号频率为 1 kHz，由波长 λ 与频率 f 的关系 $c = \lambda \cdot f$ 可知，其相应波长 λ 为 300 km，若采用 1/4 波长的天线，就需要 75 km。制造这样长的天线是很困难的。即使能制造出来这样长的天线，那么，各电台都用同样的频率发射，在空间也会形成干扰，接收端将无法收到需要的信号。因此，为了减少制造天线的困难，或者使各电台所发射的信号不会相互干扰，需要将语音信号搬移到不同的高频频段。

有线通信虽然可以直接传输语音之类的低频信号，但一条信道只传输一路信号非常不经济，利用率非常低，所以有线通信也需要将各路语音信号搬移到不同的频段，以实现多路信号一线传输而又互不干扰的要求。

如第 1 章所述，调制就是用低频信号去控制高频载波信号，使高频载波信号的某个参数跟随低频信号的变化而变化，从而实现低频信号向高频端的搬移，并且实现被高频信号携带远程传播的目的。实现调制的装置称为调制器，调制器位于发信端。

　　解调是调制的反过程，是用以实现将低频信号从高频载波上搬移下来的过程。实现解调的装置称为解调器，解调器位于收信端。

　　本章以余弦波调制解调为例，首先重点介绍调制解调的数学理论基础。

5.2　振幅调制原理

　　众所周知，余弦波一般可以表示为

$$u(t) = U_{\mathrm{m}}\cos\varphi(t) = U_{\mathrm{m}}\cos(\omega t + \varphi_0) \tag{5-1}$$

式中，U_{m} 是余弦波的幅度，$\varphi(t)$ 是瞬时相位，ω 是瞬时角频率，φ_0 是初始相位。任何一个余弦波信号均具有上述三个基本参数，即振幅、频率和相位。振幅调制（简称调幅）就是利用低频调制信号去控制高频载波信号振幅，以实现载波振幅随调制信号成正比地变化。经过振幅调制的高频载波称为振幅调制波（简称调幅波）。调幅波有普通调幅波（Amplitude Modulation，AM）、抑制载波的双边带调幅波（Double Side Band with Suppressed Carrier，DSB）和抑制载波的单边带调幅波（Single Side Band with Suppressed Carrier，SSB）三种，下面将逐个进行讨论。

初识调幅

5.2.1　普通调幅波

1）调幅波表达式、波形

　　设调制信号为单一频率的余弦波

$$u_{\Omega}(t) = U_{\Omega\mathrm{m}}\cos\Omega t = U_{\Omega\mathrm{m}}\cos 2\pi F t \tag{5-2}$$

　　载波信号为

$$u_{\mathrm{c}}(t) = U_{\mathrm{cm}}\cos\omega_{\mathrm{c}}t = U_{\mathrm{cm}}\cos 2\pi f_{\mathrm{c}}t \tag{5-3}$$

　　为了简化分析，设两者波形的初始相位均为零。因为调幅波的振幅和调制信号成正比，由此可得调幅波的振幅为

$$
\begin{aligned}
U_{\mathrm{AM}}(t) &= U_{\mathrm{cm}} + k_{\mathrm{a}}U_{\Omega\mathrm{m}}\cos\Omega t = U_{\mathrm{cm}}\left(1 + k_{\mathrm{a}}\frac{U_{\Omega\mathrm{m}}}{U_{\mathrm{cm}}}\cos\Omega t\right) \\
&= U_{\mathrm{cm}}(1 + m_{\mathrm{a}}\cos\Omega t)
\end{aligned}
\tag{5-4}
$$

式中，$m_{\mathrm{a}} = k_{\mathrm{a}}\dfrac{U_{\Omega\mathrm{m}}}{U_{\mathrm{cm}}}$，称为调幅指数或调幅度，表示载波振幅受调制信号控制的程度，k_{a} 为由调制电路决定的比例系数。由于实现振幅调制后载波频率保持不变，因此已调波表达式为

$$u_{AM}(t) = U_{AM}(t)\cos\omega_c t = U_{cm}(1 + m_a\cos\Omega t)\cos\omega_c t \qquad (5-5)$$

可见，调幅波也是一个高频振荡波，且其振幅变化规律（包络变化）与调制信号完全一致，因此调幅波携带着原调制信号的信息。由于调幅指数 m_a 与调制电压的振幅成正比，即 $U_{\Omega m}$ 越大，m_a 越大，调幅波振幅变化越大。调幅波的波形如图 5-1 所示，正常工作时，m_a 应该小于等于 1；如果 m_a 大于 1，调幅波将会产生失真，这种情况称为过调失真，实际工作中应当避免产生过调失真。

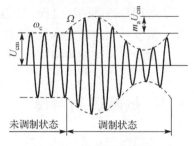

图 5-1　调幅波的波形

2）调幅波频谱

将式（5-5）展开得

$$u_{AM}(t) = U_{cm}\cos\omega_c t + \frac{1}{2}m_a U_{cm}\cos(\omega_c + \Omega)t + \frac{1}{2}m_a U_{cm}\cos(\omega_c - \Omega)t$$

$$(5-6)$$

调幅进阶

可见，单音频信号调制后的已调波由三个高频分量组成，除载波频率 ω_c 之外，还包括（$\omega_c + \Omega$）和（$\omega_c - \Omega$）两个频率分量。其中（$\omega_c + \Omega$）称为上边频分量，（$\omega_c - \Omega$）称为下边频分量，载波频率分量的振幅仍为 U_{cm}，而两个边频分量的振幅均为 $\frac{1}{2}m_a U_{cm}$。

图 5-2 所示为普通调幅波的频谱。由于 m_a 的最大值为 1，所以边频振幅最大值不能超过 $\frac{1}{2}U_{cm}$，图中调幅波的每个频率分量都采用一个线段表示，线段的长度代表其振幅，线段在横轴上的位置代表频率。

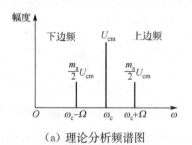

（a）理论分析频谱图

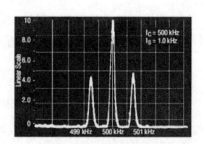

（b）频谱实测示意图

图 5-2　普通调幅波的频谱

　　以上分析表明，调幅的过程从频域观察，实际就是频谱上将低频调制信号搬移至高频载波信号两侧的过程。

　　由图 5-2 还可以看出，在单频调制时，其调幅波的频带宽度为调制信号频率的两倍，即 $B_\omega = 2 \cdot \Omega$。

　　实际应用中，由于调制信号不一定是单一频率的正弦波，可能包含若干频率分量的复杂波形，即可能为多频点调制。例如，由若干不同频率 Ω_1，Ω_2，…，Ω_k 的信号所调制，其调幅波方程为

$$u_{AM}(t) = U_{cm}(1 + m_{a1}\cos\Omega_1 t + m_{a2}\cos\Omega_2 t + \cdots)\cos\omega_c t \qquad (5-7)$$

相乘展开后得到

$$u_{AM}(t) = U_{cm}\cos\omega_c t + \frac{m_{a1}}{2}U_{cm}\cos(\omega_c + \Omega_1)t + \frac{m_{a1}}{2}U_{cm}\cos(\omega_c - \Omega_1)t$$

$$+ \frac{m_{a2}}{2}U_{cm}\cos(\omega_c + \Omega_2)t + \frac{m_{a2}}{2}U_{cm}\cos(\omega_c - \Omega_2)t$$

$$+ \cdots + \frac{m_{ak}}{2}U_{cm}\cos(\omega_c + \Omega_k)t + \frac{m_{ak}}{2}U_{cm}\cos(\omega_c - \Omega_k)t \qquad (5-8)$$

　　由式（5-8）可以看出，该调幅波含有一个载频分量 ω_c 及一系列高低边频分量 $(\omega_c \pm \Omega_1)$，$(\omega_c \pm \Omega_2)$，…，$(\omega_c \pm \Omega_k)$。在这种情况下，多频点调制的调幅波频谱如图 5-3 所示。调制后调制信号的频谱被线性地搬移到载频两侧，称为调幅波的上、下边频带。

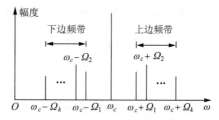

图 5-3　多频点调制的调幅波频谱

　　由此可以看出，该调幅波频谱实际占有一个频率范围，该范围称为频带宽度。如若希望调幅信号频谱不丢失，波形不会发生失真，则总的频带宽度应为最高调制频率的两倍，即 $B_\omega = 2 \cdot \Omega_{max}$，图 5-3 中带宽即为 $B_\omega = 2 \cdot \Omega_k$。

3）调幅波功率

　　如果将调幅波电压加于负载电阻 R_L 上，则由电工基础中的非正弦波电路理论可知，负载电阻吸收的功率为各项正弦分量单独作用时的功率之和。对于式（5-6），可写出 R_L 上获得的功率，它包括三个部分：

　　载波分量功率

$$P_c = \frac{1}{2}\frac{U_{cm}^2}{R_L} \qquad (5-9)$$

　　上、下边频分量功率

$$P_1 = P_2 = \frac{1}{2}\left(\frac{m_a}{2}U_{cm}\right)^2 \frac{1}{R_L} = \frac{1}{8}\frac{m_a^2 U_{cm}^2}{R_L} = \frac{1}{4}m_a^2 P_c \qquad (5-10)$$

因此，给出调幅波在调制信号的一个周期内的平均功率为

$$P = P_c + P_1 + P_2 = \left(1 + \frac{m_a^2}{2}\right)P_c \qquad (5-11)$$

可见，边频功率随 m_a 的增大而增大。当 $m_a = 1$ 时，边频功率为最大，即 $P = \frac{3}{2}P_c$，这时上、下边频功率之和只有载波功率的一半。也就是说，用这种调制方式，发送端发送的总功率被不携带信息的载波功率占据了 2/3 的比例，这显然是很不经济的。因此需要进一步研究提高调幅波发送效率的方法。

尽管如此，由于这种 AM 调制所需设备简单，相应解调设备也简单，便于发射、接收，所以该技术仍在某些领域中得到应用。

调幅典型例题

【例题 5 - 1】 已知某一已调幅信号方程为：

$u(t) = 20\ (1 + 0.6\cos 2\pi \times 5\ 000t - 0.4\cos 2\pi \times 10\ 000t)\ \sin 2\pi \times 10^6 t$，

试求其包含的各频率分量与幅值。

【答案】 将题中已调幅信号表达式数学展开，可得：

$$u(t) = 20\sin 2\pi \times 10^6 t + 12 \times \frac{1}{2}\ (\sin 2\pi \times 1\ 005 \times 10^3 t + \sin 2\pi \times 995 \times 10^3 t)$$

$$- 8 \times \frac{1}{2}\ (\sin 2\pi \times 1\ 010 \times 10^3 t + \sin 2\pi \times 990 \times 10^3 t) \qquad (5-12)$$

所以由上式可知：该信号包含一个载波频率和上、下各两个边频频率，频率和幅度分别为：

例题 5 - 1 表

	下边频 2	下边频 1	载频	上边频 1
频率/kHz	990	995	1 000	1 005
幅度/V	4	6	20	6

本题答案为两个分别为 5 kHz 与 10 kHz 的点频信号对 1 000 kHz 载频完成普通 AM 调幅。

5.2.2 抑制载波双边带调幅波

调幅升级与改进

由于载波不携带信息，因此为了节省发射功率，可以考虑只发射携带信息的上、下两个边带，而不发射载波，这种调制方式称为抑制载波双边带调幅，简称双边带调幅，用 DSB 表示。数学理论上，可将调制信号 u_Ω 和载波信号 u_c

直接相乘得到 DSB 信号，DSB 调幅信号写为

$$u_{DSB}(t) = Au_\Omega(t)\ u_c(t) = AU_{\Omega m}\cos\Omega t U_{cm}\cos\omega t$$

$$= \frac{1}{2}AU_{\Omega m}U_{cm}\left[\cos(\omega_c+\Omega)t+\cos(\omega_c-\Omega)t\right] \qquad (5-13)$$

式中，A 为由调幅电路决定的系数，$AU_{\Omega m}U_{cm}\cos\Omega t$ 是双边带高频信号的振幅，它与调制信号成比例。高频载波信号的振幅按调制信号的规律变化，不是在 U_{cm} 的基础上，而是在零值的基础上变化，可正可负。因此，在调制信号从正半周进入负半周的瞬间（调幅包络线过零点时），相应高频载波信号的相位发生 180°的突变。双边带调幅的调制信号、调幅波如图 5-4 所示。由图可见，双边带调幅波的包络已不再反映调制信号的变化规律。图 5-5 为双边带调幅波的频谱图，由图可见，不同于 AM 波，DSB 频谱只包含上、下两个边频分量，无载波分量，因此可以大幅提高调幅发送效率。

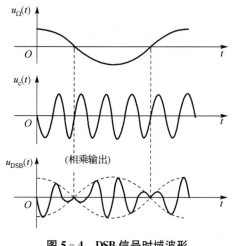

图 5-4　DSB 信号时域波形

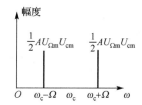

图 5-5　DSB 信号频谱

由以上讨论可以看出 DSB 调制信号有如下特点：

（1）DSB 信号的幅值仍随调制信号的变化而变化，与普通调幅 AM 波不同的是，DSB 信号的时域包络不再反映调制信号的形状，但频域仍然保持频谱搬移的特征；

（2）在调制信号的正负半周，载波的相位反相，即高频载波在 $u_\Omega(t)=0$ 时有 180°的相位突变；

（3）对 DSB 调制，信号仍集中在载频 ω_c 附近，所占频带带宽仍然为

$$B_{DSB}=2\cdot\Omega_{max} \qquad (5-14)$$

由于 DSB 调制抑制了载波，输出功率均为有用信号，所以 DSB 信号的发

射效率比普通调幅效率高，但是由于上、下边带携带信息相同，即存在发送功率重复的问题，另外，DSB 在频带利用率上没有什么改进，频带带宽仍然为 $2\Omega_{\max}$。为进一步节省发送功率，减小带宽，以提高频带利用率，下面介绍单边带 SSB 信号。

【例题 5-2】　已知某一已调波的电压表达式为：

$$u_o(t) = 8\cos400\times10^3\pi t + \cos398\times10^3\pi t + \cos402\times10^3\pi t \qquad (5-15)$$

说明它是何种已调波？计算它在负载 $R=1\ \Omega$ 时的平均功率及有效频带宽度并画出它的频谱图。

【答案】　（1）利用三角函数和差化积可得：

$$u_o(t) = 8\ (1+0.25\cos2\pi\times10^3 t)\ \cos2\pi\times200\times10^3 t \qquad (5-16)$$

所以 $u_o(t)$ 是一个普通调幅波，其中调制系数 $m_a=0.25$，调制信号频率为 1 kHz，载波频率为 200 kHz。

（2）平均功率和有效带宽

$$P=\left(1+\frac{m_a^2}{2}\right)P_C=\left(1+\frac{m_a^2}{2}\right)\frac{U_{cm}^2}{2R_L}=\left(1+\frac{(0.25)^2}{2}\right)\frac{8^2}{2\times1}\ \text{W}=33\ \text{W} \qquad (5-17)$$

$$B_W=2\cdot F=2\times1\ \text{kHz}=2\ \text{kHz} \qquad (5-18)$$

（3）频谱图如图所示

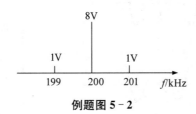

例题图 5-2

5.2.3　抑制载波单边带调幅波

进一步观察双边带调幅波的频谱结构发现，上边带和下边带都反映了调制信号的频谱结构，因而它们都含有调制信号的全部信息。从传输信息的观点看，可以进一步把其中的一个边带抑制掉，只保留一个边带（上边带或下边带）。这样不仅可以进一步节省发射功率，而且频带的宽度也将缩小一半，这对于波道特别拥挤的短波通信而言是非常有利的。这种既抑制载波，又只传送一个边带的调制方式，称为单边带调幅，用 SSB 表示。

SSB 信号可以在 DSB 信号的基础上，增加一级带通滤波器，用以滤出上、下边带的 SSB 信号，显而易见，SSB 信号的频带宽度为 DSB 的一半，即

$$B_{SSB} = \Omega_{max} \tag{5-19}$$

表 5-1 列出了在单音信号调制情况下三种已调信号的时域波形及频域频谱特性，以及多音信号调制情况下的三种已调信号的频谱特性示意图。

表 5-1　三种调幅波时域、频域波形与频谱对比

【注意】　为帮助读者加深理解，需要重点提示掌握表 5-1 几点信息：

（1）单音信号调制时，请注意理解为何 SSB 的时域波形是等幅正弦波？为何包络没有变化？图示 SSB 信号正弦波的频率是多少？

（2）DSB 信号与 AM 信号时域波形的包络均有变化，两者有何不同？哪种信号的包络携带调制信息？

（3）多频调制的频谱示意图中，为何上边带的频谱形状与调制信号的形状相同？下边带的频谱形状恰好与上边带的频谱围绕中心载频左右对称？原因在哪？

【小结】　调幅信号分为 AM、DSB 和 SSB 三种形式。AM 电路实现相对简单，因此在调幅广播中被广泛使用，但其存在着发射功率利用率低、频带利用率低两个缺点。DSB 部分解决了功率利用率不高的问题，但仍存在着频带利用率低的问题。SSB 则同时解决了发射功率利用率低、频带利用率低的两个问题。

　　作为代价，DSB 和 SSB 的实现电路比 AM 相对复杂，后面章节将加以介绍。

5.3　调幅与检波电路

5.3.1　调幅实现电路

调幅电路

　　从前面讨论我们知道，调幅信号有 AM、DSB 和 SSB 三种形式。下面首先分析产生这三种信号的原理框图。

1) AM 信号产生的原理

　　由式（5-5）可以看出，AM 信号可表示为

$$u_{AM}(t) = U_{cm}(1+m_a\cos\Omega t)\ \cos\omega_c t \qquad (5-20)$$

或者
$$u_{AM}(t) = U_{cm}\cos\omega_c t + U_{cm}m_a\cos\Omega t\cos\omega_c t \qquad (5-21)$$

　　可见，要完成 AM 调制，可分别采用图 5-6 所示的原理电路来实现。

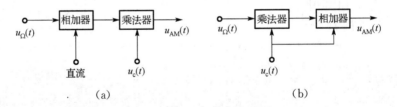

图 5-6　AM 信号产生的原理

【提示】　读者在学习调制与解调硬件电路实现时，请务必关注电路设计的思路，也可以称之为调制理论算法的硬件实现。"算法实现"的理念在软件编程中较为常见，是软件工程非常重要的一个环节，在硬件电路设计中同样有"算法实现"的理念，也非常重要且是硬件设计的理论基础。

　　如普通 AM 调制，参见公式（5-20）和（5-21），无论是"先加后乘"还是"先乘后加"，硬件工程师在实现普通 AM 调制时，理论上讲只需要找到满足要求的乘法器与加法器即可，所以电路设计的核心工作就是不断地提高电路的各项性能指标，满足各种输出要求。模拟电路设计的亮点在于"精致"而不在于规模大小。

2）DSB 信号产生的原理

　　由式（5-13）可以看出，DSB 信号可以用载波和调制信号直接相乘得到，其实现的原理电路如图 5-7 所示。

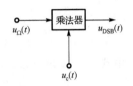

图 5-7　DSB 信号产生的原理电路

3）SSB 信号产生的原理

　　从前面讨论的单边带调幅信号的表示式及频谱图可以看出，单边带调幅已不能由调制信号与载波信号的简单相乘来实现。我们可以用滤波法、移相法和移相滤波法来实现。

　　（1）滤波法

　　实现单边带最直观的方法是在双边带信号的基础上滤除其中一个边带（上边带或下边带），保留另一个边带（下边带或上边带）。这种方法的电路原理如图 5-8 所示。

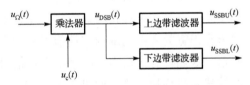

图 5-8　滤波法产生 SSB 信号的原理电路

　　滤波法的缺点是对滤波器要求较高。对于所保留的边带，要求能无失真地完全通过，而对于要求滤除的边带，应有很强的衰减特性。但是，直接在高频段设计制造这样的滤波器比较困难，为此可以考虑先在较低的频率上实现单边带调幅，然后再向高频段进行频谱搬移。

　　（2）移相法

　　这种方法的电路原理如图 5-9 所示。

　　由图 5-9 可以看出，将低频调制信号 $u_\Omega \cos\Omega t$ 送到 90° 移相网络，如果调制信号是有限带宽信号，此移相网络应对调制信号频带内所有频率分量都能产生 90° 的移相。另一条通路上的载波 $u_c \cos\omega_c t$ 也进行 90° 移相，如果能准确地满足以上相位要求，而且两路相乘器的特性相同，那么通过把两路相乘器的输出相加或相减混合，合成的输出信号即可抵消一个边带，而输出另外一个边带，即

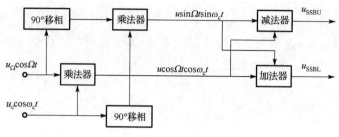

图 5-9 移相法电路原理

$$u_{SSBU}(t) = u\cos\Omega t\cos\omega_c t - u\sin\Omega t\sin\omega_c t \tag{5-22}$$

$$u_{SSBL}(t) = u\cos\Omega t\cos\omega_c t + u\sin\Omega t\sin\omega_c t \tag{5-23}$$

由式（5-22）和式（5-23）可以看出，单边带调幅信号也可以表示为

$$u_{SSB}(t) = u\cos\Omega t\cos\omega_c t \pm u\sin\Omega t\sin\omega_c t \tag{5-24}$$

式中，取正号为下边带调幅信号，取负号为上边带调幅信号。

移相法虽然不需要滤波法中难以实现的滤波器，但要使移相网络对调制信号频带内的所有频率分量都能准确产生 90°的移相，这种方法在技术上也是很难实现的。

（3）移相滤波法

单一采用滤波法或移相法实现单边带调幅均存在一定的技术困难。移相法的主要缺点是要求移相网络能准确地移相 90°，尤其是对于音频移相网络来说，要求在很宽的音频范围内将所有频率分量准确地移相 90°是很困难的。为了克服这一缺点，有人提出了产生单边带信号的第三种方法——移相滤波法。移相滤波法是将移相和滤波两种方法结合，并且只需对某一固定的单频信号移相 90°，从而回避了难以在宽带内将所有频率分量都准确地移相 90°的缺点，图 5-10 给出了移相滤波法实现单边带调幅的电路原理。

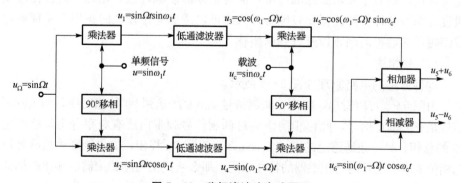

图 5-10 移相滤波法电路原理

为了简化分析，假定各信号电压的幅度都为 1，乘法器的增益系数为 1，低通滤波器的带内增益为 2，那么，图 $5-10$ 所示电路的最后输出电压为

相加器输出电压

$$u_{\text{SSBL}}(t) = u_5 + u_6 = \sin[(\omega_c + \omega_1) - \Omega] t = \sin[\omega_{c1} - \Omega] t \qquad (5-25)$$

相减器输出电压

$$u_{\text{SSBU}}(t) = u_5 - u_6 = \sin[(\omega_c - \omega_1) + \Omega] t = \sin[\omega_{c2} + \Omega] t \qquad (5-26)$$

式 $(5-25)$ 为载频 ω_{c1} 的下边带信号，其中 $\omega_{c1} = \omega_c + \omega_1$，式 $(5-26)$ 为载频 ω_{c2} 的上边带信号，其中 $\omega_{c2} = \omega_c - \omega_1$。由图 $5-10$ 可知，这种方法所用的 $90°$ 移相网络分别工作在固定频率 ω_1、ω_c 上，因而克服了单一移相法多频点难以同时移相的缺点，并且设计制作及维护都相对简单。

4）调幅电路实例

目前各种调幅波信号都可采用专门的集成电路设计产生。图 $5-11$ 所示为使用 MC1596G 产生 AM 普通调幅波的电路，其芯片内部工作原理其实就是利用模拟乘法器产生调幅波。其中引脚 1 和引脚 4 之间接的 $51\ \text{k}\Omega$ 电位器用来调节调幅指数大小，从引脚 1 输入调制信号，从引脚 10 输入载波信号，引脚 6 通过 $0.1\ \mu\text{F}$ 耦合电容输出调幅信号。

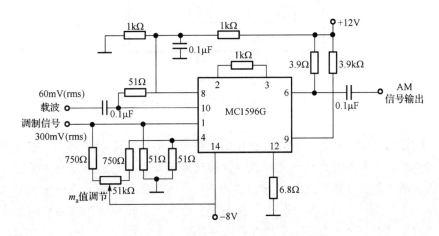

图 5 - 11　利用模拟乘法器产生调幅波

MC1596G 有两种封装形式，一种为金属圆壳封装（有 10 个引脚），另一种为双列直插型封装（有 14 个引脚）。

MC1596G 用途很广，其外接少量元器件既可构成产生普通调幅波的电路，

也可构成产生抑制载波的双边带调幅波电路，还可构成同步检波电路或者混频器等。

图 5-9 所示的移相法 SSB 调制目前也有专用的集成电路，如美国 MAXIM 公司的 MAX2452，其内部电路功能如图 5-12 所示。载波振荡信号的一路经过 2 分频后直接送相乘器，另一路经过 2 分频后移相 $90°$ 再送另一个相乘器。MAX2452 的 I、Q 端为调制信号输入端。如果将音频基带调制信号一路直接送入 I 端，另一路经 RC 移相网络移相 $90°$ 后送入 Q 端，则可实现移相合成 SSB 调制。如果将音频基带调制信号先经过一次相乘滤波后，分别送入 I、Q 端，则可以实现图 5-10 所示的移相滤波法 SSB 调制。

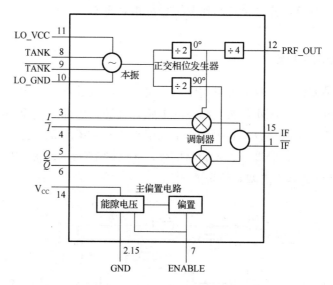

图 5-12   MAX2452 内部电路功能

【小结】   本节分析了 DSB、SSB 信号相对于 AM 信号的优越性，但在电路实现时，其电路复杂度大大提高。值得庆幸的是，目前已经有众多单芯片实现调幅的集成电路，DSB 和 SSB 信号的产生变得相对简单，设计使用时只需参照芯片使用手册，结合外围少量元器件就可以搭设完整的调幅电路。调幅完成后，调幅波经后续功率放大后即可送至天线发射。

5.3.2　包络检波电路

振幅解调是振幅调制的逆过程。调幅波的解调又称为检波，其目的是从调幅波中不失真地取出调制信号。从频谱搬移的角度看，相当于把调幅信号频谱从高频搬回到基带。

包络检波

包络检波是指从 AM 波中还原出原调制信号的过程。由于 AM 波的振幅包络变化反映了调制信号的变化规律，所以这种还原相当于把 AM 波的包络抽检出来，故称之为包络检波。

包络检波电路通常采用二极管和 RC 滤波网络组成，如图 5‐13 所示。

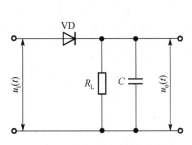

图 5‐13　二极管包络检波电路

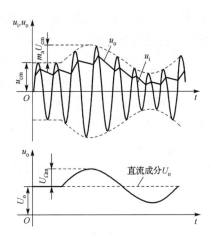

图 5‐14　包络检波电路工作原理

包络检波电路工作原理如图 5‐14 所示。当输入信号电压 $u_i(t)$ 大于 C 和 R_L 上的电压 $u_o(t)$ 时，二极管导通，信号通过二极管向 C 充电，此时 $u_o(t)$ 随充电电压的上升而升高。当 $u_i(t)$ 下降至小于 $u_o(t)$ 时，二极管反向截止，此时停止向 C 充电，$u_o(t)$ 通过 R_L 放电，$u_o(t)$ 电压下降。

充电时，由于二极管正向电阻 r_D 较小，充电时常数小、充电快，$u_o(t)$ 以接近 $u_i(t)$ 的上升速率升高。放电时，因电阻 R_L 比 r_D 大得多（通常 $R_L = 5 \sim 10$ kΩ），故而放电时常数大、放电慢，图示可以看出包络检波电路前后的信号波形，在电路参数设置合适的情况下，检波输出波形 $u_o(t)$ 无限接近于输入波形包络，以此实现包络携带调制信息的解调输出。

【特例】　当 $u_i(t)$ 是高频等幅波时，$u_o(t)$ 则是输出大小为 U_o 的直流电压（忽略高频锯齿成分），这其实是低频电子电路课程中带有滤波电容的整流电路。

当输入信号 $u_i(t)$ 的幅度增大或减小时，检波器输出电压 $u_o(t)$ 也将随之近似成比例地升高或降低。当输入信号为调幅波时，检波器输出电压 $u_o(t)$ 就随着调幅波的包络线而变化，从而获得调制信号，完成检波功能。由于输出电压 $u_o(t)$ 的大小与输入电压的包络峰值接近相等，故把这种检波器称为峰值包络检波器。

1) 检波效率

检波效率又称电压传输系数，用 η_d 表示，是检波器的主要性能指标之一，用来描述检波器从高频调幅波中解调出低频调制信号的能力。若检波器输入调幅波电压包络的幅度为 $m_a U_{cm}$，输出低频电压的振幅为 $U_{\Omega m}$，则 η_d 定义为

$$\eta_d = \frac{检出的音频电压幅度}{调幅波包络线变化的幅度} = \frac{U_{\Omega m}}{m_a U_{cm}} \tag{5-27}$$

由上述检波电路原理可知，当二极管包络检波器 $R_L C$ 远大于载波周期 T_c，且当 r_D 很小时，输出低频电压振幅仅仅略小于调幅波包络振幅，故 η_d 略小于1，实际上 η_d 在 80% 左右，并且当 R_L 足够大时，η_d 近似为常数，即检波器输出电压平均值与输入高频电压振幅成线性关系，所以二极管峰值包络检波又称为线性检波。

2) 输入电阻

输入电阻是检波器另一个重要的性能指标。对于高频输入信号而言，检波器相当于一个负载，此负载就是检波器的等效输入电阻 R_{in}，它等于输入高频电压振幅 U_{cm} 与高频电流振幅 I_{cm} 之比，即

$$R_{in} = \frac{U_{cm}}{I_{cm}} \approx \frac{R_L}{2\eta_d} \tag{5-28}$$

3) 对角线失真

二极管检波电路设计的关键是正确选取二极管和滤波网络 RC 的值。由于二极管仅起开关作用，这就要求二极管的导通电阻和导通电压尽可能小，最好接近零，因此在实际的调幅接收机中，检波二极管一般都选用锗二极管或肖特基二极管。

R_L 与 C 的取值应使时间常数 $\tau = R_L C$ 不能太大，否则可能引起对角线失

真。对角线失真原理如图 5-15 所示，正常情况下，滤波电容 C 对高频载波每一周期充放电一次，每次充电至接近包络幅值的电压，使得检波输出基本可以跟上包络的变化。放电时如果时间常数 $R_L C$ 过大，导致放电过慢，则可能会出现在随后的若干载频周期内，载波包络电压虽已下降，而 C 上的放电电压还大

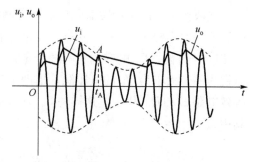

图 5-15　对角线失真原理

于包络电压，使得二极管反向截止的情况，此时电路将失去检波功能，直至包络振幅电压再次上升至大于放电电容 C 上电压时，才能恢复其检波功能。在该检波二极管截止期间，检波输出波形仅仅是 C 的放电波形，与输入信号包络无关，呈倾斜的对角线形状，故称为对角线失真，又称为放电失真或惰性失真。非常明显，放电越慢或包络线下降越快，越容易发生这种失真。工程应用中 RC 的取值可用如下关系式选取，具体推导过程本书不再详述。

检波失真与消减

$$\Omega C R_L < \frac{\sqrt{1-m_a^2}}{m_a} \tag{5-29}$$

式（5-29）表明，m_a 或 Ω 越大（包络变化越快），或者 $R_L C$ 越大（放电越慢），都会促使电路发生对角线失真。

4）割底失真

在实际检波电路中，如图 5-16（a）所示，检波输出是通过耦合电容 C_1 接至后级负载输入端的，后级电路等效输入电阻 R_i 通过阻容耦合并联接于检波器的输出端。

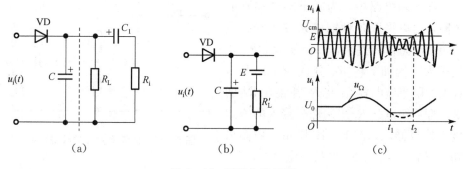

图 5-16　割底失真原理

接收机中，由于检波器向后输出解调后的低频信号，故而输出后级的耦合电容值一般都较大（5~10 μF），因此对于检波器输出信号中的直流成分而言，C_1 相当于开路，C_1 电容左右两端会充有一个直流电压 U_0（$U_0 = \eta_d U_{cm}$），其可以视为一个大小为 U_0 的电压源，借助于戴维南定理，可把 C_1、R_L、R_i 用一个等效电路 E 和 R'_L 代替。这样图 5-16（a）所示电路可用图 5-16（b）等效，其中

$$E = \frac{R_L}{R_L + R_i} U_0 = \frac{R_L}{R_L + R_i} \eta_d U_{cm} \tag{5-30}$$

$$R'_L = R_L /\!/ R_i \tag{5-31}$$

如果输入信号 $u_i(t)$ 的调制度很深，导致在一部分时间内其幅值比 E 还小，那么在此期间内二极管将处于反向截止状态，此时二极管右端电容 C 上的电压等于 E，故表现为输出波形中的底部被切去，产生割底失真，如图 5-16（c）所示。

为防止割底失真，要求输入信号的瞬时最小值 $(1-m_a)U_{cm}$ 应该大于等于 E，即

$$(1-m_a)U_{cm} \geqslant E = \frac{R_L}{R_L + R_i} \eta_d U_{cm} \tag{5-32}$$

得

$$m_a \leqslant 1 - \frac{R_L}{R_L + R_i} \eta_d \tag{5-33}$$

为简单起见，设 $\eta_d = 1$，则检波器不产生割底失真的条件为

$$m_a \leqslant 1 - \frac{R_L}{R_L + R_i} = \frac{R_i}{R_L + R_i} = \frac{R_L R_i}{(R_L + R_i)} \frac{1}{R_L} = \frac{R'_L}{R_L} \tag{5-34}$$

即检波系数 m_a 应该小于等于检波器输出端交流负载与直流负载的比值。

由式（5-34）可以看出，调制系数 m_a 越大或者检波器交、直流电阻之比 R'_L/R_L 越小，检波器越容易产生割底失真。

在实际电路中，为减小割底失真的风险，可以采取各种措施来减小交、直流负载电阻值的差别，以便使 R'_L/R_L 比值越大。例如，将 R_L 分成 R_{L1} 和 R_{L2}，并通过隔直流电容 C_1 将 R_i 并接在 R_{L2} 两端，即后级电路 R_i 采用部分接入的方式接入检波器，如图 5-17 所示。由图可知，当 $R_L = R_{L1} + R_{L2}$ 维持一定值时，R_{L1}

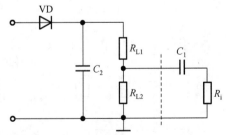

图 5-17　大信号检波的改进电路

越大、R_{L2} 越小，交、直流负载电阻值的差别就越小，检波输出越不容易割底失真，但是，后级电路 R_i 经 R_{L1}、R_{L2} 分压后得到的低频调制电压也就越小。综合考虑为解决该矛盾，实用电路中一般常取 $R_{L1}/R_{L2}=0.1\sim0.2$，R_{L1} 一般取 $500\ \Omega\sim2\ \mathrm{k}\Omega$。

另外，当 R_i 过小时，减小交、直流负载电阻值差别的另外一种最有效方法则是在 R_L 和 R_i 之间插入一级阻抗隔离，如高输入阻抗的射极跟随器。

【例题 5－3】　如图所示电路，输入调幅波调制信号频率为 $300\ \mathrm{Hz}\sim$ $3\ \mathrm{kHz}$，载波信号频率是 $5\ \mathrm{MHz}$，$R_L=300\ \mathrm{k}\Omega$，负载电容 $C=100\ \mathrm{pF}$，图中 R_i 为后级放大器等效输入电阻。求：

(1) 为了避免出现对角线失真，调制系数 m_a 最大可以取多少？

(2) 图中 C_1 的作用是什么？会对电路产生何种影响？

(3) 如何减少电容 C_1 的影响？请给出改进电路。

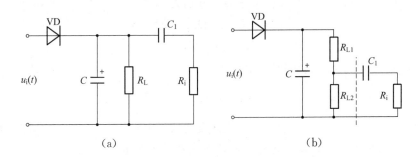

例题 5－3 图

【答案】　(1) 为避免出现对角线失真，必须满足条件：

$$\Omega_{\max}R_LC\leqslant\frac{\sqrt{1-m_a^2}}{m_a},\quad 即 \quad m_a\leqslant\frac{1}{\sqrt{1+(\Omega_{\max}R_LC)^2}}\qquad(5-35)$$

本题 $\Omega_{\max}=2\pi\times3\ \mathrm{kHz}$，$R_L=300\ \mathrm{k}\Omega$，$C=100\ \mathrm{pF}$，代入计算可知：

$$m_a\leqslant\frac{1}{\sqrt{1+(2\pi\times3\times10^3\times300\times10^3\times100\times10^{-12})^2}}=0.87\qquad(5-36)$$

即最大调制系数为 0.87。

(2) C_1 的作用为隔直通交，不可以不用，因为检波输出中有直流分量。

C_1 的存在使得电路在该处产生一个寄生直流电压源，容易使电路发生割底失真。

(3) 减小或去除割底失真的方法是：将 R_L 分成 2 部分，后级电路 R_i 采用部分接入方式，且确保 m_a 小于交/直流电阻比值，实际电路可以参考例题图 5－3 (b)。

5.3.3 同步检波电路

包络检波器只能解调普通 AM 波，而不能解调 DSB 和 SSB 信号。这是由于后两种已调信号的包络并不反映调制信号的变化规律，因此，抑制载波调幅信号的解调可以采用同步检波电路，最常用的是乘积型同步检波电路。

同步检波

乘积型同步检波器的组成框图如图 5-18 所示。它与普通包络检波器的区别就在于接收端必须提供一个本地参考信号 u_r，而且要求与接收到的高频载波信号同频、同相。将该外加

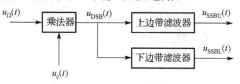

图 5-18 乘积型同步检波器的组成框图

的同步参考信号 u_r 与接收的调幅信号 u_i 两者相乘，可以产生原调制信号分量和其他谐波组合分量，经低通滤波器滤波后，可以输出调制信号。

设输入的 DSB 信号及同步参考信号分别为

$$u_i = U_{im}\cos\Omega t\cos\omega_c t \qquad (5-37)$$

$$u_r = U_{rm}\cos\omega_c t \qquad (5-38)$$

故图 5-18 中相乘器的输出电压为

$$u_A = Au_i u_r = \frac{1}{2}AU_{im}U_{rm}\cos\Omega t + \frac{1}{2}AU_{im}U_{rm}\cos\Omega t\cos 2\omega_c t \qquad (5-39)$$

显然，式（5-39）右边第一项是所需要的调制信号，而第二项为高频分量，可经低通滤波器滤除。同样，若输入信号是 SSB 信号，设

$$u_i = U_{im}\cos(\omega_c+\Omega)t \qquad (5-40)$$

乘法器的输出电压为

$$u_A = Au_i u_r = AU_{im}U_{rm}\cos(\omega_c+\Omega)\cos\omega_c t$$

$$= \frac{1}{2}AU_{im}U_{rm}\cos\Omega t + \frac{1}{2}AU_{im}U_{rm}\cos(2\omega_c+\Omega)t \qquad (5-41)$$

经低通滤波器滤除高频分量后，同样可以获得低频调制信号输出。

【例题 5-4】 乘积型同步检波器输入本地参考信号与高频载波如果不同频、不同相，会有何问题？试推导证明。

【答案】 如图 5-18 所示，假设输入已调波为

$$u_i(t) = u_{AM}(t) = U_{cm}(1+m_a\cos\Omega t)\cos\omega_c t \qquad (5-42)$$

本地参考信号为

$$u_r(t) = U_{rm}\cos\omega_c t \qquad (5-43)$$

设乘法器加权因子为 k，则 A 点输出信号为

$$u_A(t) = ku_{AM}(t)u_r(t) = k[U_{cm}(1+m_a\cos\Omega t)\cos\omega_c t]\cdot U_{rm}\cos\omega_c t$$

$$= \frac{kU_{cm}U_{rm}}{2}\left[1+m_a\cos\Omega t+\cos2\omega_c t+\frac{m_a\cos(2\omega_c+\Omega)\ t}{2}+\frac{m_a\cos(2\omega_c-\Omega)\ t}{2}\right]$$
$$(5-44)$$

以上表达式分析表明：

（1）本地参考信号与载频信号务必同频，否则无低频 Ω 分量产生，无法解调。

（2）如果同频但不同相，假设两信号之间存在一相位差 θ，即 $u_r(t)=U_{rm}\cos(\omega_c t+\theta)$，则乘法器输出信号中的低频 Ω 分量变为 $k'U_{rm}U_{cm}m_a\cos\theta\cos\Omega t$，此时有：

① 若 θ 是一常数，即同步信号与载频相位差始终保持恒定，则解调出来的 Ω 分量仍与原调制信号成正比，只不过振幅有所减小；

② 若 $\theta=90°$，则 $\cos\theta=0$，Ω 分量为零，无低频分量解调输出；

③ 若 θ 随时间变化，即同步信号与载频之间的相位差不稳定时，解调出来的 Ω 分量则不能正确反映调制信号。

【小结】　乘积型同步检波器方案中，接收机本地同步信号与发送端发送的高频载波信号必须严格保持同频、同相，否则会引起相关的解调失真。

那么如何保证乘积型同步检波器的两个输入信号同频、同相呢？

对于双边带调幅波，同步信号可直接从输入的双边带调幅波中提取，即将双边带调幅波取平方：$u_t^2=(U_{im}\cos\Omega t)^2\cos^2\omega_c t$，从中取出角频率为 $2\omega_c$ 的分量，经二分频器将它变换成角频率为 ω_c 的同步信号即可。

对于单边带调幅波，同步信号无法从中提取出来。为了产生同步信号，往往在发送端发送单边带调幅信号的同时，附带发送一个功率远低于边带信号功率的载频信号，称为导频信号，接收端收到导频信号后，经放大就可以作为同步信号。当然也可用导频信号去控制接收端载波振荡器，使之输出的振荡信号与导频信号同步。如发送端不发送导频信号，那么，发送端和接收端均采用频率稳定度很高的石英晶体振荡器或频率合成器，以使两者的频率近似相等，显然在这种情况下，要使两者严格同步是不可能的，但只要同步信号与载频信号的频差在容许范围之内还是可用的。

乘积型同步检波器中的乘法器可用集成模拟乘法器来实现，如 MC1596G 等芯片，如图 5-19 所示。

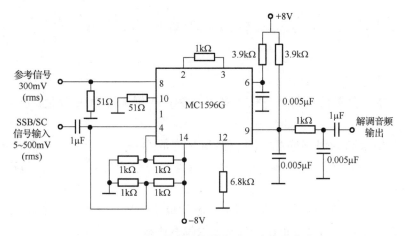

图 5‑19 用模拟乘法器构成同步检波电路

【小结】 调幅信号的解调，最简单的是 AM 信号的解调，可以采用包络检波方法。而 DSB 和 SSB 虽然提高了发射效率或降低了带宽，但是在解调时都不能采用 AM 常用的包络检波方法，因为其包络已不能反映调制信号的信息，此时往往采用乘法器完成解调。

5.4 角度调制原理

载波信号的频率随调制信号而变，称为频率调制或调频，用 FM（Frequency Modulation）表示，载波信号的相位随调制信号而变，称为相位调制或调相，用 PM（Phase Modulation）表示。在这两种调制过程中，载波信号的幅度都保持不变，而频率 ω_c 的变化和相位 θ 的变化都表现为总相位（角）$\theta_{总}$ 的变化，即有 $u(t) = U_{cm}\cos(\omega_c t + \theta) = U_{cm}\cos\theta_{总}$，因此把调频和调相又统称为角度调制或调角。

图 5‑20 所示为典型的三种不同调制波形对照图，其中图（a）所示的调制信号是一个梯形波，图（b）为载波信号，图（c）为调幅波，图（d）为调频波，图（e）为调相波。由图可以看出，对于 AM 波，它的包络线变化规律与调制信号相同，但是频率始终不变。对于 FM 波，其频率受调制信号的控制，对应调制信号为最大值时，调频信号的频率最高，当调制信号为最小时，调制信号频率最低，但振幅始终不变。因此可以把经过调频后的波形视为一个随调制大小而聚拢或扩展的正弦波。对于 PM 波，可以看出已调信号的相位受调制信号的控制，调制波增大时，正弦波相位超前，波形聚拢，调制波减小时，正

初识调角

弦波相位滞后，波形扩展，同样振幅保持不变。

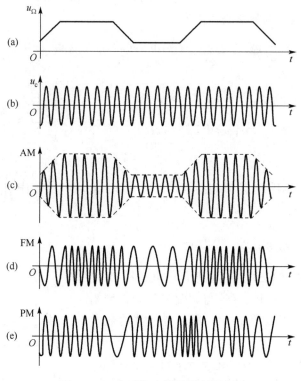

图 5 - 20　典型的三种调制波形对照

　　调频与调相是紧密联系的，相位是频率的积分，频率是相位的微分。当频率改变时，相位发生变化，反之也一样，因此本节将综合阐述调相与调频。

5.4.1　调频波数学分析

　　假设调制信号为 $u_\Omega(t) = U_{\Omega m}\cos\Omega t$，载波信号为 $u_c(t) = U_{cm}\cos\omega_c t$。

　　调频时，载波高频振荡的瞬时频率随调制信号 $u_\Omega(t)$ 成线性变化，设其比例系数为 K_f，即

$$\omega(t) = \omega_c + K_f u_\Omega(t) = \omega_c + \Delta\omega(t) \tag{5-45}$$

式中，ω_c 是载波角频率，也是调频信号的中心角频率；$\Delta\omega(t)$ 是由调制信号 $u_\Omega(t)$ 所引起的角频率偏移，简称频偏或频移。因为 $\Delta\omega(t) = K_f u_\Omega(t)$，即 $\Delta\omega(t)$ 与 $u_\Omega(t)$ 成正比，$\Delta\omega(t)$ 的最大值称为最大频偏，用 $\Delta\omega_m$ 表示，$\Delta\omega_m = K_f|u_\Omega(t)|_{max} = K_f U_{\Omega m}$。

单音 Ω 调制时，调频信号 $\omega(t)$ 为

$$\omega(t) = \omega_c + K_f U_{\Omega m}\cos\Omega t = \omega_c + \Delta\omega_m\cos\Omega t \qquad (5-46)$$

因此调频信号的数学表达式为

$$u_{FM}(t) = U_{cm}\cos\left[\int(\omega_c + \Delta\omega_m\cos\Omega t)\,dt + \theta\right] = U_{cm}\cos\left(\omega_c t + \frac{\Delta\omega_m}{\Omega}\sin\Omega t + \theta\right)$$
$$(5-47)$$

为简化运算，假定初始相位 $\theta = 0$，得

$$u_{FM}(t) = U_{cm}\cos\left(\omega_c t + \frac{\Delta\omega_m}{\Omega}\sin\Omega t\right)$$
$$(5-48)$$

式中，$\dfrac{\Delta\omega_m}{\Omega}$ 称为调频波的调制指数，以符号 m_f 表示，即

$$m_f = \frac{\Delta\omega_m}{\Omega} = \frac{K_f U_{\Omega m}}{\Omega} \qquad (5-49)$$

它是最大频偏 $\Delta\omega_m$ 与调制信号角频率 Ω 之比。m_f 的值可以大于 1（这与调幅波不同，调幅指数 m_a 总是小于或等于 1），所以调频波的数学表达式又可改为

$$u_{FM}(t) = U_{cm}\cos(\omega_c t + m_f\sin\Omega t) \quad (5-50)$$

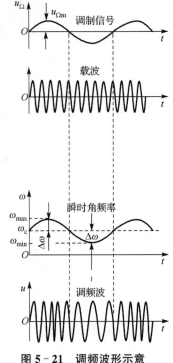

图 5-21 调频波形示意

调频信号随调制信号的变化如图 5-21 所示。在调制电压的正半周，载波振荡频率随调制电压变化而高于载频，至调制电压的正向峰值时，已调高频振荡频率至最大值，为 $\omega_{max} = \omega_c + \Delta\omega$，在调制信号负半周，载波振荡频率随调制电压变化而低于载频，至调制电压负向峰谷时，已调高频振荡频率至最小值，为 $\omega_{min} = \omega_c - \Delta\omega$。

【结论】 调频 FM 信号特征

(1) 调频 FM 信号中，调制的对象是载波频率，所以载波受控的参数是频率，载波频率随调制信号的变化而变化，载波信号的幅度保持不变，依然是恒定包络，所以调频前后载波的功率没有发生改变，这一点不同于调幅 AM 信号。

　　（2）对于调频 FM 信号，调制信号调制的对象是载波频率，但是由于频率与相位之间的积分关系，载波的相位一样受控发生变化，所以公式（5-50）中，调制信号 $\cos\Omega t$ 体现在载波相位的变化时，从 $\cos\Omega t$ 变成了 $\sin\Omega t$。

5.4.2　调相波数学分析

　　调相时，载波高频振荡的瞬时相位随调制信号线性变化，所以对于调相波，其瞬时相位除了原来的载波相位（$\omega_c t+\theta$）外，又附加了一个变化的增量 $\Delta\theta(t)$，这个变化部分 $\Delta\theta(t)$ 与调制信号成比例关系，因此瞬时总相位（角）可表示为

$$\theta_\text{总}(t)=\omega_c t+\theta+\Delta\theta(t)=\omega_c t+\theta+K_p u_\Omega(t)$$
$$=\omega_c t+\theta+K_p U_{\Omega m}\cos\Omega t \qquad (5-51)$$

式中，θ 为载波初始相位，K_p 为比例系数，$\Delta\theta(t)=K_p u_\Omega(t)$ 是由调制信号所引起的相位偏移，简称相偏或相移。在单音 Ω 调制时，$\Delta\theta(t)$ 的最大值 $K_p U_{\Omega m}$ 称为调相指数，以符号 m_p 表示，即

$$m_p=K_p U_{\Omega m} \qquad (5-52)$$

　　所以调相波的数学表达式为

$$u_{PM}(t)=U_{cm}\cos(\omega_c t+\theta+m_p\cos\Omega t) \qquad (5-53)$$

　　式（5-53）表明，调相信号的相位在载波相位（$\omega_c t+\theta$）的基础上，又增加了一项按余弦规律变化的部分。

　　为简化运算，假定初始相位 $\theta=0$，则式（5-53）可以简化为

$$u_{PM}(t)=U_{cm}\cos(\omega_c t+K_p U_{\Omega m}\cos\Omega t)$$
$$=U_{cm}\cos(\omega_c t+m_p\cos\Omega t) \qquad (5-54)$$

　　对于调相信号而言，由于瞬时相位发生变化，相应的瞬时角频率同样会发生变化，将瞬时相位微分即可得到瞬时相位，如公式（5-55）所示。

$$\omega(t)=\frac{d\theta(t)}{dt}=\omega_c+K_p\frac{d(U_{\Omega m}\cos\Omega t)}{dt}$$
$$=\omega_c-K_p U_{\Omega m}\Omega\sin\Omega t \qquad (5-55)$$

调相波随调制信号的变化如图 5-22 所示。

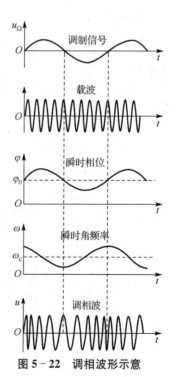

图 5-22　调相波形示意

【结论】 调相 PM 信号特征

(1) 调相 PM 信号中，调制的对象是载波相位，所以载波受控的参数是相位，载波相位随调制信号的变化而变化，载波信号的幅度保持不变，依然是恒定包络，所以调相前后载波的功率没有发生改变。

(2) 对于调相 PM，调制信号调制的对象是载波相位，所以调制信号 $\cos\Omega t$ 体现在已调波相位的变化时，依然是 $\cos\Omega t$，如公式（5-54）所示；但是由于频率与相位之间的积分关系，载波的频率也一样受控发生变化，如公式（5-55）所示。

为了便于比较，将调频信号和调相信号的主要指标列于表 5-2，表中假设调制信号为 $u_\Omega(t) = U_{\Omega m}\cos\Omega t$，载波信号为 $u_c(t) = U_{cm}\cos\omega_c t$。

表 5-2 调频信号和调相信号对比

	调频（FM）	调相（PM）
调制信号	$u_\Omega(t) = U_{\Omega m}\cos\Omega t$	
载波信号	$u_c(t) = U_{cm}\cos\omega_c t$	
已调制信号数学表达式	$u_{FM} = U_{cm}\cos\left(\omega_c t + \dfrac{K_f U_{\Omega m}}{\Omega}\sin\Omega t\right)$ $= U_{cm}\cos(\omega_c t + m_f \sin\Omega t)$	$u_{PM} = U_{cm}\cos(\omega_c t + K_p U_{\Omega m}\cos\Omega t)$ $= U_{cm}\cos(\omega_c t + m_p \cos\Omega t)$
最大角频偏 $\Delta\omega_m$	$K_f U_{\Omega m}$	$K_p U_{\Omega m}\Omega$
最大相偏（调制指数）$\Delta\theta_m$	$\dfrac{K_f U_{\Omega m}}{\Omega}$（$= m_f$）	$K_p U_{\Omega m}$（$= m_p$）

为进一步比较两者的性能区别，这里进一步将调频与调相的最大角频偏与调制指数分别做对比，如图 5-23 所示，对于调频信号而言，当调制信号的

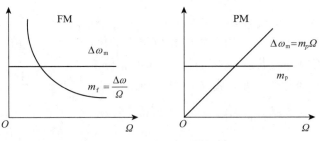

图 5-23 FM 与 PM 性能对比

频率提高时，其最大角频偏是不发生变化的，而对于调相信号而言，最大角频偏则是线性增大，所以这两点的不同将直接影响后续提及的已调信号的带宽特性。

5.4.3　调角波频谱与有效带宽

调角波频谱特征与绘制

调频波和调相波除了波形类似外，两者的频谱也近似相同。下文以调频波为例，将调频波表达式用三角公式展开，为简化起见，设初始相位为 0，可得

$$
\begin{aligned}
u_{\mathrm{FM}}(t) &= U_{\mathrm{cm}}\cos(\omega_{\mathrm{c}}t + m_{\mathrm{f}}\sin\Omega t) \\
&= U_{\mathrm{cm}}\left[\cos\omega_{\mathrm{c}}t\cos(m_{\mathrm{f}}\sin\Omega t) - \sin\omega_{\mathrm{c}}t\sin(m_{\mathrm{f}}\sin\Omega t)\right]
\end{aligned} \tag{5-56}
$$

式中

$$
\begin{aligned}
\cos(m_{\mathrm{f}}\sin\Omega t) &= J_0(m_{\mathrm{f}}) + 2\sum_{n=1}^{\infty}J_{2n}(m_{\mathrm{f}})\cos2n\Omega t \\
&= J_0(m_{\mathrm{f}}) + 2J_2(m_{\mathrm{f}})\cos2\Omega t + 2J_4(m_{\mathrm{f}})\cos4\Omega t + \cdots
\end{aligned} \tag{5-57}
$$

$$
\begin{aligned}
\sin(m_{\mathrm{f}}\sin\Omega t) &= 2\sum_{n=1}^{\infty}J_{2n+1}(m_{\mathrm{f}})\sin(2n+1)\Omega t \\
&= 2J_1(m_{\mathrm{f}})\sin\Omega t + 2J_3(m_{\mathrm{f}})\sin3\Omega t + \cdots
\end{aligned} \tag{5-58}
$$

式中，n 均为正整数，$J_n(m_{\mathrm{f}})$ 是以 m_{f} 为参量的 n 阶第一类贝塞尔函数，$J_0(m_{\mathrm{f}})$，$J_1(m_{\mathrm{f}})$，$J_2(m_{\mathrm{f}})$，…分别是以 m_{f} 为参量的零阶、一阶、二阶……第一类贝塞尔函数，其数值可以查有关贝塞尔函数曲线（贝塞尔函数与参量 m_{f} 的关系），也可直接查表 5-3 得到不同阶数的贝塞尔函数值。注意，表中任何一个 m_{f} 取值，理论上应该有无穷阶贝塞尔函数值，但是工程中一般忽略高阶贝塞尔函数 $J_n(m_{\mathrm{f}})$ 值，其幅度一般小于 $J_0(m_{\mathrm{f}})$ 的 10%。

表 5-3　载频、边频幅度与 m_{f} 关系表

m_{f}	$J_0(m_{\mathrm{f}})$	$J_1(m_{\mathrm{f}})$	$J_2(m_{\mathrm{f}})$	$J_3(m_{\mathrm{f}})$	$J_4(m_{\mathrm{f}})$	$J_5(m_{\mathrm{f}})$	$J_6(m_{\mathrm{f}})$	$J_7(m_{\mathrm{f}})$	$J_8(m_{\mathrm{f}})$
0.00	1.000	0.000							
0.50	0.939	0.242	0.030						
1.00	0.765	0.440	0.115	0.020					
2.00	0.224	0.577	0.353	0.129	0.034				
3.00	0.261	0.339	0.486	0.309	0.132	0.043			
4.00	0.397	0.066	0.364	0.430	0.281	0.132	0.049		
5.00	0.178	0.328	0.047	0.365	0.391	0.261	0.131	0.053	
6.00	0.151	0.277	0.243	0.115	0.358	0.362	0.246	0.130	0.057

将式（5-57）与式（5-58）代入调频波表达式（5-56），可得

$$u_{FM}(t) = U_{cm}[J_0(m_f)\cos\omega_c t + J_1(m_f)\cos(\omega_c+\Omega)t - J_1(m_f)\cos(\omega_c-\Omega)t$$
$$+ J_2(m_f)\cos(\omega_c+2\Omega)t + J_2(m_f)\cos(\omega_c-2\Omega)t$$
$$+ J_3(m_f)\cos(\omega_c+3\Omega)t - J_3(m_f)\cos(\omega_c-3\Omega)t$$
$$+ J_4(m_f)\cos(\omega_c+4\Omega)t + J_4(m_f)\cos(\omega_c-4\Omega)t+\cdots] \quad (5\text{-}59)$$

根据式（5-59），可以得出如下结论：

【结论】 调频波频谱特征

调频波频谱除了载波频率 ω_c 外，还包含无穷多对边频分量，相邻边频之间的频率间隔仍是 Ω，理论上调角信号（包括调频与调相）的边频分量应该是无穷多对，也就是说，调角信号频谱是无穷宽的。

每一频谱分量的幅度等于 $U_{cm}J_n(m_f)$，其中 $J_n(m_f)$ 由贝塞尔函数决定。例如，若调频指数 $m_f=1$，那么由表 5-3 可得 $m_f=1$ 时，对应 $J_0(m_f)=0.77$，$J_1(m_f)=0.44$，$J_2(m_f)=0.11$，$J_3(m_f)=0.02$，所以其频谱图如图 5-24 所示，图中 $J_3(m_f)=0.02$ 由于幅度较小被近似忽略。

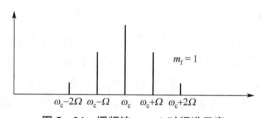

图 5-24 调频波 $m_f=1$ 时频谱示意

如前所述，理论上调角信号（包括调频与调相）的边频分量应该是无穷多项，也就是说，调角信号频谱是无穷宽的。一路信号要占用无限宽的频带，这是我们不希望的。实际上，已调信号的能量绝大部分集中在载频附近的一些边频分量上，从某一边频开始其幅度日趋减小。

【结论】 调频与调相信号带宽

调角信号的频谱能量绝大部分集中在载频附近的一些边频分量上，通常工程上将振幅小于载波振幅 10% 的边频分量忽略不计，因此调角波的频谱有效宽度（频带宽度）定义为

调频 FM 信号：

$$B_{FM}=2(m_f+1)\Omega \quad 或 \quad B_{FM}=2(m_f+1)F \qquad (5-60a)$$

调相 PM 信号：

$$B_{PM}=2(m_p+1)\Omega \quad 或 \quad B_{PM}=2(m_p+1)F \qquad (5-60b)$$

由于 $m_f=\dfrac{\Delta\omega}{\Omega}=\dfrac{\Delta f}{F}$，所以式（5-60a）或（5-60b）都可以写成下列形式

$$B_f=2(\Delta\omega+\Omega) \quad 或 \quad B_f=2(\Delta f+F) \qquad (5-61)$$

实际应用中，一段语音调制信号 F 往往包含许多频率分量，如从几十 Hz 到几十 kHz，而通信设备带宽的选取，为防止信息的丢失，都是根据频带最宽的情况而确定的，所以，多频点调制时带宽计算公式为：

$$B_f=2(\Delta\omega_{max}+\Omega_{max}) \quad 或 \quad B_f=2(\Delta f_{max}+F_{max}) \qquad (5-62)$$

【提示】　(1) 由式（5-60）可知，调频与调相带宽计算公式相同，另外由式（5-62）可知，均与最大频偏及最大调制频率呈正比。

(2) 由公式（5-61）可知，在调制频率 F 相同的情况下，与调幅相比，调频波频带要宽 $2\Delta f$，通常 $\Delta f > F$，所以调频波的频带要比调幅波的频带宽得多。因此，在一定宽度的频段中，能容纳的调频信号的数目，要少于调幅信号的数目，所以调频一般只适用于频率较高的甚高频和超高频频段，短波频段中相对使用较少。

【小结】　(1) 由图 5-23 分析可知，调频应用中，最大频偏不随调制信号的变化而变化，所以带宽基本固定；调相应用中，最大频偏随调制信号的变化而线性变化，所以带宽变化范围很大，可以从几百赫变到几十千赫不等。

(2) 从频谱带宽利用率的角度来讲，调相频谱带宽利用率不如调频频谱高。正是由于这个原因，调相不如调频应用广泛，一般只作为产生调频信号的一种间接手段来应用，所以模拟调制常用的只有调幅与调频两种方式。

由图 5-24 和前面推导可以看出，调角信号的有效带宽内两侧边频总数等于 $2n\approx2(m_f+1)$ 个，另外注意，由于调制指数 m_f 与调制信号强度有关，故信号强度的变化将影响载频和边频分量的相对幅度，其边频幅度可能超出载频幅度。

需要注意的是，式（5-60）和式（5-61）适用于 $m_f>1$ 时的求带宽情形，也就是宽带调频情况，当 $m_f<1$ 时，称窄带调频，这时式（5-60）和式（5-61）

不再适用，由表 5-3 可以看出，此时频谱能量主要集中于载频，边频只取一对即可，所以窄带调频时频谱宽度为 $B_f = 2F$，与调幅带宽相同。

角度调制
典型例题

【例题 5-5】 已知某音频调制信号最低频率为 $F_{min} = 20$ Hz，最高频率为 $F_{max} = 15$ kHz，要求最大频偏 $\Delta f_m = 45$ kHz，试求：

（1）调频信号的调频指数 m_f 与带宽 B_f；

（2）绘出 $F_{max} = 15$ kHz 对应的调频波频谱图。

【答案】 （1）由于调频信号的调制系数 m_f 与调制频率成反比，即有：

$$m_f = \frac{\Delta f_m}{F} \tag{5-63}$$

故：

$$m_{fmax} = \frac{\Delta f_m}{F_{min}} = \frac{45 \times 10^3}{20} = 2\ 250 \tag{5-64}$$

$$m_{fmin} = \frac{\Delta f_m}{F_{max}} = \frac{45 \times 10^3}{15 \times 10^3} = 3 \tag{5-65}$$

所以不同调制信号的带宽要求分别为

$$B_{f1} = 2 \times (m_{fmin} + 1) \times F_{max} = 2 \times (3 + 1) \times 15 \times 10^3 = 120 \text{ kHz} \tag{5-66}$$

$$B_{f2} = 2 \times (m_{fmax} + 1) \times F_{min} = 2 \times (2\ 250 + 1) \times 20 = 90 \text{ kHz} \tag{5-67}$$

为防止信号损失取带宽最大值，即 $\max(B_{f1}, B_{f2}) = 120$ kHz。

（2）$F_{max} = 15$ kHz 时，对应调频指数为 $m_f = 3$，查找贝塞尔函数系数绘制频谱如下图。

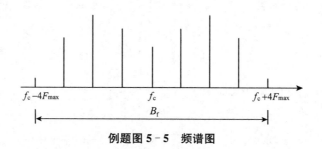

例题图 5-5 频谱图

5.4.4 调角波频谱与调制信号关系

调频与调相
性能综合对比

1）调频信号

在余弦波调制情况下，讨论以下两种情形。

（1）保持调制信号 Ω 固定，改变调制系数 m_f

由 $m_f = \dfrac{\Delta\omega}{\Omega} = \dfrac{\Delta f}{F}$ 可知，改变 m_f 时不同的调频信号频谱如图 5 - 25 所示。

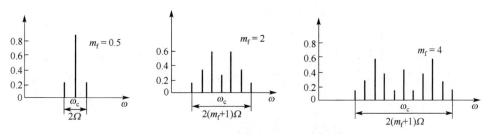

图 5 - 25　调频信号在不同 m_f 时的频谱

由图 5 - 25 可以看出，当 m_f 增大（调制信号加强）时，边频数目增多，频带加宽。这与调幅波的频谱结构有着根本的区别。对于 $m_f = 0.5$，其有效边频数和带宽基本与调幅波相同，故当 m_f 值减小时（$m_f < 1$），可以认为调频波的频谱成分与调幅波相同，但当 m_f 值增大时，其差别越来越明显。

（2）保持调制信号强度 $U_{\Omega m}$ 固定，改变调制信号频率 Ω

由调频信号最大频偏公式 $\Delta\omega_m = K_f U_{\Omega m}$ 可知，$U_{\Omega m}$ 固定即最大频偏 $\Delta\omega_m$（或 Δf_m）固定。例如，给定 $\Delta f_m = 8$ kHz 不变，考虑 Ω（或 F）改变时调频频谱的变化。

① 当调制信号频率 $F = 2$ kHz 时，有

$$m_f = \frac{\Delta\omega_m}{\Omega} = \frac{\Delta f_m}{F} = \frac{8\text{ kHz}}{2\text{ kHz}} = 4 \tag{5 - 68}$$

$$B_f = 2\,(m_f + 1)\,F = 2 \times (4 + 1) \times 2\text{ kHz} = 20\text{ kHz} \tag{5 - 69}$$

② 当调制信号频率 $F = 4$ kHz 时，有

$$m_f = \frac{\Delta\omega_m}{\Omega} = \frac{\Delta f_m}{F} = \frac{8\text{ kHz}}{4\text{ kHz}} = 2 \tag{5 - 70}$$

$$B_f = 2\,(m_f + 1)\,F = 2 \times (2 + 1) \times 4\text{ kHz} = 24\text{ kHz} \tag{5 - 71}$$

所以得调频信号在调制强度固定的情况下，调制信号频率变化对调频信号频谱的影响如图 5 - 26（a）所示，由图可以看出，即便调制信号频率增大一倍，调频信号的频谱带宽变化幅度较小，仅仅从 20 kHz 变为 24 kHz。

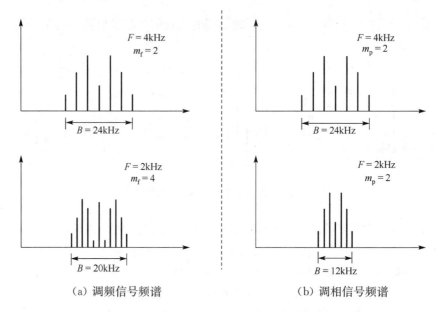

（a）调频信号频谱　　　　　　　　　（b）调相信号频谱

图 5‑26　不同调制信号时调频信号和调相信号频谱对比

2）调相信号

由于调相波的调制系数 m_p 仅与调制信号强度 $U_{\Omega m}$ 成正比，而与调制信号频率 F 无关，所以在调制信号强度 $U_{\Omega m}$ 不变，只改变 F 时，m_p 不变，则调相波频谱边频数不变，而是体现为频带宽度 $B=2(m_p+1)F$ 随调制信号频率成比例地变宽。例如，当 $m_p=2$，F 由 2 kHz 增大为 4 kHz 时，虽然边频数保持为 6，但是带宽 B 由 12 kHz 增大为 24 kHz，即带宽增加一倍，频谱如图 5‑26（b）所示。

通过上述频谱对比可知，从频谱带宽利用率的角度来讲，调相频谱带宽利用率不如调频频谱高。众所周知，实际应用中调制信号包含许多频率分量，如从几十 Hz 到几十 kHz，如果采用调相，调相波所占用的频带变化将很大，可以从几百 Hz 变到几十 kHz，而通信设备载频的选取，以及发射机、接收机通频带的确定等指标都是根据频带最宽的情况而确定的，所以对于调制频带利用率低的调相而言，显然很不经济。正是由于这个原因，调相不如调频应用广泛，一般只作为产生调频信号的一种间接手段来应用。

【**例题 5‑6**】　已知调制信号 $u_\Omega(t)=U_{\Omega m}\cos 2\pi\times10^3 t$（V），$m_f=m_p=8$。

（1）计算 FM 波和 PM 波的带宽；

（2）若 $U_{\Omega m}$ 不变，调制信号频率 F 增大一倍，重新计算 FM 波和 PM 波的带宽；

（3）若调制信号频率 F 不变，$U_{\Omega m}$ 增大一倍，重新计算 FM 波和 PM 波的带宽。

　　【答案】　　（1）由题已知条件可知，调制信号频率：$F=1\ \text{kHz}$。

对于 FM 波：因 $m_f=8>1$，故

$$B_f=2(m_f+1)F=2\times(8+1)\times1=18\ \text{kHz} \tag{5-72}$$

对于 PM 波：因 $m_p=8>1$，故

$$B_f=2(m_p+1)F=2\times(8+1)\times1=18\ \text{kHz} \tag{5-73}$$

（2）若 $U_{\Omega m}$ 不变，调制信号频率 F 增大一倍，则：

对于 FM 波，有 $m_f=\dfrac{k_f U_{\Omega m}}{F}$，因为 F 增大一倍，所以 m_f 减半，即 $m_f=4$，所以

$$B_f=2(m_f+1)F=2\times(4+1)\times2=20\ \text{kHz} \tag{5-74}$$

对于 PM 波，有 $m_p=k_p U_{\Omega m}=8$ 不改变，所以

$$B_f=2(m_p+1)F=2\times(8+1)\times2=36\ \text{kHz} \tag{5-75}$$

（3）若调制信号频率 F 不变，$U_{\Omega m}$ 增大一倍，则：

对于 FM 波，有 $m_f=\dfrac{k_f U_{\Omega m}}{F}$，因为 $U_{\Omega m}$ 增大一倍，所以 $m_f=16$ 增大了一倍，所以

$$B_f=2(m_f+1)F=2\times(16+1)\times1=34\ \text{kHz} \tag{5-76}$$

对于 PM 波，有 $m_p=k_p U_{\Omega m}=16$ 同样加倍，所以

$$B_f=2(m_p+1)F=2\times(16+1)\times1=34\ \text{kHz} \tag{5-77}$$

　　【小结】　通过上述例题对比，调频与调相略有不同，总结如下：

　　（1）调频/调相的调制系数 m_f/m_p 与调制信号频率 F 比例关系不一样，调频成反比，调相却无关，所以调频/调相的带宽受调制信号频率 F 的影响不一样。调频带宽受 F 变化影响较小。

　　（2）调频/调相的调制系数 m_f/m_p 均与调制信号强度 $U_{\Omega m}$ 成正比，所以调频/调相的带宽与调制强度 $U_{\Omega m}$ 也近似成正比。

　　（3）调频和调相都属于角度调制，其共同特点是调制后的波形幅度恒定，因此与调幅波相比抗幅度干扰能力更强。因为频率和相位互为微分和积分关系，调频和调相的波形看上去比较类似，调频波和调相波占用频带较宽，因此调频广播的载波频段一般要比调幅广播高。

5.5　调频与鉴频电路

调频技术指标
与实现电路

调频就是用调制电压去控制载波的频率。调频的方法与实现电路很多，最常用的可分为两大类：直接调频和间接调频，本书鉴于课时受限只介绍直接调频。无论是直接调频还是间接调频，调频电路实现的主要技术性能指标相似，所以首先介绍电路性能指标。

5.5.1　调频电路性能指标

1）调制特性

受调振荡器的频率偏移与调制电压的关系称为调制特性，可以表示为

$$\Delta f \propto f(u_\Omega) \tag{5-78}$$

式中，Δf 是调制作用引起的频率偏移，u_Ω 为调制信号电压，理想的调频电路应使 Δf 随 u_Ω 成比例变化，即实现线性调频，但实际电路中总是要产生一定程度的非线性失真，需要尽可能减小这一失真。

2）调制灵敏度

调制信号单位电压变化所产生的振荡器频率偏移称为调制灵敏度（S）。若调制电压变化 Δu，相应频率偏移为 Δf，那么调制灵敏度可以表示为

$$S = \frac{\Delta f}{\Delta u} \tag{5-79}$$

显然，S 越大，调频信号的调制作用越强，越容易产生更大频偏的调频信号。

3）最大频偏

最大频偏是指在正常调制电压的作用下，所能达到的最大频偏值，以 Δf_m 表示。如前所述有 $\Delta f_m = m_f \cdot F_{max}$，在 F_{max} 一定的情况下，可以根据对调频指数 m_f 的要求来确定最大频偏，通常要求 Δf_m 在整个频段内保持不变。

4）载波频率稳定度

虽然调频信号的瞬时频率随调制信号在改变，但这种变化是以稳定的载波

频率（中心频率）为基准的。只有载频稳定，接收机才可以正常地接收调频信号，如果载频不稳定，就有可能使调频信号的频谱落到接收机通带范围之外，以致信号丢失不能正常通信。因此，对于调频电路而言，不仅要满足一定的频偏要求，而且载波频率也必须保持足够高的频率稳定度。

频率稳定度可表示如下

$$\text{频率稳定度} = \frac{\Delta f_c}{f_c} \Big/ \text{单位时间间隔} \qquad (5-80)$$

式中，Δf_c 为一定时间间隔后载波频率偏移值，f_c 为载波标称频率。

5.5.2　直接调频

直接调频就是用调制电压直接去控制载频振荡器的频率，以产生调频信号。例如，受控电路是 LC 振荡器，那么其振荡频率主要由振荡回路电感 L 与电容 C 的数值决定，若在振荡回路中加

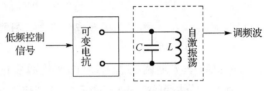

图 5-27　直接调频的原理

入可变电抗，电路原理如图 5-27 所示，并用低频调制信号去控制可变电抗的参数，即可产生振荡频率随调制信号变化的调频波。在实际电路中，可变电抗元器件的类型有许多，如变容二极管、电抗管等，所以直接调频的方法很多，本书就变容二极管直接调频和晶体振荡器直接调频电路做一些分析和介绍。

1）变容二极管调频电路

变容二极管是利用半导体 PN 结的结电容随外加反偏电压的变化而变化这一特性，制成的一种半导体二极管，是一种电压控制型可变电抗元器件。

变容二极管调频原理如图 5-28 所示，由变容二极管反偏电容 $C_0 + \Delta C$ 和电感 L 组成谐振电路，其谐振频率近似为 $f = \dfrac{1}{2\pi \sqrt{L(C_0 + \Delta C)}}$。如图 5-28 (a) 所示，当变容二极管外加反偏电压 u，包括直流偏压 $U_{偏}$ 和交流调制电压 u_Ω，则变容二极管总电容 C 将随 u_Ω 改变，由变容二极管压控转换特性（图 5-28 (b)）可得变容二极管总电容 C 的时域变化特性（图 5-28 (c)），电容 C 变化又将直接改变 LC 回路的输出频率，如图 5-28 (d)、5-28 (e) 所示，从而实现调频。

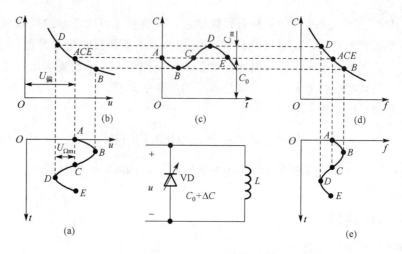

图 5‑28 变容二极管调频原理

可见频率 f 随调制电压 u_Ω 的变化而变化，由此实现了调频。

由以上分析可知，因为变容二极管势垒电容随反偏电压而变，如果将变容二极管接在谐振回路两端，使反偏电压受调制信号所控制，使得回路总电容发生变化，必然引起振荡频率发生相应的变化，所以回路振荡频率是跟随调制信号幅度大小变化的，这就是变容二极管调频的基本原理。

图 5‑29 所示电路是一个中心频率为 36 MHz 的变容二极管调频电路。它以三极管 VT_1 为核心构成西勒振荡器，音频电压经 C_7 耦合到变容二极管，改变其电容可实现调频，调频信号由 C_8 送出，两变容二极管 VD_1 与 VD_2 反向串联是为了减小高频电压对变容二极管电容的影响。

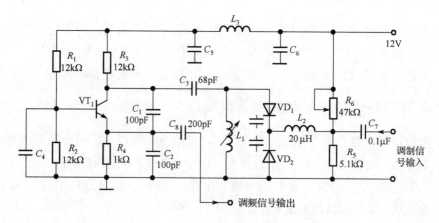

图 5‑29 变容二极管调频电路举例

2）晶体振荡器调频电路

由于变容二极管调频电路是在 LC 振荡器上直接进行调制的，而 LC 振荡器本身的频率稳定度相对较低，再加上变容二极管各参数又引入新的不稳定因素，所以变容二极管调频电路频率稳定性较低，一般低于 $1×10^{-4}$。为了提高调频电路的频率稳定度，可以设计采用晶体振荡器进行调频，因为石英晶体振荡器的频率稳定度很高，一般可做到 $1×10^{-6}$ 以上，所以在频率稳定度要求较高、频偏不是太大的场合，用石英晶体振荡器调频较为合适。

图 5‑30 所示为石英晶体振荡器变容管直接调频电路原理图。图（a）是常用的晶振电路原理图，为电容反馈型三点式振荡器，图中石英晶体等效为电感。图（b）增加了变容二极管 VD，与石英晶体串联，当调制信号控制二极管电容 C_d 变化时，振荡频率同样可以发生小范围内的变动，从而完成调频作用，但频偏很小，这是因为频率的变动只能限制在石英晶体的并联谐振频率 f_p 与串联谐振频率 f_s 之间，以确保晶体所在支路呈感性，但是这个频率区间本身很小。实际应用中，需要进一步采用后续拓展频偏的方法以满足调频电路的最大频偏要求。

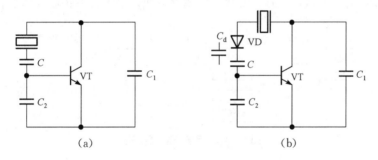

图 5‑30　晶体振荡器直接调频电路原理图

> 【小结】　直接调频电路的优缺点总结：
> （1）普通变容二极管调频电路：优点是可调范围宽，缺点是频率稳定度低。
> （2）晶振变容二极管调频电路：由于该型调频电路引入了晶振，所以提高了中心频率稳定度，但与此同时，晶振本身的特性限制了频率可调范围。

5.5.3　频偏拓展

如前所述，调频电路在采用了晶振变容管调频之后，虽然大幅提高了中心频率稳定度，但是由于晶振本身的特性，限制了最大频率偏移，由此使得应用

频偏拓展

范围受限。为此需要研究拓展频率偏移的拓展方法。

拓展频偏的方法一般分为直接拓展频偏法与间接拓展频偏法两种。

1) 直接拓展频偏

直接拓展频偏方法之一，可以通过提高载频频率的方法来实现。例如，在器件最大相对线性频偏为 $\pm 0.01\%$ 受限时，如果将载频频率提高到 100 MHz，计算得最大绝对频偏可达 ± 10 kHz，即可满足一般音频调频通信。

直接拓展频偏方法之二，加宽非线性电容器件（如变容二极管）的电压-频率转换特性，以此提高调频调制的深度。

2) 间接拓展频偏

间接拓展频偏主要通过倍频与混频的方法实现。

如图 5-31 所示，假设直接调频电路输出频率为 $\omega_1 = \omega_c + \Delta\omega_m \cos\Omega t$，经 n 倍倍频后输出频率为 $\omega_2 = n\omega_c + n\Delta\omega_m \cos\Omega t$，再与本振频率 $\omega_3 = (n+1)\omega_c$ 混频后输出 $\omega_4 = \omega_c - n\Delta\omega_m \cos\Omega t$，由此实现载频不变，最大频偏拓展 n 倍的目的。

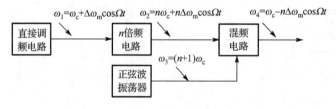

图 5-31   间接拓展频偏法

【**例题 5-7**】   现有一标称频率为 300 kHz 的晶体振荡器，如果直接调频允许其最大频偏为 25 kHz。试采用该晶振为某一调频电台设计调频方案，要求中心频率为 90 MHz，最大频偏为 75 kHz。

【**分析**】   本题可以有两种通过倍频/混频拓展频偏的方法，分别如例题图 5-7（a）和例题图 5-7（b）所示。请读者分析两种方法的不同，并优选电路实现方案。

【**答案**】   两种方案的主要区别在于，方案一电路级数相比多了一级，但是电路工作的最高频率仅 90 MHz，实际应用中，器件选择容易、成本低、干扰小、电路设计相对容易。方案二虽然电路级数相比而言少一级，但是倍频数 3 000 是方案一的 10 倍，而且电路最高工作频率为 900 MHz，器件选择成本高，工作稳定性没有方案一好。

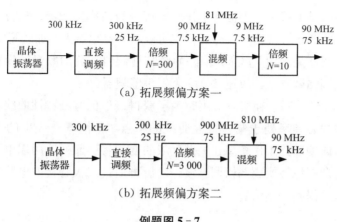

（a）拓展频偏方案一

（b）拓展频偏方案二

例题图 5－7

5.5.4　斜率鉴频

鉴频技术指标
与实现电路

从调频波中取出原来的调制信号，称为调频波的解调，又称为频率检波或鉴频。完成该功能的电路称为频率解调器或鉴频器。

调频波中，调制信息包含在高频载波的频率变化之中，所以调频波解调任务就是将输入调频波的瞬时频移信息线性鉴频输出。

调频波的检波主要包括限幅器和鉴频器两个环节，如图 5－32（a）所示，其对应各点的波形如图 5－32（b）所示。由于信号的传输过程容易受到干扰，所以要求输入的调频波本身"干净"，不可带有寄生调幅，为此在输入到鉴频器前的信号要经过限幅，使其幅度恒定。鉴频器又包含两个部分，第一部分是借助于谐振电路将等幅的调频波转换成幅度随瞬时频率变化的调幅调频波，第二部分是用二极管检波器进行幅度检波，以还原出调制信号。

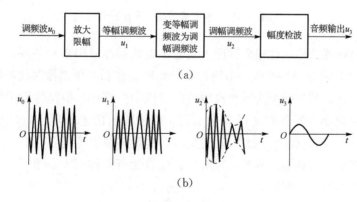

（a）

（b）

图 5－32　调频波的检波

鉴频器的类型很多，根据其工作原理可分为斜率鉴频器、相位鉴频器、比例鉴频器和脉冲计数式鉴频器等。下文将以斜率鉴频器为例加以简要介绍。

斜率鉴频器是利用并联 LC 回路幅频特性倾斜部分的频幅转换特性，将调频波变换成调幅调频波，故通常称它为斜率鉴频器。

如图 5-33 所示，在实际应用时为了获得线性的鉴频特性曲线，总是使输入调频波的中心频率处于幅频特性曲线的中点，如图 5-33 中的 M（或 M'）点，这样，谐振回路工作频率在失谐区域的变化将引起回路两端电压幅度的变化，故可将调频波转换成调幅调频波，之后再通过二极管检波电路完成调幅波的检波，最终得到调制信号。

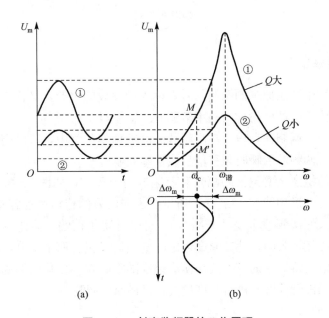

图 5-33 斜率鉴频器的工作原理

斜率鉴频器的性能在很大程度上与谐振电路的品质因数 Q 有关。图 5-33 给出了两种不同 Q 值的曲线。由图可见，如果 Q 值低，则谐振曲线倾斜部分的线性较好，在调频波转换为调幅调频波的过程中失真小，但是转换后的调幅调频波幅度变化小，对于确定的频偏而言，检波输出的低频电压幅度也小，即"鉴频灵敏度"低；反之，如果 Q 值高，则鉴频灵敏度可提高，但谐振曲线的线性范围变窄，当调频波的频偏较大时，失真的可能性更大。图 5-33 中曲线 ①和②为上述两种情况的对比。

电路实现上，斜率鉴频器一般是由工作于失谐状态的谐振回路和二极管包络检波器组成的。如图 5 - 34 所示，输入调频波的载波频率不等于图中变压器次级 LC 回路的谐振频率，而是比谐振频率略高或略低一些，形成一定的失谐，以此实现频率变化信息向幅度变化信息的转变，后级二极管 VD 与电阻 R_L、电容 C 组成包络检波器，完成调频调幅波的检波，以此提取出调制信号的信息。

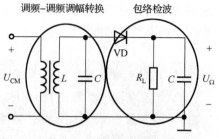

图 5 - 34　斜率鉴频器电路

　　应该指出，该电路的线性范围与灵敏度都是不理想的。所以，斜率鉴频器一般用于质量要求不高的简易接收机中。另外，为了改善斜率鉴频器的线性，也可以采用参差斜率鉴频器。如图 5 - 35 所示，同时采用两个单调谐回路完成斜率鉴频，特别注意的是，两个单调谐回路谐振频率并不相等，如图所示要求输入信号的频率分别工作在两个谐振回路幅频曲线的上升沿与下降沿，分别完

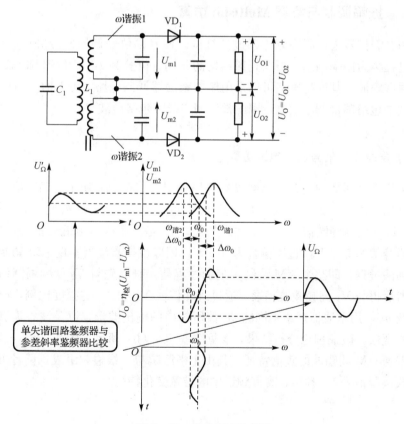

图 5 - 35　参差斜率鉴频器

成同相与反相斜率鉴频之后结果相减，可以得到倍增的鉴频灵敏度，并在一定程度上提高鉴频的线性度。

> 【小结】 调频信号的解调方法有斜率鉴频、相位鉴频、比例鉴频和脉冲计数式鉴频等。本节着重介绍斜率鉴频器，其余几种鉴频器的理论推导较为复杂，本节暂不做详细分析，与调制一样，实际应用中，同样还可以使用锁相环的方法来实现调频信号的解调，感兴趣的读者建议网络搜索拓展阅读。

5.6　调制与解调 Multisim 仿真

本节对"振幅调制与解调"和"角度调制与解调"在 Multisim 11.0 版本上进行仿真验证。

5.6.1　振幅调制与解调 Multisim 仿真

用调制信号去控制高频振荡波的幅度，使其幅值随调制信号成正比变化，这一过程称为振幅调制。根据频谱结构的不同，可分为 AM、DSB 和 SSB。对于普通调幅波，其产生电路可以采用模拟乘法器调制电路。解调时，由于普通调幅波中包络携带调制信息，因此常采用二极管包络检波。

1) 普通 AM 信号调幅电路仿真

**AM 波调制与
解调 Multisim 仿真**

采用乘法器实现的普通 AM 调幅电路如图 5 - 36（a）所示。调制信号和载波分别加在乘法器的两个输入端，其中 V_1 模拟高频 1 MHz 载波，V_2 则模拟 100 kHz 的低频调制信号，特别注意的是，V_2 是一个交直流混合信号，其中，交流峰峰值为 0.2 V，直流偏置为 0.5 V，用以模拟乘法器实现 AM 调制过程中的加法过程，即整个 AM 调制实现的过程是：直流先与 V_2 低频调制信号相加，然后再与 V_1 高频载波相乘。通过改变信号 V_1 和 V_2 的幅度比例，改变调幅指数 m_a，用示波器观察不同的 m_a 值所对应的输出波形，以及波谷失真和波峰失真现象，验证理论分析结果，参见图 5 - 36（b）所示。图 5 - 36（c）则展示了普通 AM 调幅波的频谱特征，其由 1 根载频与 2 根边频组成，读者可以尝试修改调制信号 V_2 频率，观察频谱中的带宽变化特征。

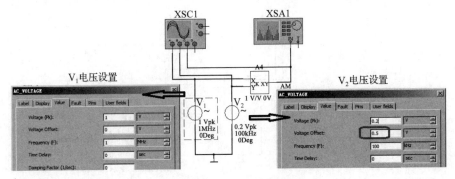

(a) 乘法器 AM 调幅电路

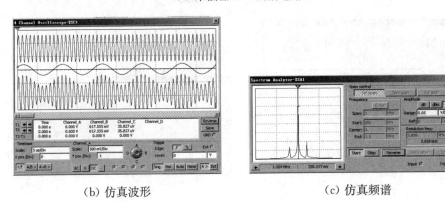

(b) 仿真波形　　　　　　　　　　　　　(c) 仿真频谱

图 5-36　乘法器 AM 调幅电路及仿真波形、频谱

2) DSB 信号调幅电路仿真

采用乘法器设计的 DSB 调幅电路及仿真波形频谱如图 5-37（a）所示。调制信号和载波同样分别加在乘法器的两个输入端，其中 V₁ 模拟高频 1 MHz 载波，V₂ 则模拟 100 kHz 的低频调制信号，与图 5-36（a）普通 AM 调制电路不同的是，V₂ 是一个纯交流信号，其中，交流峰峰值为 0.2 V，直流偏置为 0 V，用以模拟乘法器实现 DSB 调制过程中的 V₁ 与 V₂ 信号直接相乘。仿真后的时域波形参见图 5-37（b）所示，可以看出，正如理论部分所介绍的一样，DSB 波形存在周期性的 180 度相位翻转。图 5-37（c）展示了普通 DSB 调幅波的频谱特征，其仅由 2 根边频组成，无载频分量出现，读者也可以尝试修改调制信号 V₂ 频率，观察频谱中的带宽变化特征。

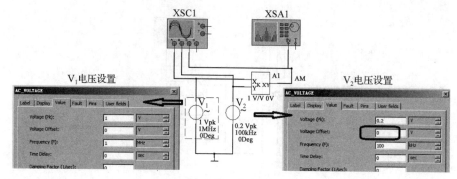

（a）乘法器 DSB 调制电路

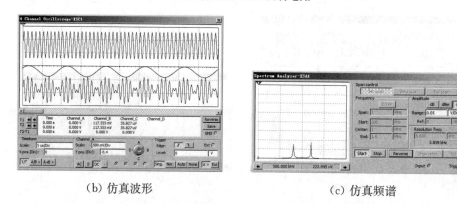

（b）仿真波形   （c）仿真频谱

图 5 - 37 乘法器 DSB 调制电路及仿真波形、频谱

3）大信号峰值包络检波电路仿真

大信号峰值包络检波电路如图 5 - 38 所示。乘法器 A1 产生一个普通调幅信号，检波电路由二极管 VD 和 R_1、C_1、R_2、C_2 低通滤波电路组成。改变滤波器的参数，观察包络检波器的"对角线失真"现象，输出波形如图 5 - 39 所示，其中图 5 - 39（b）是 $R_1=56$ kΩ，$R_2=56$ kΩ 时的对角线失真情形。

5.6.2 频率调制与解调 Multisim 仿真

**FM 波调制与
解调 Multisim 仿真**

频率调制是无线电通信的重要调制方式，其主要优点是抗干扰能力强，常用于超短波及频率较高的频段，如 FM 广播、电视伴音等。实现调频的方法有直接调频和间接调频两种，常用的是变容二极管直接调频电路和锁相环调频电路。从调频信号中还原出原调制信号的过程称为鉴频，常用的鉴频器有斜率鉴频器和相位鉴频器等。

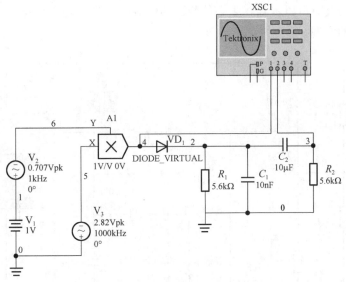

图 5‐38　二极管包络检波仿真电路

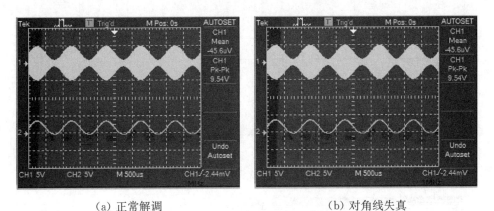

（a）正常解调　　　　　　　　　　　（b）对角线失真

图 5‐39　滤波器参数对输出波形的影响

1）变容二极管直接调频仿真

如图 5‐40（a）所示为变容二极管直接调频电路原理图，是在原电容三点式振荡器的基础上，增加了一个变容二极管 D_1，并且通过改变加在变容二极管两端的电压大小，用以改变 D_1 的寄生电容，从而改变 C_5 两端的总电容，进而影响振荡器的振荡输出频率实现调频。图 5‐40（b）为波形仿真结果，图中低频为加在 D_1 两端的调制信号，高频则是调频输出结果，由于调频输出频偏不大，从波形图上难以看出频率变化的趋势，所以增补图 5‐40（c）频率计的测试结果，仿真时可以看到，频率计测试到的频率一直在发生变化，由此证明了调频功能的实现。

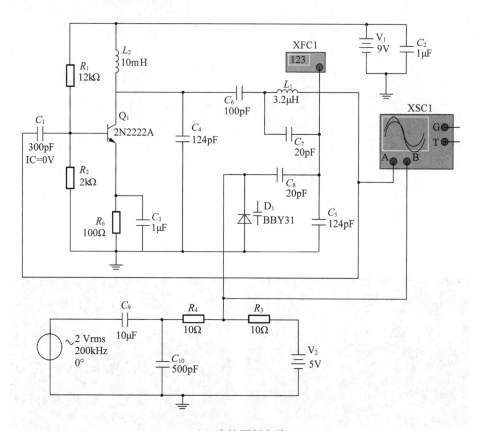

（a）直接调频电路

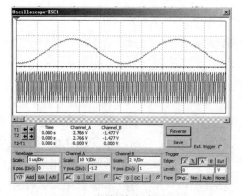

（b）调频输出波形

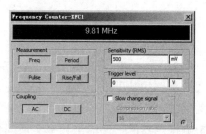

（c）调频输出频率测试

图 5-40　变容二极管直接调频电路仿真

2）斜率鉴频器仿真

斜率鉴频器仿真电路如图 5 - 41 （a）所示。图中，V_4 为幅值为 5 V、中心频率 1.1 kHz、调制频率 100 Hz 的调频信号源，L_1、C_1 组成幅频变换电路，VD_1、C_2、R_3、R_4 和 C_3 构成包络检波电路。按图所示设置元器件参数，打开仿真开关，用示波器观察输入波形、电感 L_1 两端波形、输出波形。仿真波形如图 5 - 41 （b）所示。

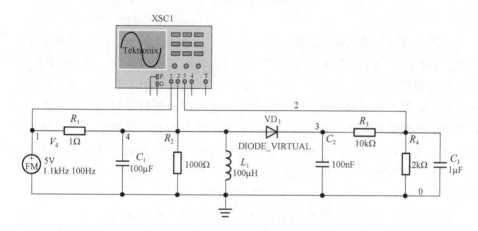

（a）电路原理图

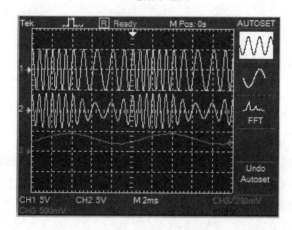

（b）仿真输出波形

图 5 - 41　斜率鉴频器及仿真波形

> 【小结】　本节选用了几个典型的电路，使用 Multisim 软件进行仿真。特
> 别选用了前面没有详细讲解的两个高电平调幅的例子（基极调幅和集电极调
> 幅）加以说明，可以看出，Multisim 软件对通信电子线路的分析是十分有
> 用的。

本章小结

　　调制与解调是通信电子线路中非常重要的两个概念。本章以模拟调制解调
为重点，介绍了 AM、FM 和 PM 三种不同的调制方式，从数学理论基础、时
域波形与频域频谱特征等多方面加以分析对比，同时介绍了不同调制与解调方
式的实现电路。本章的学习，读者首先需要重点掌握调制与解调的相关数学理
论基础，其次需要关注调制与解调的时域波形与频域频谱搬移信息，掌握其各
自特点，建立起良好的数学基础理论与信号特征之间的关联，最后结合电路实
现，需要理解并初步掌握通信电路中模拟电路理论算法到电路实现的过程与经
典思路，即如何完成数学表达式的电路实现。

　　调制与解调的本质是进行频谱搬移。本书的第 7 章中将讲解混频器，它的
作用也是频谱搬移，读者在学过第 7 章后可以认真体会频率变换的作用。

习　　题

一、填空题

1. 大信号峰值包络检波电路的组成包括＿＿＿＿和＿＿＿＿，适用于解调
＿＿＿＿信号。

2. 间接调频方法就是用调相来实现调频，即首先对调制信号进行
＿＿＿＿，然后＿＿＿＿＿。斜率鉴频器利用了并联 LC 回路的＿＿＿＿
特性，将调频波转化为＿＿＿＿，再利用包络检波获得低频调制信号。

3. 已知 AM 调幅波载波功率为 50 W，$m_a = 0.4$，则发射总功率为
＿＿＿＿，两个边频的总功率为＿＿＿＿。

4. 某音频调制信号频率为 15 kHz，要求最大频偏为 $\Delta f_m = 60$ kHz，采用
FM 或 PM 调制方式，则 FM 波的带宽 B_f 为＿＿＿＿，PM 波的带宽
B_f 为＿＿＿＿。

5. 请列举出 3 种乘法器在调制与解调电路中的应用_____、_____、_____。

二、判断题

（　　）1. 调角信号的频谱是由无穷多个频率分量组成。

（　　）2. LC 回路在斜率鉴频器和小信号调谐放大器中的作用完全一样。

（　　）3. 一种最简单产生普通 AM 波的方法就是将调制信号与高频载波直接乘法器相乘即可。

（　　）4. 调频收音机与调幅收音机相比带宽更宽，所以音质质量更高。

（　　）5. 普通 AM 波、DSB 与 SSB 三者相比，SSB 发射功率利用率最高，所以大功率电台应用 SSB 较多。

（　　）6. 调频信号带宽与调制信号频率成正比，调相信号带宽与调制信号频率不成正比。

（　　）7. 调制强度的变化只会影响调相信号的带宽，不会影响调频信号的带宽。

（　　）8. 乘积型同步检波器要求本地参考频率务必与接收的载频信号同频同相。

（　　）9. 调幅电路中调幅系数 m_a 的选择既要考虑发射端的调制深度的影响，也需要综合考虑接收端解调时避免对角线失真的影响。

（　　）10. 调相方式不常实际应用的主要原因在于其带宽利用率低，带宽受调制频率的影响大。

（　　）11. 实际工程应用中往往通过倍频与变频组合的方式拓展频偏以获得足够带宽。

（　　）12. 调频与调相发生前后载波信号的功率均不发生变化，调幅也与此相同。

三、选择题

1. 下列哪种电路不能采用乘法器实现（　　）

　　(A) DSB 电路　　　　　　　　　(B) SSB 电路

　　(C) 普通 AM 电路　　　　　　　(D) 调频电路

2. 某普通 AM 信号，调幅系数 m_a 为 0.5，载波功率是 200 W，请问单侧边频信号功率（　　）

　　(A) 12.5 W　　(B) 25 W　　(C) 225 W　　(D) 6.25 W

3. 下列哪种调幅波包络能够包含调制信号信息（　　）

　　(A) 普通 AM 波　　　　　　　　(B) DSB

　　(C) SSB　　　　　　　　　　　(D) 普通 AM 波和 DSB

4. 包络检波电路常见的失真包括（　　　）

(A) 交越失真　　　(B) 饱和失真　　　(C) 对角线失真　　(D) 截止失真

5. 某调频信号频偏为 45 kHz，调制信号频率为 15 kHz，试问调频信号带宽为（　　）

(A) 90 kHz　　　　(B) 120 kHz　　　(C) 150 kHz　　　(D) 45 kHz

6. 某调频信号对应的调制信号频率从 2 kHz 增长变为 4 kHz，在调制信号强度不变的情况下，问调频信号的带宽对应从 20 kHz 变为（　　　）

(A) 保持 20 kHz 不变　　　　　　　(B) 40 kHz

(C) 24 kHz　　　　　　　　　　　(D) 16 kHz

四、综合题

1. 给定如下调幅波表达式，画出波形和频谱。

(1) $(1+\cos\Omega t)\cos\omega_c t$；

(2) $\left(1+\dfrac{1}{2}\cos\Omega t\right)\cos\omega_c t$；

(3) $\cos\Omega t\cos\omega_c t$（假设 $\omega_c=5\,\Omega$）。

2. 有一调幅方程为

$$u=25\ (1+0.7\cos2\pi\times5\ 000t-0.3\cos2\pi\times10\ 000t)\ \sin2\pi\times10^6 t,$$

试求它所包含的各分量的频率和振幅。

3. 已知某 AM 调幅波的载频为 640 kHz，载波功率为 500 kW，调制信号频率允许范围为 20 Hz~4 kHz。试求：

(1) 该调幅波占据的频带宽度；

(2) 该调幅波的调幅指数平均值为 $m_a=0.3$ 和最大值 $m_a=1$ 时的平均功率。

4. 调幅信号的解调有哪几种？各自适用什么调幅信号？

5. 如图 5-13 所示电路，输入调幅波的调制频率为 50 Hz，$R_L=5$ kΩ，调制系数 $m_a=0.6$。为了避免出现对角线失真，其检波电容应取多大？

6. 设调制信号 $u_\Omega(t)=U_{\Omega m}\cos\Omega t$，载波信号 $u_c(t)=U_{cm}\cos\omega_c t$，调频的比例系数为 k_f (rad/ (V·s))。试写出调频波的以下各量：

(1) 瞬时角频率 $\omega(t)$；

(2) 瞬时相位 $\theta(t)$；

(3) 最大频移 $\Delta\omega_f$；

(4) 调频指数 m_f；

(5) 已调频波的 $u_{FM}(t)$ 的数学表达式。

7. 有一调幅波和调频波，它们的载频均为 1 MHz。调制信号均为 $u_\Omega(t) = 0.1\sin(2\pi\times1\,000t)$ （V）。已知调频时，单位调制电压产生的频偏为 1 kHz/V。

(1) 试求调幅波的频谱宽度 B_{AM} 和调频波的有效频谱宽度 B_{FM}；

(2) 若调制信号改为 $u_\Omega(t) = 20\sin(2\pi\times1\,000t)$(V)，试求 B_{AM} 和 B_{FM}。

8. 已知某一低频调制信号的频率范围为 20 Hz～20 kHz，若要求最大频偏 $\Delta f_m = 60$ kHz，试求：

(1) 调频信号的调频指数 m_f、带宽 B_f 并绘制调制信号 $F = 20$ kHz 时对应的频谱图；

(2) 假定调频信号的总功率为 1 W，试求带宽范围内各频率分量的功率之和。

9. 已有一晶振直接调频电路，中心频率为 200 kHz，最大频偏为 20 Hz，请在其基础上设计优化一个拓展频偏方案，以期实现调频中心频率为 80 MHz、最大频偏 60 kHz，给出设计框图。

10. 使用 Multisim 软件仿真大信号包络检波电路，分析什么时候出现对角线失真，并验证书中的公式是否正确。

参考文献

［1］于洪珍．通信电子电路［M］．北京：清华大学出版社，2005.

［2］王卫东，等．高频电子电路［M］．3 版．北京：电子工业出版社，2014.

［3］顾宝良．通信电子线路［M］．3 版．北京：电子工业出版社，2013.

第6章 频率合成器

【内容关键词】

- 频率合成器、锁相环
- 频率合成常用方法、锁相环型频率合成器类型与特点
- 锁相环型频率合成器典型芯片工程应用

【内容提要】

本章主要讨论频率合成器，频率合成器是通信系统收发共用功能模块，主要用以产生多频点可调频率源。首先介绍频率合成的基本概念、主要技术指标，之后重点介绍锁相环的电路结构与基本工作原理，以及包括锁相环型频率合成在内的各种频率合成方法，最后简介锁相环型频率合成器典型工程设计案例。

本章知识点如图6-0，图中灰色所示锁相环结构与特点以及锁相环型频率合成器的基本应用为本章内容重点。除锁相环型频率合成方案之外的其他频率合成方案需要了解，另外，锁相环型频率合成方案中的几种升级改进方案也建议适当关注，重点关注设计改进思路与主要应用特点。

本章内容教学安排建议为4学时，其中2学时为基本学时，重点在于介绍频率合成器基本类型与特点、锁相环型频率合成器基本结构框图与频率合成应用原理。在课时有保障的条件下，建议增补2学时，深入介绍锁相环典型电路结构与工作原理，理解并掌握锁相环的实际应用案例，并通过该案例初步掌握硬件电路的一般设计流程与方法。

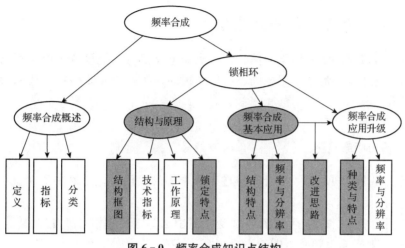

图 6-0　频率合成知识点结构

6.1　频率合成概述

频率合成技术泛指基于一个高精度、高稳定度的参考频率（Reference Frequency），通过各种运算与处理电路产生同样精度与稳定度的众多输出频率的技术。用于频率合成的设备或电路往往被称为频率合成器或者频率综合器（Frequency Synthesizer）。

随着通信技术的飞速发展，通信系统的频率稳定性与精度要求越来越高，本书前面章节中所提及的普通振荡器电路已无法满足设计需求，于是出现了高稳定度、高精度的晶体振荡器，作为基准信号发生器。但是晶体振荡器的输出频率往往是基于单一固定的标称值，即便可调，也仅仅是很小范围内的微调，然而现代通信设备往往需要在很宽的频率范围内具有很多的频点，比如短波通信接收机要求在 2～30 MHz 范围内提供 100 Hz 间隔的 28 万个频率通道，超短波通信接收机要求在 30～90 MHz 范围内提供 25 kHz 间隔的 2 400 个频率通道，而每个频率点又都需要具有与晶体振荡器相同的稳定度与准确度。为了解决既要频率稳定度、又要频率精度并且在一定范围内可调的特性要求，需要引入频率合成技术，因此频率合成技术与频率合成器对于现代通信系统与计算机系统来说是必不可少的。随着集成电路技术的飞速发展，许多频率合成器已经可以实现单芯片集成，本章将介绍一款典型单芯片频率合成器电路应用案例。

6.2　频率合成主要技术指标

频率合成器广泛应用于通信、计算机等电子信息系统设备之中，不同应用场合对性能指标的需求不尽相同。通信系统中，频率合成器的主要技术指标包括以下几个。

1) 输出频率范围

输出频率范围是指频率合成器输出频率的最大值 f_{max} 与最小值 f_{min} 之间的变化范围。

常用的描述指标包括频率绝对变化范围 Δf 与频率相对变化范围 $\Delta f / f_c$，式中 f_c 一般指输出频率范围的中心频率，具体定义为：

$$\Delta f = f_{max} - f_{min} \tag{6-1}$$

$$\frac{\Delta f}{f_c} = \frac{f_{max} - f_{min}}{\dfrac{f_{max} + f_{min}}{2}} \tag{6-2}$$

当输出频率范围要求很宽时，往往采用多个频率合成器并联完成，每个频率合成器负责生成其中一个子频段，多个累加共同实现宽频率范围输出。在规定的输出频率范围内，要求频率合成器所有输出频点均能正常工作，其他各项性能指标均能满足设计要求。

2) 输出频率精确度与稳定度

频率精确度是指频率合成器实际输出频率偏离标称频率的程度。

标称频率是指国际或者国内统一定标的基准频率。

频率稳定度是指一定时间范围内，合成器输出频率变化范围的大小。

频率精确度与频率稳定度之间既有区别又有联系，只有先稳定了才可以谈及精确。故实践中通常将输出频率相对于标称频率的偏差计在不稳定偏差之内，所以工程实践中往往只提出一个频率稳定度指标就可以了。频率稳定度可以分为长期稳定度、短期稳定度及瞬时稳定度，但其间无严格的界限。长期稳定度一般指一年、一月内的频率变化，主要受晶体和元器件老化所影响；短期稳定度一般指一天、一小时之内的频率变化，主要影响因素是内部电路参数的变化、外部电源的波动、温度变化及其他环境因素的变化；瞬时稳定度是指秒、毫秒间隔内的随机频率变化，主要影响因素是干扰和噪声，工程实践中瞬时稳定度的变化在时域内表现为相位抖动，在频域范围内主要表现为相位噪声。

在本章即将介绍的模拟直接频率合成器、PLL 频率合成器和 DDS 频率合成器中，合成器输出频率稳定度主要取决于参考频率稳定度。另外，在 PLL 频率合成器中，输出频率稳定度还与 PLL 中的 VCO 频率稳定度相关。

3) 输出频率分辨率

频率分辨率 $\Delta f_\circ$ 是指相邻两个频率之间的频率间隔，又称为频率步进间隔。

为满足大多数的通信需求，通信系统中一般希望工作频段内的频率通道尽可能多，因此希望输出频率间隔 $\Delta f_\circ$ 尽可能小。工程实践中 VHF 波段的调频通信机的频率间隔是 25 kHz、12.5 kHz 或 5 kHz；而短波段的 SSB 通信机，其频率间隔 $\Delta f_\circ$ 为 100 kHz、10 kHz 或 1 kHz。目前 PLL 频率合成器根据方案的不同，分辨率 $\Delta f_\circ$ 可以做到 100 kHz、10 kHz 或 1 kHz，DDS 频率合成器则可以做到更低，甚至可以达到 1 kHz 以下。

4) 换频时间

换频时间 t_{set} 是指频率合成器输出频率从一个频率点换到另一个频率点并稳定工作所需要的时间。

不同的频率合成方式，换频时间 t_{set} 差别很大：对于模拟直接合成法，换频时间 t_{set} 可以做到微秒（1 μs＝10^{-6} s）数量级；对于直接数字合成法，目前可以做到纳秒（1 ns＝10^{-9} s）数量级。本章后续主要介绍的锁相环频率综合器，其频率转换时间主要取决于锁相环的频率锁定时间，目前锁相环频率合成的换频时间 t_{set} 经验估值时间一般可以做到参考频率周期 t_r 的 25 倍，即

$$t_{\text{set}}＝25\times t_r＝\frac{25}{f_r} \qquad (6-3)$$

例如，当参考频率为 1 MHz 时，换频时间一般可以做到 25 μs 附近。

现代通信系统中，由于往往采用跳频通信体制，通信电台收发载频时刻在高速跳变，例如，每秒跳变 1 000 次，电台在每一频点上的处理时间仅仅 1 ms，此时频率合成器的频率合成时间要远小于该处理时间，如取十分之一，即 0.1 ms，这样才可以保证整机系统有足够的时间完成后级信息处理工作，因此现代通信对频率合成器的换频时间要求非常高，一般要求为微秒级，甚至纳秒级，这种高速跳频通信方式，内部频率合成器往往更多采用 DDS 合成方法，或者采用 DDS 与 PLL 混合频率合成的方法。

5）频谱纯度—频谱相位噪声

频谱纯度是指频率合成器输出频率信号接近纯净正弦信号的程度。

一般用输出有用信号电平与各种干扰（噪声）总电平的比值表示，单位为相对分贝值，即用 dBc 表示。频谱纯度与频率稳定度密切相关，频率稳定度越高，输出信号的频谱纯度就越好。一般情况下，频率合成器的输出信号中均或多或少地含有无用频谱分量，这些分量主要表现为两种形式，即寄生干扰与相位噪声。

寄生干扰又可以分为两种形式：谐波干扰和杂散干扰。谐波干扰一般由放大器的非线性产生，杂散干扰则主要来自混频组合频率干扰。相位噪声是瞬时频率稳定度的频域表示，在频谱上呈现为输出信号主频谱两侧的连续噪声。

图 6-1 所示为某一频率合成器输出频谱示意图，从图中可以看出，相位噪声在频谱上呈现主频谱两侧连续噪声频谱，其大小可以用频率轴上距离主频谱单位带宽内的相位功率谱密度表示，本图中的相位噪声可以表述为 -120 dBc/MHz，含义为在距离主频谱 1 MHz 频偏处，相位噪声相对于主频谱功率降低 120 dB。

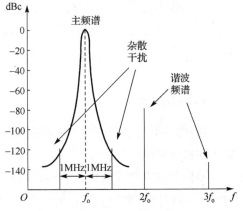

图 6-1　频率合成器输出频谱示意图

6.3　锁相环

6.3.1　锁相环简介

锁相环（Phase Locked Loop，PLL）即锁定相位的环路。锁相环实质上是一个相位误差控制系统，是将输出信号的相位与参考时钟信号的相位进行比较，产生相位差后，来调整输出信号的频率与相位，以此达到输出信号与参考信号同频锁相之目的。

锁相环最早应用于电视机的同步系统，主要用于电视图像场与帧的同步，极大程度提高了电视图像的质量。随着空间技术的发展，20 世纪 50 年代，锁相环开始应用于空间探测与通信，主要用于接收与跟踪来自宇宙飞行器的微弱信号，并且体现出非常高的优越性。普通的超外差式接收机，频带宽、噪声大、信噪比低；而锁相环接收机中，由于接收中频信号可以锁定，所以频带可

频率合成与
锁相环概述

以做得很窄，在带宽下降的情况下，输出信噪比得以大大提高。这种采用锁相环做成的窄带锁相跟踪接收机可以将深埋在噪声中的信号提取出来。

随着电子技术的发展，锁相环在各种电子系统中的应用越来越广泛。最为广泛的功能为锁相环频率合成器，在频率合成器中，锁相环具有稳频作用，能够完成频率的加、减、乘、除等运算，实现频率的加减、倍频与分频等诸多功能。

锁相环分为模拟锁相环、数字锁相环及数模混合锁相环。其电路结构略有区别，但是工作原理基本相同。锁相环的基本结构主要包括鉴频鉴相器（Phase Frequency Detector，PFD）、环路滤波器（Loop Filter，LF）与压控振荡器（Voltage Control Oscillator，VCO）三部分，如图 6-2 所示。输入信号 u_i 与输出反馈信号 u_o 经 PFD 完成频率与相位比较，产生一个与频差/相差成比例的误差控制信号 u_d，环路滤波器 LF 实质是低通滤波器，主要用于滤除高频环路噪声，产生稳定的末级 VCO 控制电压 u_c，该电压控制 VCO 模块输出频率 f_o，VCO 主要完成电压 u_c 至频率 f_o 的压控转换。一般情况下，VCO 的输出信号频率与输入控制电压呈比例变化。

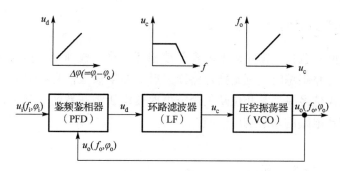

图 6-2　锁相环的基本结构与工作原理

整个 PLL 环路工作过程基本如下。

（1）电路上电之初，鉴频鉴相器 PFD 检测输出反馈信号 u_o 与输入信号 u_i 的频率与相位，如频率不等或相位差较大，PFD 将输出与频差/相差成比例的误差控制电压 u_d，该电压经 LF 滤波消除高频噪声后由 u_c 控制 VCO 的输出频率 f_o 调整。

（2）输出频率 f_o 调整并逐渐趋近于输入信号频率 f_i 与相位 φ_i，PFD 实时不断检测输入信号与反馈信号，当发现两者频差与相差减小时，其鉴频输出电压 u_d 也逐渐稳定，相应的 LF 滤波输出电压 u_c 逐渐稳定，从而使得 VCO 输出频率 f_o 与相位 φ_o 也逐步稳定。

（3）PLL 环路锁定后，输出信号 u_o 频率与输入信号 u_i 频率相同，相差保持固定且近似为零。

锁相环的内部结构实现电路形式多样，本节受限于篇幅不再展开，结合目前广泛运用的单芯片锁相环芯片应用案例，本章 6.5 节将会举例介绍数模混合芯片级锁相环典型结构与工作原理，使读者在重点掌握锁相环芯片主要技术指标与运用方法的同时，可在一定程度上了解其内部结构与工作原理。

6.3.2 锁相环主要技术指标

1）环路锁定（捕捉）时间

当无输入信号时，VCO 以自由振荡频率振荡。如果此时输入一个信号频率为 ω_i，那么输出信号频率 ω_o 从 $\omega_o \neq \omega_i$ 至环路锁定后 $\omega_o = \omega_i$ 所需花费的时间，称之为锁相环环路锁定时间。环路锁定后，输出与输入信号频率 $\omega_o = \omega_i$，输出信号相位 φ_o 与输入信号相位 φ_i 相差微弱且保持稳定。

2）环路跟踪时间

捕捉时间一般指从锁相环上电直至锁相环环路完成锁定所需时间。不同于捕捉时间，环路跟踪时间则是指环路锁定后，如果输入信号频率或相位再次发生变化，输出信号频率与相位从失锁至再次锁定所需花费的时间，该指标进一步描述锁相环电路的动态响应性能。

3）输入/输出频率范围

鉴于锁相环环路输入端 PFD 电路与输出端 VCO 电路性能的限制，一般 PLL 电路均会存在输入与输出信号频率范围的限制。用户在设计使用 PLL 芯片产品过程中，需要考虑实际频率应用范围。

另外，针对不同的应用领域，锁相环芯片产品往往会集成一些其他功能电路模块，如针对频率合成应用的反馈分频器等。不同的锁相环产品，其详细功能与特点需要具体查阅相关产品手册。

6.3.3 单芯片集成锁相环

锁相环主要包括鉴频鉴相器 PFD、环路滤波器 LF 和压控振荡器 VCO 等几个部分，它们构成一个传递相位的闭环系统。锁相环环路响应的不是幅度，而是输入、输出信号的相位（或频率），环路锁定时，输出、输入信号的频率相等，两者的相位相差一个恒定值。锁相环按照内部电路形式，可以分为模拟锁相环、数字锁相环与数模混合锁相环等类型，其内部结构基本相同，个别不同之处在于，数模混合锁相环内部除上述所提模块之外，还包括一个电荷泵（Charge Pump，CP）电路模块，如图 6-3 所示，在锁相环做频率综合器应用时，往往还需要在反馈回路上增加反馈分频器（Feedback Divider，图 6-3 中的÷N 模块）。数模混合锁相环目前应用非常广泛，包括频率综合、信号同步等众多场合均在运用它，因此本章锁相环内部电路基本结构与工作原理将以数模混合锁相环电路作为典型范例。

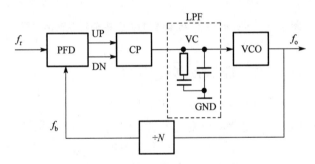

图 6-3 数模混合锁相环典型电路框图

1) 鉴频鉴相器（PFD）

图 6-4 所示 PFD 电路为一个经典型双 D 触发器结构，输入参考时钟与反馈时钟分别从两个 D 触发器的时钟输入端输入，两个 D 触发器的数据输入端 D 始终接高电平“1”，两个 D 触发器的输出端 UP 与 DN 在输出的同时，由与非门反向送回两触发器清零端。

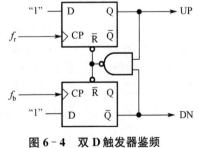

图 6-4 双 D 触发器鉴频
鉴相器电路结构

图 6-5（a）所示情形为输入参考时钟 f_r 超前反馈时钟 f_b 时，在 f_r 上升沿时刻，上方 D 触发器输出端 UP 首先置“1”，在反馈时钟 f_b 上升沿到来时，下方 D

触发器的输出端 DN 接着置"1"，此时输出信号 UP 与 DN 同时输出"1"，经与非门反向送回至两个 D 触发器的清零端，使得两个 D 触发器输出强制清"0"，如图 6-5 (a) 波形所示，在两时钟相位差时段，UP 端出现正脉冲，DN 端由于异步清零，输出高电平"1"后瞬间即再次被清"0"。当后续参考时钟与反馈时钟下一个周期到来后重复上述过程。图 6-5 (b) 所示是输入参考时钟 f_r 滞后反馈时钟 f_b 时的情形，与图 6-5 (a) 相反，相比于 UP 而言，DN 出现高电平时的脉冲宽度更长。

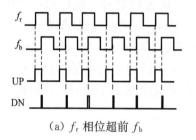 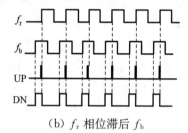

（a）f_r 相位超前 f_b （b）f_r 相位滞后 f_b

图 6-5　反馈时钟 f_b 与参考时钟 f_r 相差对应输出波形

2) 电荷泵 (CP) 与环路低通滤波器 (LPF)

顾名思义，电荷泵电路就是专用于给后级电路充电或放电的电路。读者可以对比想象一下水泵的功能。

图 6-6 所示为 PLL 芯片内部典型电荷泵电路，UP 信号用于控制 PMOS 电流源 I_{sp} 的开关，UP 信号为"1"时，开关 K_p 闭合，电流源 I_{sp} 流经开关给环路低通滤波器 (LPF) 充电，LPF 输出控制电压 VC 升高；DN 信号用于控制 NMOS 电流源 I_{sn} 的开关，DN 信号为"1"时，开关 K_n 闭合，环路低通滤波器 (LPF) 电压 VC 经开关

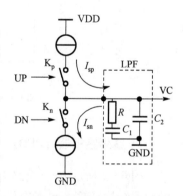

图 6-6　电荷泵电路与环路低通滤波器

K_n 由电流源 I_{sn} 放电，LPF 输出控制电压 VC 降低。VC 是后级压控振荡器 VCO 的输入电压，其电压值的高低直接影响 VCO 输出频率的高低。

3) 压控振荡器 (VCO)

一种常用的集成电路内部 VCO 电路结构如图 6-7 所示，这是一种 PMOS

与 NMOS 互补对称型负阻反馈振荡器结构。图中电容 C_1 与 C_2 为压控可变电容，电容值的大小随控制电压的变化而变化，电感 L 与电容 C_1、C_2 及部分 MOS 管的极间寄生电容共同构成 LC 振荡回路，共同决定 VCO 的输出频率，4 个 MOS 器件 MP$_1$、MP$_2$ 及 MN$_1$、MN$_2$ 作为有源器件，完成直流能量至正弦波输出交流能量的转换。该电路的输出频率与输入电压成线性比例关系，VCO 输入电压控制输出频率的关系如图 6-8 所示。

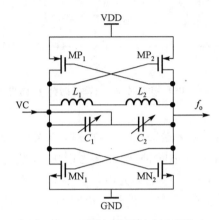

图 6-7　压控振荡器的电路结构

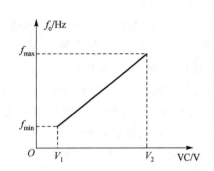

图 6-8　压控振荡器的压控特性曲线

4) 反馈分频器（÷N）

　　由前文可知，PLL 作为频率综合器应用时，反馈环路需要增加配置分频器电路，当频率综合器实现可变频率输出时，选用可编程分频器即可。图 6-9 所示为典型数字可编程分频器电路框图，f_o 为分频器输入信号，来自 VCO 输出反馈，f_b 为分频器输出信号，送至鉴相器与

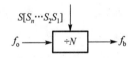

图 6-9　可编程反馈分频器电路框图

参考时钟进行鉴相。整个可编程分频器分频比可通过控制代码 S 端编程设置。

　　该锁相环芯片裸片的照片如图 6-10 所示，图中两个圆圈部分为扁平状螺旋电感，芯片四周白色圆形或方块部分为芯片裸片的焊盘（PAD），采用金属连线将焊盘与芯片引脚连接即实现芯片封装。根据 PLL 的工作频率及实际应用场合的不同，锁相环芯片可以采用多种封装结构，常用的如 DIP（Dual Inline PinPackage，双

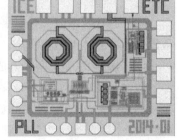

图 6-10　锁相环芯片裸片的照片

列直插式封装）、SOIC（Small Outline Integrated Circuit Package，小外形集成电路封装）及 QFN（Quad Flat No-lead Package，方形扁平无引脚封装）等。

该型 PLL 环路工作时，鉴相器用于比较输入参考时钟 f_r 与反馈时钟 f_b 相位之差，并通过生成正比于相位差的脉冲信号 UP 与 DN，用以控制后级电荷泵电路对低通滤波器电容的充放电，产生一个正比于相位差 $\Delta\varphi$ 的控制电压 VC，该控制电压 VC 的变化直接影响 VCO 的输出频率 f_o 及其相位。在 PLL

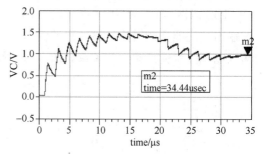

图 6 - 11   PLL 锁定时 VC 与输出时钟 f_o 仿真

环路锁定时，VCO 的输出频率经反馈分频器分频送回 PFD 模块时，反馈时钟 f_b 与输入参考时钟 f_r 应该同频同相，即此时反馈时钟 f_b 与参考时钟 f_r 相差为 0，PFD 无控制脉冲输出，电荷泵既不对 LPF 中电容充电，也不对 LPF 中电容放电，VCO 输入控制电压保持恒定，故而 VCO 输出频率恒定不变，以此实现整个 PLL 环路的频率与相位的锁定；在输入时钟频率与反馈时钟频率不相等时，VCO 的输入控制电压 VC 会根据 PFD 的输出相差超前还是滞后来上下调整，VC 的大小变化会直接影响输出频率 f_o，变化后的输出频率 f_o 经分频后会导致反馈时钟 f_b 相位发生调整，经 PFD 与参考时钟 f_r 再次鉴频鉴相后，重新修改相差 $\Delta\varphi$ 进而调整 VC，此时 VC 会朝着减小频差与相差的方向变化，直至一个稳定值，图 6 - 11 给出了 PLL 锁定过程中的 VCO 控制电压 VC 的仿真曲线，由图可以看出整个 VCO 从起振到最终稳定的完整过程，图中显示该 PLL 环路锁定时间约为 34.44 μs。

6.3.4   单芯片集成锁相环典型产品分类与应用

随着芯片技术的飞速发展，锁相环电路已经可以做到单芯片全集成，单个集成锁相环芯片不但体积小、质量小、调整使用方便，而且可以提高锁相环的可靠性与稳定性。单芯片集成锁相环按照内部电路形式，可以分为模拟锁相环、数字锁相环及数模混合锁相环等几大类。典型的模拟锁相环电路一般为双极型晶体管结构，典型产品如 56 系列产品，包括国外产品 LM565、NE560、NE561、NE562 及 NE565 等，国内同类产品有 L562、L564 等。数字锁相环大部分采用 TTL 逻辑或 ECL 逻辑电路，CMOS 逻辑锁相环这几年也发展迅速，典型国外产品如 CD4046 及 MC14046 等，国产也有类似型号如 CC4046 等。下面介绍三种典型的锁相环芯片产品。

1）数字锁相环 MC14046

MC14046 是 Motorola 半导体部（现已改名为 Freescale，飞思卡尔半导体）生产的一款低功耗 CMOS 多功能单片集成数字锁相环，同类典型产品还有 CD4046、F4046、SCL4046、CC4046 等，产品型号的前缀略有不同，表示生产厂家不同，所有类似产品在基本功能、片内电路结构与引脚排列方面基本相同，原则上可以直接替换使用，该芯片在电源电压 15 V 条件下，典型工作频率可以达到 1.9 MHz，MC14046 芯片主要由两个鉴相器、一个压控振荡器及一个源极跟随器组成，低通环路滤波器由外部连接构成，便于用户调整带宽，其内部电路框图如图 6-12 所示，芯片引脚与封装如图 6-13 所示，除双列直插式塑料封装外，还有采用 SOIC 形式的贴片封装。

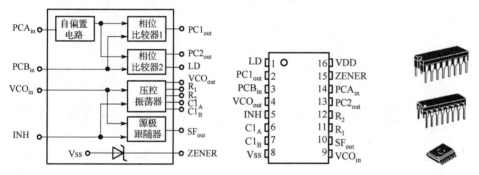

图 6-12　MC14046 芯片内部电路框图　　　　图 6-13　MC14046 芯片引脚与封装

该芯片可以广泛应用于 FM 与 FSK 信号的调制解调、频率综合与数据同步等场合，典型的频率综合应用电路如图 6-14 所示。除了芯片内部自带的鉴相

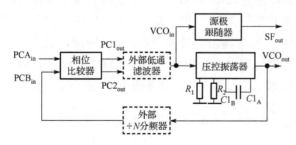

图 6-14　MC14046 芯片典型应用电路

模块、压控振荡器模块及源极跟随器模块之外，芯片外部另行增加低通滤波器与÷N分频器即可完成完整的频率综合功能，设计使用方便，调整灵活。

2）模拟锁相环 LM565

LM565 是美国国家半导体（National Semiconductor）早期生产的一款模拟锁相环芯片，属于低频应用锁相环，其中心频率最大值为 500 kHz，同类产品还有 NE565、SL565 等。LM565 是一款通用型锁相环，其内部结构包括一个高稳定度、高线性度的 VCO，一个采用双平衡乘法器结构的鉴相器和一个直流放大器。LM565 的内部电路框图如图 6-15 所示，外形封装俯视图如图 6-16 所示，包括圆形金属外壳封装与双列直插式塑料封装两种形式。

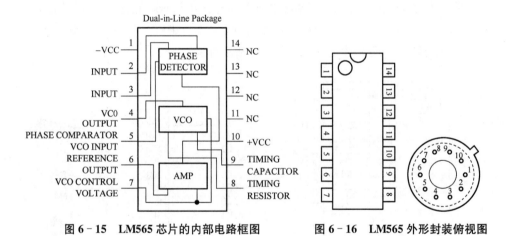

图 6-15　LM565 芯片的内部电路框图　　　图 6-16　LM565 外形封装俯视图

3）数模混合锁相环 ICS673

ICS673 芯片由美国 ICS（Integrated Circuit Systems）公司生产，是一款低成本、高性能的单芯片锁相环芯片，主要适用于频率综合与信号同步。芯片内部集成由鉴频鉴相器（PFD）、电荷泵（CP）、压控振荡器（VCO）及多个前置分频器（÷2 与÷4）与输出缓冲器（Buffer）构成，如图 6-17 所示。PLL 环路低通滤波器由片外器件连接构成，通过环路增加反馈分频器可以构成一个宽频率输出范围的频率综合器。该芯片主要用于数字时钟信号的频率综合，详细应用案例参见后续章节。

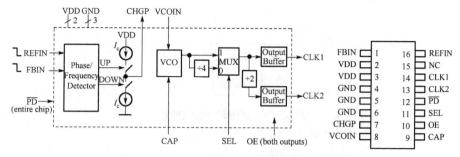

图 6 - 17　ICS673 芯片内部电路框图

现代锁相环技术应用领域广泛，典型应用包括锁相频率合成电路、锁相混频电路、锁相调频电路、锁相解调频电路以及锁相同步检波与锁相窄带跟踪接收等。鉴于篇幅所限，本书首先结合课程前续相关的调频与解调频内容，简要介绍锁相环的调频与解调频应用，在后续章节将重点介绍锁相环在频率合成领域的典型应用。

4) 锁相环调制与解调应用简介

典型锁相环锁定输出固定频率信号，原因在于压控振荡器仅受低通滤波器输出直流电压的控制，锁相环调频电路区别在于在压控振荡器模块增加了调制信号电压 u_Ω，如图 6 - 18 所示，使得输出信号的频率能够围绕原有的固定中心频率 ω_c 做上下变化，以此实现调频。这种锁相环调频电路的突出优点是，不仅保留了晶振输出载波频率的高精度、高稳定性，而且与晶振调频电路相比，可以获得更宽的频偏，实际应用较为广泛。

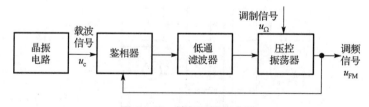

图 6 - 18　锁相环调频电路

锁相环解调频电路工作原理与调频电路工作原理相反，如图 6 - 19 所示，经鉴相器鉴相和环路低通滤波后，解调输出低频调制信号，解调输出的低频信号 u_Ω 再次输入 VCO，控制 VCO 输出信号与调频信号实现再次鉴频鉴相，直至解调后的信息能够完全再现调制信息为止，以此实现解调频功能。

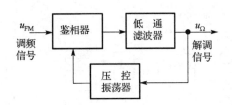

图 6‑19　锁相环解调频电路

6.4　频率合成常用方法

频率合成
常用方法

　　频率合成的基本方法主要分为两大类：直接频率合成法与间接频率合成法。直接频率合成法又分为直接模拟合成与直接数字合成（Direct Digital Synthesis，DDS）；间接频率合成法主要指锁相环（Phase Locked Loop，PLL）频率合成法。目前业界最常用的频率合成方法是直接数字频率合成与锁相环频率合成，以及锁相环结合直接数字频率综合混合频率合成这 3 种方法。

6.4.1　直接模拟频率合成

　　直接模拟频率合成是早期的频率合成方法，一般由谐波发生器、滤波器、倍频器、分频器与混频器等电路组成。图 6‑20 所示为基于一个参考频率，通过倍频、分频及混频等运算合成 6 个不同的输出频率，图中参考频率为 1 MHz，合成后的频率包括 20 MHz、21.5 MHz、22 MHz、23.5 MHz、24 MHz 这 5 个不同频率，频率间隔包括 1.5 MHz 和 0.5 MHz 两种，5 个频率可以同时输出。

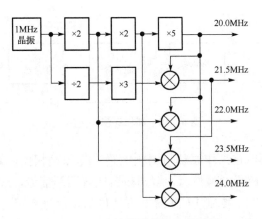

图 6‑20　直接模拟频率合成框图

直接模拟频率合成方法具有能够实现频率快速切换、频率分辨率高、相位噪声低等优点，但是在该合成方法中，由于电路采用了很多分频器、倍频器、混频器与滤波器等硬件电路，电路硬件复杂，同时输出频率中会产生大量的交调与互调干扰，因此这种合成方法目前日趋淘汰。

6.4.2　直接数字频率合成

直接数字频率合成（DDS）是一种一直沿用至今的新型频率合成技术，是将先进的数字信号处理技术与方法引入到频率合成的新技术。这种频率合成方法产生的输出频率具备频率范围宽、频率转换时间快（小于 100 ns）、频率分辨率高（大于 0.1 Hz）等特点。另外，由于近年来微电子技术的高速发展，DDS 单片集成电路的不断推出，DDS 频率综合方案已经广泛应用于通信、雷达、导航、电子对抗、遥控遥测和大量的现代仪器仪表之中。

DDS 技术是一种将一系列数字量形式的信号通过数模转换器转换成模拟量形式的信号合成技术。DDS 有两种基本的合成方法：一种是根据正弦函数关系式，按照一定的时间间隔利用计算机进行数字递推关系运算，求解瞬时正弦函数幅值并实时送入数模转换器，从而合成所需要的正弦波信号。这种合成方式具有电路简单、成本低、合成信号频率分辨率高等特点。另一种合成方式是利用硬件电路取代计算机软件运算过程，即利用高速存储器将正弦波的样品存储其中，然后采用查表的方式按均匀的速率将这些样品输入到高速数模转换器中，将其快速变换成所需要频率的正弦波信号输出，这种方法相比于前面那种通过计算机软件运算实现 DDS 频率合成的方法而言，输出合成的频率更高、转换速度更快，是目前使用较多的一种 DDS 频率合成方式。

利用 DDS 技术构成的频率合成器框图如图 6-21 所示，图中存储器事先存储了一个周期的正弦波波形幅值，其中每个存储器单元地址就是正弦波的相位量化取样地址，存储单元的内容即是已经量化完毕的正弦波幅值，所以该存储器实际上是一个正弦波波形只读存储器。图中参考时钟来自高稳定度晶体振荡器产生的参考频率，累加器与数模变换器在时钟频率控制下正常工作。标定频率模块用于设定输出频率数值，改变频率数值可以控制累加器输出循环扫描地址的次数，即控制存储器送出正弦波数据的周期数，这些数据再由模数转换器变换成一系列模拟正弦波，经由带通滤波器滤除杂散信号，就可以得到所需要的纯净正弦波信号。

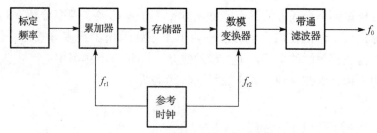

图 6-21　直接数字频率合成框图

有关 DDS 频率合成的进一步知识，建议感兴趣的读者可以上网检索阅读相关文献，本书由于篇幅所限，不再过多阐述。

6.4.3　锁相环频率合成

用锁相环实现频率合成的方法称为锁相环频率合成（PLL-based Frequency Synthesis），其基本思路为基于一个高稳定度、高精度的参考频率源，采用相位锁定技术完成频率合成，合成频率输出的稳定度与精度等同于输入参考频率，同时具备调整方便、相位噪声低与输出频率高等特点，目前广泛应用于众多领域，成为现代频率合成技术的主要方法之一。

图 6-22 所示为锁相环频率合成器典型电路框图。整个 PLL 频率合成器除了包括鉴频鉴相器（Phase and Frequency Detector，PFD）、环路低通滤波器（Low-Pass Filter、LPF）、压控振荡器（Voltage Control Oscillator，VCO）之

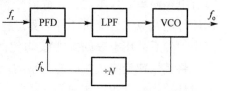

图 6-22　PLL 频率合成器电路框图

外，在反馈通路上增加了一个 N 倍分频器（Divider）。当锁相环正常工作锁定时，由于环路反馈频率 f_b 与参考频率 f_r 一定相等，此时有

$$f_r = f_b \tag{6-4}$$

而

$$f_b = \frac{f_o}{N} \tag{6-5}$$

所以有

$$f_r = \frac{f_o}{N} \tag{6-6}$$

即

$$f_o = N \cdot f_r \tag{6-7}$$

【例题 6-1】　给定输入参考频率 $f_r = 1\ \text{MHz}$，请采用锁相环频率合成方案设计输出以下频率：

（1）输出频率范围 20～30 MHz，频率间隔 1 MHz 连续可调；

（2）输出频率范围仍然为 $20\sim30$ MHz，但是频率间隔为 100 kHz 连续可调。

【答案】　（1）对于输出频率范围 $20\sim30$ MHz，频率分辨率为 1 MHz 设计要求，可以直接采用图 6-22 所示方案即可，反馈除 N 分频器分频范围选定 $20\sim30$ 即可；

（2）对于输出频率范围 $20\sim30$ MHz，频率分辨率为 1 kHz 设计要求，同样可以采用图 6-22 所示方案，但是此时反馈除 N 分频器分频范围需选定 20.0、20.1、20.2 直至 30.0，即此时除 N 分频器为小数分频器。

【小结】　由于增加了 N 倍分频器，锁相环输出频率 f_o 是参考频率 f_r 的 N 倍。当 N 是整数时，该电路用以实现整数倍频；当 N 是小数时，用以实现小数倍频；当 N 连续可调时，用以实现可编程连续可调频率合成器。

最重要的结论是，只要锁相环环路锁定，其鉴频鉴相器参考输入频率和反馈输入频率一定相等，即 $f_\text{r}=f_\text{b}$，记住该特点，另行结合不同反馈分频器的分频系数 N，就可以灵活设计出各种不同的频率合成方案。

6.4.4　混合频率合成

DDS 与 PLL 两种频率合成方法各有优缺点。例如，PLL 方法成本低、控制灵敏、切换频率方便、波段覆盖范围宽，已经成为目前广泛应用的一种频率合成技术，但是该方法存在频率转换时间长、频率分辨率低等缺点；DDS 频率合成法则具备频率分辨率高、控制频率切换方便、换频速度快等优点，但是该方法存在输出频率低、输出噪声高等缺点。为取长补短，在各项性能指标都有严格要求的频率合成器中，常常采用上述两种方法相结合的混合频率合成方法。

常用的混合频率合成方法为 PLL+DDS 混合频率合成。如图 6-23 所示，f_L 为本地振荡频率，由晶体振荡器谐波倍频方式产生，锁相环 PLL 作为混频相加环路，其将 DDS 输出的高分辨率频率（$f_\text{r}+NF$）与 f_L 相加后输出 f_o，有

$$f_\text{o}=f_\text{r}+NF+f_\text{L} \tag{6-8}$$

式中，F 为 DDS 的频率分辨率，DDS 可以产生 F 在 1 Hz 以下的高分辨率；N 为某一范围内的正整数。例如，若要求输出 $f_\text{o}=403.2$ MHz 左右的高频信号，且要求带宽为 400 kHz、包含 200 个频率点，则选定 DDS 的输出频率中 $f_\text{r}=3$ MHz，$F=2$ kHz，$N=1\sim200$，即 DDS 的输出频率为 $(3+N\times0.002)$ MHz，

而 f_L 可以选 400 MHz，所以 f_o ＝（403＋N×0.002）MHz，即 f_o ＝403.002～
403.4 MHz，频率分辨率为 2 kHz。显然，要合成这一输出频率，单一采用锁
相环频率合成法是十分困难的。

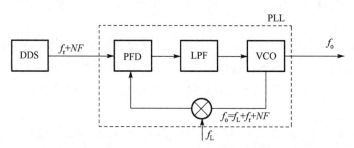

图 6 - 23　PLL＋DDS 混合频率合成框图

6.5　锁相环型频率合成器

锁相环型频率合成器采用的是一种间接频率合成方法，其主要工作原理是
利用锁相环对高稳定度参考频率的锁定，通过改变环路中分频器的比值 N，得
到 N 倍于参考频率的高稳定度频率输出，以此实现频率合成。

6.5.1　锁相环型频率合成器工作原理

锁相环型
频率合成器

锁相环型频率合成器可以分为基本型、前置分频型、下变频型及双模前置
分频型这 4 种主要类型，以下将分别介绍。

1）基本型频率合成器

基本型频率合成器框图如图 6 - 24 所示，该图与图 6 - 22 基本相同，不同之
处仅在于晶体振荡器输出频率 f_i 送入 PLL 环路之前经 R 倍分频，有 f_r ＝f_i/R，
如前文所述，当 PLL 环路锁定时，又有 f_r ＝f_b，而 f_b ＝f_o/N，所以频率合成
器的最终输出频率为

$$f_o = \frac{N}{R} f_i \tag{6-9}$$

图 6 - 24 中的 f_r 为 PLL 鉴频鉴相器输入频率，又称 PLL 环路参考频率，
来自晶体振荡的÷R 分频输出，该类型频率合成器频率分辨率即为参考频率
f_r，通过改变可编程分频器的分频比值 N 即可实现 N 倍于 f_r 的频率输出。

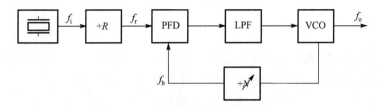

图 6 - 24　基本型频率合成器框图

基本型频率合成器的优点是电路简单、容易实现。但在工程实践中往往出现可编程分频器的最高输入工作频率远低于 VCO 输出频率的情形，例如，目前 CMOS 数字可编程分频器最高工作频率仅仅 1 GHz 左右，而 VCO 的输出频率往往在几 GHz 至几十 GHz 数量级，此时如果 VCO 反馈信号直接送至÷N 可编程分频器，将导致÷N 可编程分频器无法正常工作，所以需要在可编程分频器与 VCO 之间接入一个前置高速固定分频器、前置高速双模分频器或者下变频器等，借此将 VCO 的输出频率先行降低，以满足÷N 可编程分频器工作频率范围的要求。

【例题 6 - 2】　请采用图 6 - 24 方案重新设计实现例题 6 - 1（2），即基于 1 MHz 输入频率，设计合成 20～30 MHz 频率输出，要求频率分辨率为 100 kHz。

【答案】　对于输出频率范围 20～30 MHz，频率分辨率为 100 kHz 设计要求，可以采用图 6 - 24 所示方案，此时反馈÷N 分频器分频系数 N 需选定整数 200～300 连续可调，另外参考源÷R 分频器分频比，R 设定为 10 即可。

2）前置分频型频率合成器

不同于可编程分频器，目前 ECL 或者 CMOS 高速固定分频器最高工作频率可以达几十 GHz 数量级，可以应用于 VCO 高频输出。因此，为了提高频率合成器的输出频率，可以先将 VCO 的输出频率送至高速固定分频器，再将分频后频率降低的信号送

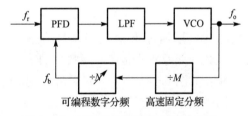

图 6 - 25　前置分频型频率合成器框图

至数字可编程分频器，即可满足数字可编程分频器的工作频率范围要求，如图 6 - 25 所示，这种方式的分频器被称为前置分频型频率合成器。

图中÷M 模块为模数固定的高速前置分频器，÷N 模块为可编程数字分频

器，环路锁定时有

$$f_o = MN \cdot f_r \qquad (6-10)$$

由于 ÷M 前置高速分频器为固定分频，所以只有修改 ÷N 分频器的分频比值 N 才可以修改输出频率，该种类型分频器的频率分辨率为

$$\Delta f_o = M f_r \qquad (6-11)$$

前置分频型频率合成器最高输出频率取决于 VCO 与前置固定分频器的最高工作频率，目前前置型频率合成器的输出工作频率已经超过 10 GHz。但是这种类型的频率合成器的频率分辨率却被前置分频器降低了 M 倍，这是一个非常大的缺点。

【思考】　如何解决前置分频器带来的频率综合器分辨率下降的问题？

【答案】　保持前置高速分频器分辨率不变的方法主要有以下几种：

(1) 将参考频率 f_r 先降低 M 倍，然后将 $f'_r = f_r/M$ 送至鉴相器，以此保证频率分辨率 $\Delta f_o = f_r$ 不变。

这种方法通常会带来一些其他缺点，例如，由于送入鉴相器的频率 $f'_r = f_r/M$ 降低，导致环路锁定时间变长，所以该方法一般不使用。

可尝试新的设计方案，例如：

(2) 改用下变频型频率合成器。

(3) 改用双模前置分频型频率合成器。

3) 下变频型频率合成器

将混频器和低通滤波器代替原高速固定分频器插入锁相环反馈支路中，就可以组成下变频型频率合成器，其中低通滤波器提取混频后的下变频，如图 6-26 所示，环路锁定时由图中关系可知

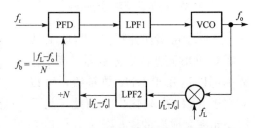

图 6-26　下变频型频率合成器

$$f_o = f_L \pm N f_r \qquad (6-12)$$

式中，f_L 为频率相对较高的高精度、高稳定度基准频率，由该式可知 f_L 较高时，可以将输出频率 f_o 抬高。例如，$f_L = 500$ MHz，$f_r = 100$ kHz，$N = 200 \sim 299$，则 $f_o = 520 \sim 529.9$ MHz 或者 $f_o = 470.1 \sim 480$ MHz。由此可见，利用 500 MHz 的 f_L 频率，可以将输出频率 f_o 提高到 500 MHz 左右，而与此同时

送入到数字可编程 $\div N$ 分频器的频率范围为 $|f_L - f_o| = 20 \sim 29.9$ MHz，对于一般的数字可编程分频器而言，这一频率范围基本可以通过设计实现。

由式（6-12）可知，下变频型锁相环频率合成器输出频率的分辨率仍然是 f_r，因此解决了前置高速固定分频器引入导致分辨率降低的问题。另外，下变频型频率合成器仅仅是用混频器将 Nf_r 搬移至 f_L 的两侧，决定锁相环性能的数学模型与 f_L 没有直接关联，所以下变频型频率综合器的环路分析和环路参数计算与基本型 PLL 频率综合器相同。但是，由于混频器与环路滤波器插入 PLL 环路，使得整个 PLL 环路电路复杂化，一方面低通滤波器会使得环路性能变坏；另一方面，混频器产生的非线性干扰与噪声将对环路输出频谱质量产生严重影响，这是该型频率合成器的重要缺点。

通常混频器中的本振信号 f_L 是一个强信号，因此混频器势必会出现互调干扰等非线性干扰，这些干扰分量虽经后级低通滤波器可以滤除一部分，但是剩余未被滤除的干扰会跟随下变频分量一起被送入鉴频器，从而成为 PLL 环路内部的一个噪声源，最终造成频率综合器输出频率的相位噪声与相位抖动，影响频率合成器的性能。因此，为减小这种干扰，务必适当控制本振信号 f_L 的信号强度，合理选择所使用的本振频率。

【小结】　由此可见，虽然下变频型频率综合器能够合理解决提高输出频率和保持频率分辨率不变的矛盾，但是同时也会增加噪声干扰等问题，所以后续又出现了双模前置分频型频率综合器，真正意义上较好地解决了高频输出 f_o 与高分辨率 Δf_o 之间的矛盾。

4）双模前置分频型频率合成器

图 6-27 所示为目前典型的一种双模前置分频型频率合成器的电路框图。图中 $\div (P+1)/P$ 为高速双模前置分频器（Prescaler），分频模数分别为 $P+1$ 和 P，P 为正整数。A 为吞脉冲可编程计数器，M 为主可编程分频器，MC 为模式控制（Mode Control）模块。分频计数开始时，前置分频器在 MC 控制下按照 $P+1$ 模式计数，A 与 M 计数器则在接收前置分频器输出脉冲同时计数，当 A 计数器计满后，停止计数，同时前置分频器转换至 P 模式计数，此时 M 计数器继续接收前置分频器输出脉冲计数，直至 M 计数器计满之后，M 分频器输出一个脉冲至鉴相器 PFD，与此同时，MC 控制逻辑转换电平，控制前置分频器变回 $P+1$ 分频模式，由此完成一个完整的计数周期。在前置分频器变回 $P+1$ 分频模式后，第二个新的计数循环开始。在上述一个周期的分频

循环过程中，前置分频器先以 $P+1$ 模式计数 A 次，也即多吞食掉 A 个脉冲，然后再以 P 模式计数（$M-A$）次，完成一个计数循环。这种方式称为吞脉冲分频，其分频比 N 可以用下式表示为

$$N=(P+1)A+P(M-A)=PM+A \qquad (6-13)$$

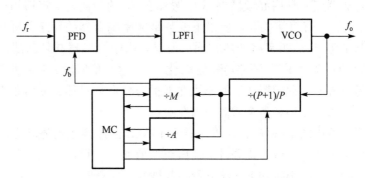

图 6-27 双模前置分频型频率合成器框图

A 计数器对前置分频器吞食的脉冲进行检测与控制（通过 MC 信号），所以 A 计数器又称为吞脉冲计数器。由上述分析可知，A 计数器与 M 计数器的模数必须满足 $M>A$ 的条件。由双频前置分频器、计数器 A 和 M 及控制逻辑 MC 一起组成了吞脉冲可编程分频功能，该种类型频率合成器的输出频率关系为

$$f_o=Nf_r=(PM+A)f_r \qquad (6-14)$$

由式（6-14）可知，双模前置分频型频率合成器输出频率的分辨率 $\Delta f=f_r$，该类型频率综合器在提高了输出频率的同时，输出频率分辨率保持不变。

双模前置分频型频率合成器采用吞脉冲技术分频，合成器中只有前置双模预分频器工作于 VCO 的高速频率之上，数字可编程计数器 A 与 M 的工作频率均比 VCO 的工作频率低 P 倍。因此双模分频型频率合成器的工作频率取决于双模前置分频器的工作频率，而双模前置分频器的工作频率要比一般数字可编程分频器的工作频率高很多，所以该方法可以实现较高的频率合成输出。

双模前置分频器只有两种计数工作模式，只需一个模式控制信号，就可以实现简单的换模计数工作，而不需要采用类似可编程分频器那样复杂的预置操作，因此工作频率可以做到像固定分频器那样高。目前双模前置分频器的工作频率已可高达 GHz 以上数量级，而双模分频型频率合成器的频率分辨率与基本型频率合成器相同，即 $\Delta f=f_r$，从而很好地解决了提高频率合成器输出频率 f_o 与不降低频率分辨率 Δf 之间的矛盾。

【小结】　不同频率合成器性能优缺点对比

（1）基本型频率合成器，VCO 的输出频率直接加到数字可编程分频器输入端，由于数字可编程分频器的工作频率不能很高，因此基本型频率合成器的输出频率受到限制。

（2）前置型频率合成器，由于前置固定分频器工作频率可以很高，可以达到提高 VCO 工作频率的目的，但是其以牺牲频率合成器分辨率为代价；又若以减小参考频率 f_r 的办法保持分辨率不变，则会导致频率转换时间加长、环路性能变坏的问题。

（3）下变频型频率合成器，可以在不改变频率分辨率和频率转换时间的条件下提高频率合成器的输出频率，但是该方法增加了电路的复杂性，另外，由混频器带入的混频干扰与噪声也会对环路性能产生不利的影响。

（4）双模前置分频型频率合成器，作为目前广泛应用的一种频率合成方案，规避了前述各种方案的多个缺点，同时获得了高速、高分辨率和低噪声干扰的优异性能。

6.5.2　锁相环型频率合成器典型设计案例与应用

既然讲授芯片典型设计应用案例，请读者先行网上下载 ICS673 与 ICS674 芯片数据手册并预先概要浏览。读者可以将本案例作为基础，初步熟悉了解相关硬件电路的设计基本方法与流程。

一个典型锁相环型频率合成器的设计步骤基本可以分为 3 个阶段：（1）芯片选型与电路原理图设计；（2）应用电路器件参数配置；（3）软件仿真验证或 PCB 制版调试验证。本节典型案例将结合 ICS673 锁相环芯片举例说明。

1）芯片选型与电路原理图设计

芯片选型主要依据电路设计所工作的频段、电源电压、信号特征和应用场合等指标和要求，设计实现一个工作频率为 40 MHz 的数字时钟频率源，对照 ICS673 产品手册，该芯片满足设计需求。

6.3.4 节已经概述了 ICS673 芯片内部结构与封装，为设计使用方便，表 6-1 给出了芯片各引脚名称与功能说明。图 6-28 所示为 ICS673 芯片手册推荐的典型电路原理图，基于 200 kHz 参考频率合成 40 MHz 输出时钟频率，其他频点频率合成参照设计即可。该芯片采用 3.3 V 或 5 V 电源供电，环路低通滤波器采用片外器件 R_s、C_s 与 C_P 组成，反馈分频器分频倍数为 100，产品手册建议选用该公司配套可编程分频器芯片 ICS674，ICS673 与 ICS674 配套应用于设计频率合成器非常方便，整个设计过程中用户需要修改设计的仅仅是环路低通滤波器的电阻值与电容值。

表 6 - 1 ICS673 芯片引脚功能

引脚	名称	功能	引脚	名称	功能
1	FBIN	反馈时钟输入端	10	OE	输出使能端，高电平有效
2、3	VDD	芯片电源端	11	SEL	预分频选择端
4、5、6	GND	芯片地端	12	$\overline{PD}$	芯片电源关断，低电平有效
7	CHGP	电荷泵输出端	13、14	CLK2/CLK1	两个不同的时钟输出端
8	VCOIN	VCO 控制输入端	15	NC	No Connect，无内部连接
9	CAP	低通滤波器输入端	16	REFIN	参考时钟输入端

2) 应用电路器件参数配置

为了便于用户设计使用芯片，ICS673 芯片数据手册给出了推荐应用电路，另外还给出了推荐应用电路详细的环路带宽设计经验公式，并结合实例做了具体说明。

如图 6 - 28 所示，是基于 200 kHz 的参考频率合成 40 MHz 输出频率的电路原理，PLL 环路低通滤波器由 R_S、C_S 和 C_P 组成，其中锁相环的自由振荡频率 ω_n 为

$$\omega_n = \sqrt{\frac{K_V \cdot I_C}{N \cdot C_S}} \qquad (6-15)$$

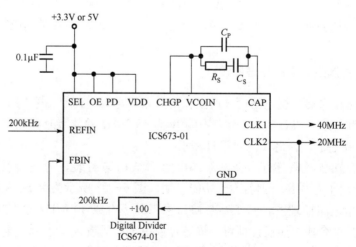

图 6 - 28 典型 ICS673 应用电路

阻尼系数 ξ 为

$$\xi = \frac{R_S}{2}\sqrt{\frac{K_V \cdot I_C \cdot C_S}{N}} \tag{6-16}$$

式中，K_V 为 VCO 压控转换增益（MHz/V），I_C 为电荷泵输出电流（μA），N 为总的环路反馈分频比，C_S 为环路滤波电容（F），R_S 为环路滤波电阻（Ω）。

锁相环的自由振荡频率 ω_n 约等于环路带宽 BW 的 2π 倍，作为一般性设计规则，环路带宽设计时一般要求至少小于等于 1/10 的参考频率 f_r，即

$$\omega_n \approx 2\pi \cdot \text{BW} \tag{6-17}$$

$$\text{BW} \leqslant \frac{f_r}{10} \tag{6-18}$$

本例中参考频率 $f_r = 200$ kHz，不妨取 $\text{BW} = \dfrac{f_r}{20} = \dfrac{200\ \text{kHz}}{20}$，即环路带宽设置为 10 kHz，代入式（6-17）得到环路自由谐振频率为 $\omega_n \approx 2\pi \cdot 10^4$（rad/s），进一步代入式（6-15），另外芯片手册给定 VCO 压控转换增益 $K_V = 95$ MHz/V，电荷泵输出电流 $I_C = 2.4\ \mu$A，环路反馈分频系数 $N = 200$（其中含片内除 2 分频），由此可以算出滤波电容 C_S 的大小，即

$$2\pi \times 10\ 000 = \sqrt{\frac{95 \times 2.4}{200 \times C_S}} \tag{6-19}$$

由此得 $C_S = 289$ pF（取最接近的标称电容值 270 pF 即可）。

另外 ICS673 芯片数据手册推荐阻尼系数 $\xi = 0.7$，由式（6-16）得到环路低通滤波电阻 $R_S = 79.8$ kΩ（取最接近的电阻标称值 82 kΩ 即可）。图 6-28 中 C_P 用于进一步滤除来自电荷泵的瞬时高频抖动，经验值一般小于等于 C_S 值的 1/20，即

$$C_P \leqslant C_S/20 \tag{6-20}$$

因此本处 $C_P = 13.5$ pF（取最近的标称值电容 13 pF）。

综上所述，采用图 6-28 所示 ICS673 单芯片方案设计实现基于 200 kHz 产生 40 MHz 的频率合成器，图中环路低通滤波器主要器件参数 $R_S = 82$ kΩ，$C_S = 270$ pF，$C_P = 13$ pF，另外电源滤波通常采用 0.1 μF 电解电容即可，图中反馈通路÷100 分频器可以自行选用相关芯片，当然 ICS 首当推荐其配套生产的可编程数字分频器芯片 ICS674。

作为 ICS673 应用于频率合成器设计的配套芯片解决方案，ICS 公司开发的 ICS674 芯片是一款用户可配置分频模数的双通道分频器芯片，最高工作频率可达 135 MHz 以上，完全满足本例 40 MHz 输出频率要求，该芯片电路框图如图 6-29 所示，由图可见，ICS674 芯片内部集成了 2 路独立可编程分频器，其

中分频器 A 为 7 bit 分频器，分频模数可方便地设置于 3 至 129，分频器 B 则是由一个 9 bit 分频器级联 1 个后置分频器（Post Divider）组成的，9 bit 分频器分频模数可在 12～519 之间任意设置，而后置分频器则有 1、2、4、5、6、7、8 与 10 8 种分频模数，因此分频器 B 的最大分频数为 5190。用户在选用 ICS674 时，可以单独使用一路分频器，也可以两路同时使用，甚至于两路分频器级联使用。ICS674 芯片采用 28 脚 SSOP 封装，引脚排列特点如图 6 - 30 所示。

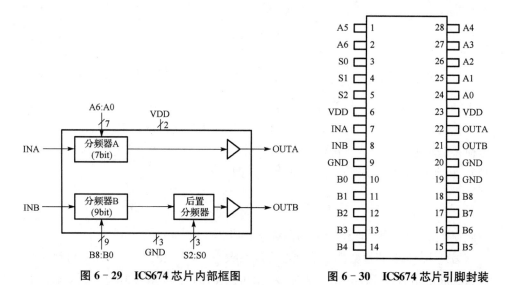

图 6 - 29　ICS674 芯片内部框图　　　　　　图 6 - 30　ICS674 芯片引脚封装

表 6 - 2 给出了 ICS674 芯片引脚功能的定义。用户在实际工程应用中，对照 ICS674 芯片手册，将 ICS673 与 ICS674 配套运用，可以非常方便地设计可编程频率合成器。例如，图 6 - 28 方案中需要一个工作频率为 40 MHz、分频模数为 100 的反馈分频器，因此该分频器选择 ICS674 芯片的分频器 A 或者分频器 B 均可。如果选用分频器 A 作为 ÷100 分频器，则根据芯片手册设置指导，分频器 A 的 7 位分频码字 ［A6：A0］ 对应的十进制数 M＝N－2，其中 N 为分频比 100，故分频码字 ［A6：A0］ 对应的十进制数 M＝98，所以分频码字 ［A6：A0］ 设置为 M＝（98）$_{10}$＝（1100010）$_2$，即 ［A6：A0］ 取 1100010 即可。同样的方法若选用分频器 B，同样可以参照数据手册配置出合适的分频码字。

表 6 - 2　ICS674 芯片引脚功能

引脚	名称	功能
1、2、24～28	A5、A6、A0～A4	分频器 A 的分频模数控制输入端
3～5	S0、S1、S2	后置分频器（Post Divider）分频模数控制端
6、23	VDD	芯片电源
7	INA	分频器 A 输入端
8	INB	分频器 B 输入端
9、19～20	GND	芯片地
10～18	B0～B8	分频器 B 的分频模数控制输入端
21	OUTB	分频器 B 输出端
22	OUTA	分频器 A 输出端

　　另外，值得一提的是，在频率合成器工作期间，只要随时修改分频器的分频码字，就可以修改分频模数设计实现可编程频率合成器，可编程频率合成器输出随时跳变的输出频率可以广泛应用于跳频电台等现代通信应用领域，以期达到抗干扰、防侦测的设计目的。

3) 软件仿真验证或 PCB 制版调试验证

　　现代硬件电路设计往往在电路制作加工前会考虑设计仿真验证，即通过相关电子电路 EDA 软件在电脑中完成对电路功能与性能的仿真验证，以此避免不必要的设计重复与修改，然而 EDA 工具的仿真验证需要建立在较为完整且准确的芯片与器件模型基础之上。如果没有准确的 ICS673 和 ICS674 芯片模型，寄希望于 EDA 工具仿真验证是难以实现的。所以目前 ICS673 与 ICS674 设计实现的频率综合器主要还是依赖于印制电路板（PCB）试制后的调试验证，在调试验证获得满意的电路性能之后再行设计加工定型。鉴于本书篇幅所限，本部分不再进一步展开说明，建议感兴趣的读者阅读相关文献。

　　【补充】ICS673 与 ICS674 构建频率合成器的另一种方案电路如图 6 - 31 所示，与图 6 - 28 的不同之处在于，ICS674 芯片的两路分频器全部得以运用，其中分频器 A 用于参考频率分频，分频器 B 则用于反馈分频，电路工作原理类似于图 6 - 24 所示的基本型频率合成器电路架构。

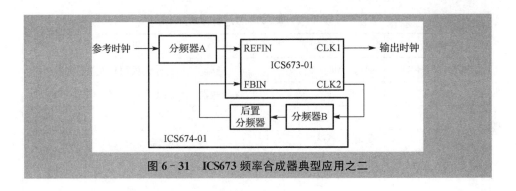

图 6-31　ICS673 频率合成器典型应用之二

6.6　跳频通信与跳频频率合成

6.6.1　跳频通信概念

现代战争面临着更加复杂恶劣的电磁环境，既有自然界存在的环境干扰，又有敌方有意释放的人为干扰，另外自身多种电子设备同时工作也会产生相互干扰，为此建立一种有效的抗干扰机制是保证通信有效畅通的必要前提。干扰与抗干扰是目前信息化战场的重要特征，在复杂电磁环境下，为保证通信的正常进行，目前综合运用的抗干扰技术方法多种多样，从广义的角度讲，既有传统的扩展频谱通信技术，例如直接扩展频谱技术、跳频技术，也有先进的空域抗干扰技术，如智能天线技术等等。

超短波电台目前主流采用的抗干扰技术之一就是跳频通信模式，本节将概要介绍跳频通信的工作原理与特点。

跳频通信中，系统调制用载频在一个很宽的范围内不断地随机发生跳变，以此避免敌方的干扰与跟踪捕获，这种通信技术被称为跳频通信技术。与常规的定频通信相比，跳频通信技术的最大差别在于其载频的实时跳变特性，跳频调制后系统输出的信号会占用较大的带宽，例如超短波跳频电台，既可以 $30\sim87.975$ MHz 全频段跳频，也可以分段跳频，从而极大程度上提高了通信的抗干扰与抗跟踪能力。需要注意的是，虽然跳频信号占用了很大的跳频带宽，但是跳频系统任意时刻发送的都是一个相对窄带的瞬时信号。

1）工作原理与特点

如图 6-32 所示为跳频系统基本工作原理简介，图中横坐标为时间，纵坐标是跳频系统载频输出频率，由图可以看出，横坐标不同的 T_1、T_2、T_3…时刻，跳频系统的载频输出是不相同的，而且是随机变化的，其随机分布的特性由系统内部的伪随机码序列发生器控制，图中总的跳频带宽 $\Delta F = 87.975$ MHz $- 30$ MHz $= 57.975$ MHz，在具体某一时刻 T_n，跳频系统的瞬时带宽则是 Δf，比如 20 kHz。

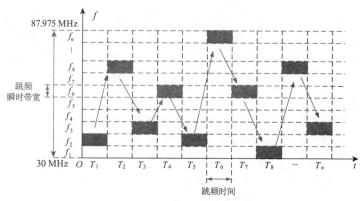

图 6-32　跳频系统基本工作原理

从 20 世纪 70 年代开始，跳频电台发展非常迅速，目前各国大多装备了多种战术跳频电台，跳频目前已经成为应对电子战威胁的最重要的抗干扰手段之一，在地面、空中和卫星通信装备中得到了广泛的应用。

【小结】　跳频通信系统的主要优点：

（1）具有较强的抗干扰能力

只要跳变的频率数目足够多，跳频范围足够宽，就能较好地对抗宽频带阻塞式干扰；只要跳变速率足够快，就能有效地躲避频率跟踪式干扰。

（2）具有一定的抗截获能力

载频的快速跳变，使得敌方难以截获信息。即使敌方截获了某一段载频，由于跳频序列的伪随机性，下一时刻敌方也很难预测载频后面的变化规律，难以持续跟踪截获。

2）跳频系统的主要性能参数

跳频通信系统抗干扰技术性能指标主要包括：

（1）跳频速率

跳频速率是指每秒的频率跳变次数，它是衡量跳频系统性能的一项重要的指标。一般来说，跳速越高，抗跟踪式干扰与截获的能力越强。跳频速率通常分为低速、中速与高速三种，其中低速跳频在 100 跳/s 以下，高于 $1\,000$ 跳/s 为高速跳频，中速跳频则介于两者之间。

跳频速度越高，对于接收端同步的精度要求也越高，同步开销也就越大，同时高跳速还会产生更多的寄生信号干扰，造成电磁兼容设计的困难，所以目前各国研制的超短波战术电台多采用中速跳频体制。例如此前已经退役的某款超短波电台跳速约 200 跳/s，但是新晋装备的电台跳频速度得到了很大提高。短波电台由于天线特性阻抗在全波段内变化较大，天线自动调谐时间一般需要几百毫秒，故目前短波跳频电台一般采用低速跳频体制。

（2）跳频带宽

跳频带宽是指跳频频率最高频率与最低频率之间所占用的频带宽度。跳频带宽越宽，则可以迫使敌方将有限的干扰功率分散到更宽的频带中去，干扰效果将减弱，因而抗干扰与抗截获的能力越强。

跳频带宽越宽，对于天线的宽带要求或天线的调谐能力要求越高，另外，跳频带宽越宽，所包含的跳频的信道数也越多，在同等跳速条件下，所需的同步捕获时间也越长。

跳频带宽一般分为全频段跳频和分段跳频两种方式，例如：某款电台可以采用全频段 $30\sim87.975$ MHz 跳频，也可以在全频段内任选子频段分段跳频。

（3）跳频频率数量

跳频频率数量是指跳频电台跳变时载波的频率点总数。跳频电台跳频频率点的集合称为跳频频率集，也可称为跳频频率表。跳频电台工作时，载波频率按照伪随机码序列的规律进行跳变，这些按顺序出现的频率点序列称为跳频图案。每次跳频通信，收、发双方用于跳频的跳频图案都是预先设置好的。跳频频率数量越多，抗单频、多频以及梳状干扰的能力就越强。

（4）跳频码序列

用于控制跳频通信系统载波频率变化的伪随机码序列称为跳频码序列。跳频码序列的选择优化对提高跳频系统的抗截获、抗干扰性能有着重要的意义，其中跳频序列的周期是指跳频码序列不出现重复的最大长度，长度越长，敌方破译越难，抗截获能力也就越强；反之，如果跳频序列的周期不够长，敌方就有可能破译出跳频序列的构造方法，从而实施瞄准式干扰或窃听。

（5）跳频同步

跳频同步是跳频系统中最关键的因素之一，同步系统性能的好坏将直接影响整个跳频系统的优劣。收、发跳频电台之间跳频图案同步包含跳频码相位同步与时钟信号同步，跳频电台对同步建立时间有着严格要求，而同步建立时间既与跳频速率有关，也与跳频同步方法有关。

6.6.2　跳频频率合成

如图 6-33 所示，在跳频通信系统的发射端，伪随机码序列发生器按照一定的规律产生伪随机码序列，伪随机序列码控制锁相环反馈回路中的可编程分频器使得反馈分频器从固定分频变成可编程分频，以此实现控制频率合成器输出频率的跳变，频率合成器实时跳变的输出频率作为载频 f_0，在调制器单元完成受控调制，因此跳频系统发射的已调波是实时跳变的载频。

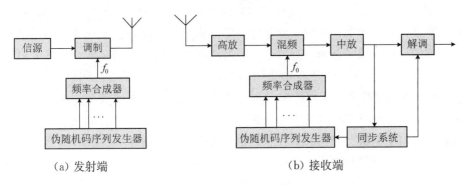

图 6-33　跳频系统组成

在接收端，接收方的伪随机码序列发生器与发射端相同，在同步系统控制下，产生与发射端相同的伪随机码序列，从而使本地频率合成器产生与发射端跳变规律完全相同的频率 f_0，经混频后得到中频信号，并进一步经过解调，就可以恢复出发射的信息。对于干扰信号而言，由于与本地频率合成器产生的频率不相关，无法混频进入中频通道，所以不能对跳频系统产生干扰，由此达到抗干扰的目的。跳频系统的核心部分是跳频码产生器、频率合成器和跳频同步系统。

本章小结

本章围绕通信收发信机共用模块——频率合成器，首先概述了频率合成器的主要性能指标、分类与特点，然后重点介绍了锁相环型频率合成器。锁相环在通信、电子装备中有着广泛的应用，本章重点关注了锁相环的频率合成领域应用，现做一个简单回顾。

（1）频率合成常用方法、电路框图与各自优缺点。模拟直接合成方法简单方便，换频速度快、噪声低、输出频率高；但是硬件电路多、体积大、难以集成化，多频率输出时相互之间存在干扰。直接数字频率合成 DDS 可以达到很高的频率分辨率、换频速度快，而且输出频率范围可以很宽，但缺点是输出频率往往不高。PLL 型频率合成器方案具备电路简单、成本低、输出频率可以做到很高而且输出信号相位噪声小等突出优点，但缺点是换频时间受限于环路捕捉时间，换频时间略长。因此，鉴于上述各种方案各有优缺点，于是就出现了取长补短的 PLL＋DDS 组合式频率合成方案。

（2）锁相环典型电路结构与基本工作原理。锁相环是一种实现环路相位锁定的环路，锁相环实质上是一个相位误差控制系统，是将输出信号相位与参考时钟信号相位进行比较，产生相位差后通过环路调整 VCO 的输出信号，以此达到反馈信号与参考信号同频锁相之目的。典型数模混合式锁相环电路结构包括鉴相器、电荷泵、低通滤波器、压控振荡器和反馈分频器。每个功能电路的基本工作原理与 PLL 环路整体频率锁定过程需要理解。

（3）锁相环频率合成器的常见类型与典型特点，不同的频率合成方法设计演进思路，包括基本型合成方案及其对应的电路框图、频率合成表达式与频率分辨率；对于前置分频型、下变频型和双模前置分频型等改进型 PLL 频率合成器，还需要掌握设计改进思路和各自对应的特点。

本章最后以 ICS673 和 ICS674 设计实现频率合成器案例，介绍通用模拟硬件电路工程设计的基本方法与步骤。该方法不仅适用于本章的 PLL 型频率综合器设计，也广泛适用于目前多数的模拟与射频硬件电路工程设计，对后续各类电子设计竞赛与毕业设计也有参考意义，读者可以自行上网下载相关芯片数据手册，结合本书说明将该方法掌握并灵活应用。

习　题

一、填空题

1. 频率合成器主要技术指标包括频率输出范围、_____、_____、_____和相位噪声。

2. 锁相环的英文全称：_____。锁相环基本结构框图包括_____、环路滤波器、_____。

二、判断题

（　　）1. 锁相环环路锁定时，鉴频鉴相器输入频率与反馈频率必定同频同相。

（　　）2. 根据压控振荡器压控转换特性可知，压控振荡器的输出频率与输入电压之间必定是单调线性比例关系。

（　　）3. 锁相环中的环路滤波器为低通滤波器。

（　　）4. 锁相环频率合成方案相比 DDS 频率合成方案而言，不但相位噪声性能优越而且换频速度也更迅捷。

三、选择题

1. 锁相环型频率合成器的主要技术指标，不包括下述哪项（　　）

　　（A）频率输出范围　　　　　　　　（B）相位噪声

　　（C）锁定时间　　　　　　　　　　（D）环路电压增益

2. 某频率综合器输出中心频率为 100 MHz，频率调谐范围为 95～105 MHz，则相对带宽为（　　）

　　（A）10%　　　　（B）5%　　　　　（C）20%　　　　（D）100%

四、综合题

1. 什么是频率合成？常用的频率合成技术有哪些？各自对应特点如何？

2. 频率合成器的主要技术指标有哪些？

3. 请绘制锁相环调频应用电路框图。

4. 给定输入基准频率 1 MHz，请采用锁相环形结构分别设计两种频率合成器：

　　（1）输出频率为 80～100 MHz，分辨率 1 MHz，请绘制电路框图，并给出分频参数；

　　（2）输出频率依然是 80～100 MHz，但分辨率提高为 500 kHz，请重新绘制电路框图，并同样给出分频参数，注意只允许采用整数分频器。

5. 请绘制数模混合锁相环典型电路框图并简要说明其工作原理。

6. 网上下载 ICS673 与 ICS674 芯片数据手册与其他相关设计文档，尝试设计一个适用于超短波电台的频率合成器，要求输出频率为 60～65 MHz，频率间隔 25 kHz，频率转换时间在 100 μs 以内，请给出电路设计方案原理图。

参考文献

［1］LEE T H. CMOS 射频集成电路设计［M］. 北京：电子工业出版社，2002.

［2］毕查德·拉扎维. 模拟 CMOS 集成电路设计［M］. 陈贵灿，程军，张瑞智，等译. 西安：西安交通大学出版社，2003.

［3］顾宝良. 通信电子线路［M］. 3 版. 北京：电子工业出版社，2013.

第7章　通信系统整机合成

【内容关键词】

- 通信系统、发射机方案、接收机方案
- 混频器、混频原理、混频电路、混频干扰及其抑制

【内容提要】

本章主要讨论通信系统的整机合成，包括射频发射机和接收机设计方案。首先介绍射频调幅发射机，包括零中频发射机和间接调制发射机；然后介绍射频接收机，主要为射频调谐接收机、单次混频和二次混频超外差式接收机，以及直接下混频式接收机；最后介绍超外差式接收机中干扰的来源与抑制。

本章内容知识点的结构导图如图7-0所示，其中灰色部分为需要重点关注掌握的内容。学习过程中需要关注理解几个基本概念：

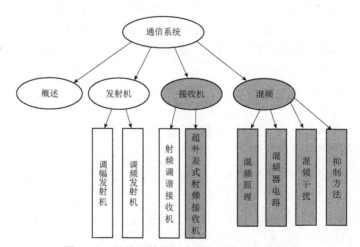

图7-0　通信系统整机合成知识点的结构导图

（1）超外差式接收机的结构框图；

（2）混频器的作用、原理和电路；

（3）混频干扰问题，混频干扰的抑制方法。

7.1　引言

通信系统主要包括发射机和接收机两部分设备。根据发送和接收已调信号的调制方式的不同，通信系统可分为调幅（AM）通信系统、调频（FM）通信系统以及数字通信系统。

在通信系统小型化的发展趋势中，设计高集成度通信电路已迫在眉睫，在天线和低噪声放大器（Low Noise Amplifier，LNA）之间获得最大集成，并不像用片上元器件代替片外元器件那样简单，它需要彻底改变射频前端电路的设计。当前对通信机的功率、尺寸和成本等要求都很苛刻，传统的多片、多元器件通信电路已不能适应需求。因此，要求设计出具有片外元器件更少的通信系统集成结构。

发射机的重点是发射机载波支路、调制器与射频选频功率放大电路部分。对于 AM 发射机和 FM 发射机而言，电路比较类似，特别是从功率放大电路到天线部分基本相同，FM 发射机和 AM 发射机的主要区别在于调制器和通道带宽。因此，本章发射机主要围绕调幅方式介绍发射电路的组成，对于调频，仅介绍组成框图的不同之处。

接收机部分将重点介绍放在接收机检波之前的部分（后面称"射频前端电路"），这部分电路对于调幅调频收音机、电视、移动电话等接收机都有着近似的电路结构。无线接收机的基本指标有：增益、动态范围、灵敏度和选择性。这些指标的最终评价标准在于：在所选择的频率范围内，一个接收到的微弱信号最终能否还原成足够强且没有恶化的输出（音频、视频、数据）；在附近频率范围内存在强干扰信号时，这个接收到的信号还能否恢复出令人满意的原始信号。

7.2　射频发射机

根据发射机电路结构的不同，射频发射机又可分为零中频发射机和间接调制发射机。

作为第一种使用在无线电广播中的调制方式，调幅发射机目前仍然被应用在短波、中波和长波广播通信领域。

射频发射机

7.2.1 调幅发射机

1) 零中频调幅发射机

中频又称副载波，是一种频率比载波低的振荡信号。零中频发射是指将基带信号（调制信号）直接调制在射频载波上发射，不用调制在中频然后再调制到射频载波发射，因此，零中频发射机也称为射频直接调制发射机。

零中频发射机是一种传统的模拟调幅方式发射机，按照调制功率电平的高低，可分为高电平调幅发射机和低电平调幅发射机两种。前者主要利用 C 类功放电路直接输出功率较大的调幅波，一般应用于发射机的最后一级；后者则是在发射机的前级，利用模拟乘法器产生小功率的调幅波，再经过线性功率放大，达到所需的发射功率电平。

（1）高电平调幅发射机

高电平调幅发射机组成框图如图 7-1 所示，比低电平调幅发射机多一级调制信号的功率放大器（Low Frequency Power Amplifier，LFPA）和射频功率放大器（Radio Frequency Power Amplifier，RFPA）。

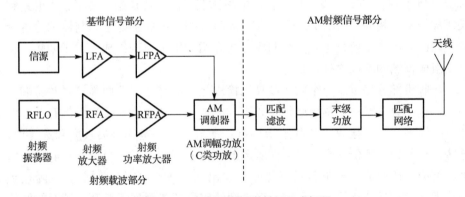

图 7-1 高电平调幅发射机组成框图

基带信号部分：信源产生低频基带信号（音频信号），一般为声电传感器，如话筒、磁带录音机、CD 或 VCD、DVD 唱机等，低频放大器（Low Frequency Amplifier，LFA）是一个高输入阻抗线性电压放大器，将较微弱的基带信号不失真地放大，LFPA 进一步放大基带信号功率，以满足调制器的要求。

在高电平调幅发射机中，调制器输入载波的功率比较大，只有调制信号（基带信号）的功率电平也同样较大时，才能够实现较大的调制利用度。

射频载波部分：射频本地振荡器（Radio Frequency Local Oscillator，

RFLO）为第 4 章所学习的高稳定度晶体振荡器，也可采用第 6 章频率合成器设计实现，多信道发射机一般采用频率合成器。射频放大器（Radio Frequency Amplifier，RFA）是一个多级放大器组成的射频振荡信号放大电路，将射频振荡信号放大到足够电平时送入调制器，调制器产生的低功率电平射频已调信号，经带通滤波器滤除杂波和噪声，然后送入射频功放电路 RFPA 进行功率放大。

AM 调制器部分：该电路包括两个功能：一是作为非线性电路产生调幅波，将低频信号调制到射频信号，通过天线有效辐射；二是作为末级功率放大器，满足驱动天线的功率要求。高电平调幅电路是以调谐功率放大器为基础构成的，实际上是一个输出电压振幅受调制信号控制的调谐功率放大器，是一种变形的 C 类射频功放，感兴趣的读者可借鉴相关参考图书。

AM 射频信号部分：通过设计级间匹配、末级功放和天线匹配网络等电路，进一步保证调制器输出的高功率电平 AM 信号能够以最佳传输效率到达发射天线，并满足天线辐射的功率要求。

（2）低电平调幅发射机

低电平调幅发射机的一般组成框图如图 7 - 2 所示，主要包括基带信号、射频载波和 AM 射频信号三部分。

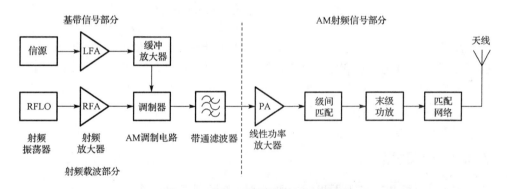

图 7 - 2　低电平调幅发射机组成框图

① 基带信号部分：低电平调幅的调制器可以采用模拟乘法器来设计实现，如第 5 章采用 MC1596G 模拟乘法器实现的 AM 调制电路。基带信号部分中缓冲放大器是一个线性放大器，用于将基带信号的功率进行放大，使其满足调制器的需要。

② 射频载波部分：由射频振荡器产生射频信号，放大后送至调制器作为载波信号源。

③ AM 射频信号部分：由于调制器输出的 AM 信号功率电平较小，不满足发射天线对发射信号的功率要求，需要进一步对 AM 信号进行不失真的功率放大，采用的线性功率放大器（Power Amplifier，PA）一般工作在 A 类，而末级功放为进一步提高效率，一般采用 B 类推挽式结构，级间匹配和天线匹配网络则是为了保证功率最佳传输而必备的。

2) 间接调制发射机

上述介绍的零中频调幅发射机是一种射频直接调制方式。间接调制发射机首先将调制信号调制到较低的载频（中频或副载波）上，然后把低载频已调信号用混频器上混频至射频载波上发射，其组成框图如图 7-3 所示。

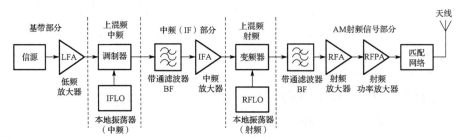

图 7-3　间接调制发射机组成框图

图 7-3 中，中频本振 IFLO（Intermediate Frequency Local Oscillator）和射频本振 RFLO 为高稳定度晶体振荡器或者频率合成器，中频放大器 IFA、射频放大器 RFA 均为小信号线性放大器，调制器和混频器分别实现基带信号向中频、中频再向射频的频谱搬移。

7.2.2　调频发射机

FM 发射机和 AM 发射机的主要区别在于调制器和通道带宽。

和 AM 调制原理不同，FM 调制是用调制信号控制载波的频率，产生的调频波和载波在振幅上是一样的，为恒包络调制，因此其对功率放大器的线性度要求相对较低。调频发射机功放电路最常使用 C 类放大器，其效率可达 80% 左右，而低电平 AM 发射机的线性功放则多采用 A 类或 B 类线性功放电路，效率相对较低。

对比调幅和调频理论可知，一般 FM 发射机的通道带宽要求远大于 AM 发射机，所以在 FM 发射机中会出现多级倍频电路与混频电路。图 7-4 所示为采取间接调频方式的广播发射机的组成框图。

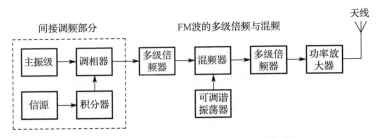

图 7-4　间接调频广播发射机组成框图

　　随着集成电路工艺技术的发展及应用需要，目前已出现大量的 FM 发射机和接收机专用集成电路 ASIC。因为大功率和超大功率发射机不易集成，所以集成发射机 ASIC 仅限于低功率方式。如美国 Motorola 公司产单片集成 FM 低功率发射机电路 MC2831A，应用于无线电话和其他调频通信设备，MC2833 也是低功率单片调频发射系统，工作频率可达 100 MHz 以上。

　　【小结】　调幅和调频发射机具有相似的电路组成框图，其核心均是调制信号的上混频电路，即调制器。调制方式的不同决定了两种方式发射机在调制器电路、功率放大器等模块电路的具体实现上选择不同。调频发射机可以采用非线性功放，获得更高的发射效率，但同时也需要更大的通道带宽，调幅发射机则相反。

7.3　射频接收机

7.3.1　射频调谐接收机

　　早在 19 世纪，人们就发明了直接转换接收技术（Direct Conversion Receiver Technology，DCR），并研制了射频调谐（Tuned Radio Frequency，TRF）接收机。TRF 接收机采用比较古老的 AM 接收方式，也称为直接高放式接收机，其框图如图 7-5 所示，主要由 RF 部分、AM 解调部分和音频部分三级电路组成。

射频调谐接收机

　　射频 RF 部分预选滤波器一般设计 2~3 级，主要由具有宽调谐带通滤波特性的 LC 谐振回路组成，其中心频率能够调谐接收射频信号，用于对接收的 RF 信号调谐滤波，防止不需要的 RF 信号进入接收机，如频道附近的电台、杂波和镜像频率干扰信号等。

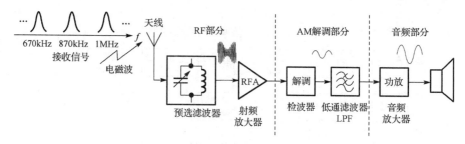

图 7-5　射频调谐接收机框图

射频放大器 RFA 是一种低噪声放大器（Low Noise Amplifier，LNA），是接收机的第一个有源模块，用于放大由天线接收到的微弱射频信号，RFA 本身应具有非常低的噪声，其作用是在不造成接收机线性度恶化的前提下提供一定的增益，以抑制后续电路的噪声。

AM 解调部分利用包络检波器对普通调幅波进行解调，通过低通滤波器恢复音频信号，音频部分设置低频放大器，将解调出来的音频信号放大到足以驱动收信装置，如扬声器。

TRF 接收机简单实用，而且接收灵敏度相当高，但是方案设计存在的三个主要缺点导致 TRF 接收机无法得到广泛应用。

第一，接收带宽不固定，随接收的射频 RF 信号中心的频率而变化。因为 LC 并联回路的品质因数 Q 是固定的，接收带宽 $B = f/Q$，所以 B 正比于接收的 RF 信号频率 f_S（载频），这样在接收波段内，若接收带宽 B 对 RF 低端信号合适，则到了 RF 高端时这个带宽 B 就太大了。另外，为了抑制噪声干扰，提高信道选择性，接收带宽 B 不能太大，但是，由公式 $Q = f/B$ 可知，在射频频段进行信道选择对 LC 回路 Q 值要求过高，较难实现。

第二，射频放大器 RFA 容易产生自激振荡。因为工作频率越高，晶体管内部的反馈强度越大，越容易产生自激振荡。

第三，在整个接收波段内，RFA 的增益不均匀，造成接收机在波段内的灵敏度不均匀。

下面通过一个 TRF AM 广播接收机的例题，进一步阐述该结构接收机的缺陷问题。

【例题 7-1】　某一 TRF AM 广播接收机，接收的中波频段范围为 535～1 600 kHz。其 LC 谐振回路的 Q 值为 54，现计算：接收的低端频率为 $f_L = 540$ kHz，接收的高端频率为 $f_H = 1 600$ kHz，需要的带宽分别为多大？

【解答】　当接收机接收中波的低端频率时，需要的带宽为 $B_L = \dfrac{f_L}{Q} = $

$\frac{540}{54}$ kHz＝10 kHz；而接收高端频率时，需要的带宽为 $B_H = \frac{f_H}{Q} = \frac{1\,600}{54}$ kHz＝29.63 kHz。可见，接收机在高端频率需要的带宽是低端频率的近 3 倍，几乎同时覆盖邻近 3 个电台的信号。若想要在高端接收带宽也为 10 kHz，则 LC 谐振回路的 Q 值应为 160，对应的低端频率接收带宽则变为 $B_L = \frac{540}{160}$ kHz＝3.375 kHz，仅为所需带宽的 1/3 左右，使 AM 频谱无法全部通过接收通道，产生严重的失真。

7.3.2　单次混频超外差式射频接收机

　　在前面一节中，已经介绍了直接放大式接收机（7.3.1 节的 TRF 接收机）的所有组成模块电路，但是现代接收机更广泛地采用加入混频器的接收机方案，即超外差式接收机。超外差是指利用一个非线性器件，将两个输入信号混频，将一个频率线性变换成另一个频率，广泛应用于外差式发射机与接收机中。图 7-6 所示的 AM 和 FM 接收机方案对接收的信号均是先进行混频，再进行后续放大、检波等处理。

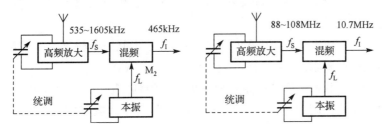

图 7-6　AM 和 FM 接收机的混频方案

　　超外差式接收机出现于第一次世界大战即将结束的时候，它彻底改善了 TRF 接收机在波段内接收灵敏度和选择性的不均匀问题。图 7-7 即为典型单次混频超外差式接收机组成框图，主要包括 RF 部分、混频部分、中频部分、AM 解调部分和音频部分。

　　单次混频超外差式接收机是应用最广泛的一种系统结构，其基本原理是将天线接收到的射频信号经放大和下混频后转换为一固定中频信号，然后进行解调，恢复出调制信号（如音频信号）。和射频调谐接收机相比，单次混频超外差式接收机在设计上有以下改变。

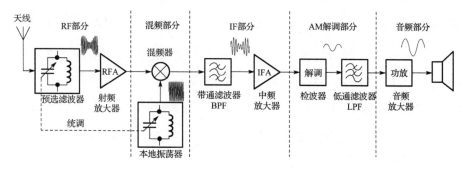

图 7-7　单次混频超外差式接收机组成框图

（1）增加混频器（Mixer），用于将射频信号与本振信号相乘，实现已调波的频率向下搬移。混频器是超外差式接收机的第二个有源模块，也是接收机中输入射频信号最强的模块，线性度是其最重要的指标，由于在接收机的射频前端，因此要求其同时具有较低的噪声。

（2）实现预选滤波器和本地振荡器 LC 回路统调，能够保证混频器具有固定的中频输出。

（3）增加中频带通滤波器（IF BPF），实现对中频信号的选择，滤除混频器产生的干扰信号及其他杂散与噪声，同时用于抑制相邻信道干扰，进一步提高信道的选择性。

（4）增加中频放大器（IFA），将中频信号放大到一定幅度，以满足检波电路对电压幅度的要求。

超外差式接收机方案能够很好地解决 TRF 接收机存在的缺陷问题。

（1）接收机统调混频后产生固定中频，后续滤波电路的选择性可以做得很好。

（2）相比 RFA，IFA 工作频率更低，容易设计较高增益而不自激振荡，电路工作稳定，接收灵敏度高。并且在整个波段内接收不同电台频率时，IFA 的增益稳定不变，接收灵敏度均匀。

（3）采取固定中频方式，有利于后续电路结构的简化设计。

7.3.3　二次混频超外差式射频接收机

在单次混频超外差式接收机方案中，混频干扰（尤其是低中频方案中镜频干扰的影响严重）是影响其应用的主要因素（有关混频干扰问题，后续 7.4 节将专题讨论），如果中频选择较高，镜频干扰可以抑制住，但是要实现完全的信道选择就十分困难，反之亦然，这导致灵敏度和选择性之间的权衡在单次混频超外差式接收机中往往比较困难。

二次混频超外差式结构是抑制镜频干扰、提高接收机性能的一种重要方法，也是现今大多数射频接收机的主要结构方式，由于使用两级下混频，也称为双中频，其射频前端电路如图 7-8 所示。

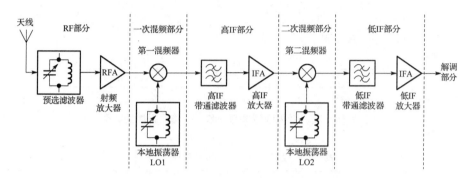

图 7-8　二次混频超外差式接收机射频前端电路

第一混频器将天线接收到的射频信号混频到第一个固定中频频率，该中频设计为高中频，目的是提高镜像频率，以便在预选滤波器中抑制掉镜像频率（另外可以在混频之前设计一个宽带片外镜像滤波器，进行粗略的镜像抑制）。第二混频器将高中频信号进一步下混频到一个低中频（第二个固定中频），有利于提高邻近信道的选择性。第一本振 LO1 通常为可变振荡器或频率综合器，而第二本振 LO2 则为单一频率。相比单次混频接收机，双中频方案在镜像抑制和提高邻近信道选择性方面有了明显的改进。

关于高、低中频设计的两点解释。

（1）IF 频率设计越高，则要求 IF 滤波器的 Q 值越大，否则频带过宽。设计高中频有利于抑制镜像信号，而选择低中频则能够更好地抑制 IF 附近的干扰，图 7-9 描述了高、低两种中频之间的权衡关系。

（2）在单次混频超外差式接收机中，下混频产生的中频必然低于射频，但是在二次混频超外差式接收机中，为抑制镜频干扰，第一混频采取高中频方案，输出频率可能比射频高，在 7.4 节混频干扰及抑制一节中会介绍高中频的概念及其应用。

大量文献研究了超外差式接收机采用不同中频对其性能的影响，表 7-1 列举了三种重点选择方案的优点和缺点，具体选择哪一种，需要在频率合成器的频率、IF 带通滤波器的选择性、镜像噪声的数量、有用频带和镜像频带之间的间隔及功率耦合之间进行折中。

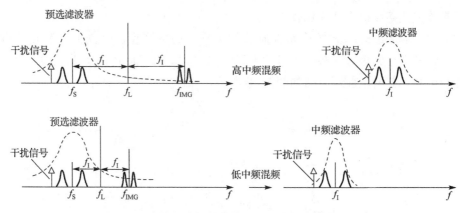

图 7-9 高、低中频镜像信号和干扰信号抑制的权衡

表 7-1 超外差式结构的中频选择列表

中频选择	优点	缺点
高中频	由于镜像频率频带远离 RF 频带，因此较容易抑制镜像频率干扰	IF 滤波器需要更高的 Q 值，抑制 IF 附近干扰的能力差
IF=RF/2	低本振注入（$f_L = f_I = f_S/2$），只有一个在 0 Hz 处的镜像频带，因此在天线和射频前端有较高的抑制，不需要镜像频率抑制滤波器	IF 信号和 LO 信号存在耦合问题
低中频	在 IF 附近选择性高，中频电路速度要求低	抑制镜像频率能力差

【小结】（1）射频直接调制 AM 发射（零中频发射）将调制信号直接调制在射频（载波）上发射，而间接调制发射是将调制信号先调制在副载波——中频上，再通过混频器上混频至射频发射；（2）超外差式射频接收机是将波段内任意接收频率都变换为一个固定中频，并保留原接收信号的调制方式不变，并且携带信息不变，因此后续电路对这个固定频率的中频信号进行解调处理，实现信息传输。

7.3.4 零中频射频接收机

在学习超外差式接收机时，读者可能已经想到：为什么不把射频频谱在第一下混频时就直接变换到基带呢？

一直以来，超外差式总朝着高中频和多次混频方向发展，但是随着 DSP 芯片信号处理能力的快速发展，出现了一种将射频频谱直接下混频为基带的接收机方案，称为零中频（zero-IF）接收机，也称直接下混频式（Direct-conversion）接收机。一个简单零中频接收机的射频前端如图 7-10 所示，本振频率与输入的载波频率相等，因此，频谱通过直接下混频的方式被变换到基带。

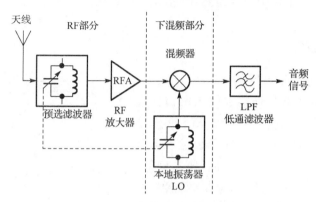

图 7-10　零中频接收机射频前端

接收到的射频信号经预选滤波器和射频低噪声放大器 RFA 后，与本振信号混频。因为本振频率 f_L 与载频 f_S 相等，即差频（中频）为零，所以混频直接输出基带信号（音频信号），信道的选择和增益的调整均直接在基带上进行，由截止特性较好的低通滤波器和可变增益放大器完成。

零中频接收机最吸引人之处则在于下混频过程中不需要经过中频，且镜像频率即是射频信号本身，不存在镜频干扰问题，原超外差式结构中的镜像抑制滤波器及中频滤波器均可省略。由于不需要片外高 Q 值带通滤波器，易于实现单片集成，因而受到广泛的重视。

7.4　混频器及其干扰与抑制

在超外差式接收机方案中广泛采取混频方案，很自然的问题是：混频的原理是什么？电路如何设计？混频可能引入什么问题？又该如何解决？本节将主要讨论这些问题。

7.4.1　混频原理和混频器电路

混频器也称变频器，是将信号的频率从一个频率变换到另一个频率的电路。混频器是超外差式接收机重要的组成模块。不论是射频通信、雷达、遥控、遥感，还是侦察与电子对抗，以及许多射频测量系统，都必须将射频信号用混频器降到中频来进行处理。

注意：严格意义上讲，变频器与混频器在电路结构上有区别。变频器为自激式，即本振和变频由一个晶体管承担，而混频器为他激式，变频电路和本振电路分开。在本书中统一称为混频器。

1) 混频原理

混频原理

在详细讨论混频器的电路设计之前，先简要说明混频器如何能在输入端口接收两个信号，并在输出端口产生多个频率分量的问题。显然，一个线性系统是不可能实现这一任务的，必须采用诸如二极管、双极型晶体管或场效应管等非线性器件，

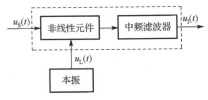

图 7 - 11　混频器的基本原理图

它们都能产生丰富的谐波成分。混频器的基本原理图如图 7 - 11 所示，主要由三部分组成：非线性元器件（二极管、三极管、场效应管或模拟乘法器等）、中频带通滤波器和本地振荡器。

非线性元器件是实现混频的关键。那么具有什么特性的非线性元器件可以实现混频作用呢？研究表明，只要非线性元器件具有如式（7 - 1）所示的伏安特性，就能够完成混频的目的。

$$i = a_0 + a_1 \Delta u + a_2 \ (\Delta u)^2 + \cdots \tag{7 - 1}$$

下面证明这一结论。

假设射频信号 $u_S(t)$ 和本振信号 $u_L(t)$ 一同进入混频电路，作用在非线性元器件上，即 $\Delta u = u_L(t) + u_S(t) = U_{Lm} \cos \omega_L t + U_{Sm} \cos \omega_S t$。根据元器件的伏安特性，形成的电流为 $i = a_0 + a_1 [u_L(t) + u_S(t)] + a_2 [u_L(t) + u_S(t)]^2 + \cdots$。在等式中，只有 $u_L(t) \cdot u_S(t)$ 项才会形成 $\omega_L \pm \omega_S$ 频率项，即为上混频和下混频，而乘积项只存在于 $[u_L(t) + u_S(t)]^2$ 项中，因此更确切地说，只要非线性元器件的伏安特性中含有平方项，即可实现频率的变换。

原则上，凡是具有相乘功能的器件都可用来构成混频电路。目前，高质量的通信设备中广泛采用二极管环形混频电路和模拟乘法器混频电路，而在一般接收机中，为了简化电路，仍采用简单的晶体管混频电路。

无线电波经混频器进行频率变换，将高频已调波从高频变为中频，同时必须保持其调制规律不变，否则会产生失真。图 7 - 12 所示为 AM 波下混频前后的时域波形和频谱图。

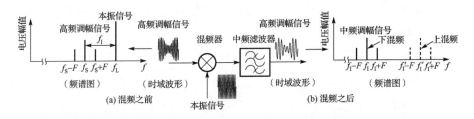

图 7 - 12　AM 波下混频前后的时域波形和频谱

在时域中观察混频前后信号的波形能够很好地说明混频特点，普通调幅信号的包络没有产生变化。

在频域中讨论前面涉及的内容有重要意义。假设射频信号的中心频率为 f_S，调制信号的频率分量位于 f_S+F 和 f_S-F 处，本振信号频率为 f_L。信号经混频后，将形成两个频谱分量：上移（Up Converted，$f'_I=f_L+f_S$，即上混频）频率分量和下移（Down Converted，$f_I=f_L-f_S$，即下混频）频率分量。一般来说，上混频过程应用于发射机（Transmitter）中，而下混频过程则出现在接收机（Receiver）中。

【例题 7 - 2】　已知一个射频信道的中心频率为 1.89 GHz，带宽为 20 MHz，要求将其下混频为 200 MHz 的中频。选择合适的本振频率 f_L，分别求出能够滤出射频信号和中频信号的带通滤波器的品质因数 Q。

【解答】　由式（7-1）可知，通过非线性元器件将射频信号与本振信号混频后，根据 f_S 和 f_L 的相对大小，可以得到下混频为中频信号的频率为 $f_I=f_L-f_S$ 或 $f_I=f_S-f_L$。因此，为了将 $f_S=1.89$ GHz 变换为 $f_I=200$ MHz 的中频，本振频率可以采用

$$f_L=f_S-f_I=1.69 \text{ GHz}$$
$$f_L=f_S+f_I=2.09 \text{ GHz}$$

这两种方案都是可行的，实际应用中也都常被采用。如果选择 $f_L>f_S$，则称为高本振注入（High-side Injection）混频器；而选择 $f_L<f_S$，则是低本振注入（Low-side Injection）混频器。

在下混频之前，射频信道的中心频率为 1.89 GHz，信号带宽为 20 MHz，所以，若要滤出该信号，则必须使用品质因数 $Q=f_S/B=1.89 \text{ GHz}/20 \text{ MHz}=94.5$ 的滤波器。而下混频之后中心频率变为 200 MHz，但是信号的带宽没变，仍为 20 MHz，所以滤波器的品质因数只需要满足 $Q=f_I/B=200 \text{ MHz}/20 \text{ MHz}=10$ 即可。

结论：例题 7 - 2 清楚地表明，使用混频器对射频信号进行下混频，可大幅

降低对滤波器的技术要求；另外，接收的射频信号与信道有关，而下混频后的中频信号则是固定的。

2) 混频电路

混频电路与
混频方案优选

混频器设计按照电路结构的不同，可分为无源混频电路和有源混频电路，实现器件主要采用二极管、三极管、场效应管和模拟乘法器等。

单个肖特基二极管就能构成最简单的单端无源混频器，问题是：

一个简单的二极管是如何实现混频的呢？

（1）单个二极管混频电路原理

利用二极管的大信号开关特性，构造无源开关混频器电路，如图 7-13 所示，本振电压信号 u_L 和射频电压信号 u_S 串联驱动二极管。如果本振信号足够大，在远大于已调波信号 u_S 的情况下，二极管电路周期性导通与截止主要受 u_L 影响，u_L 正半周时，二极管正向导通，为低电阻 r_d（设二极管导通电阻为 r_d），u_L 负半周时，二极管反向截止，反偏电阻无穷大，因此，回路的电流特性可采用开关函数进行分析。

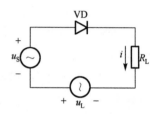

图 7-13 单个二极管
混频器

定义开关函数 $K(\omega_L t)$ 表示高度为 1 的单向周期性方波，则回路电流 $i(t)$ 和开关函数 $K(\omega_L t)$ 为

$$i(t) = \begin{cases} \dfrac{1}{r_d + R_L}\left[u_L(t) + u_S(t)\right] & u_L > 0 \\ 0 & u_L < 0 \end{cases}, \quad K(\omega_L t) = \begin{cases} 1 & u_L > 0 \\ 0 & u_L < 0 \end{cases}$$

$$(7-2)$$

合并式（7-2）得 $i(t) = \dfrac{1}{r_d + R_L} K(\omega_L t)\left[u_L(t) + u_S(t)\right]$，利用傅里叶级数展开 $K(\omega_L t)$ 为

$$K(\omega_L t) = \frac{1}{2}\left[1 + \sum_{n=1}^{\infty} (-1)^{n+1} \frac{4}{(2n-1)\pi} \cos(2n-1)\omega_L t\right] \quad (7-3)$$

所以，电路负载上的电流为

$$i(t) = \frac{1}{2(r_d + R_L)}\left[1 + \sum_{n=1}^{\infty} (-1)^{n+1} \frac{4}{(2n-1)\pi} \cos(2n-1)\omega_L t\right]\left[u_L(t) + u_S(t)\right]$$

$$(7-4)$$

式（7-4）中电流 i 中的电流频谱分量包括：

① u_L、u_S 信号频率：ω_L、ω_S；

② ω_L、ω_S 的和频、差频分量：$\omega_L + \omega_S$、$\omega_L - \omega_S$；

③ ω_L、ω_S 的高次组合频率分量：$(2n-1)\omega_L + \omega_S$、$(2n-1)\omega_L - \omega_S$；

④ ω_L 的偶次谐波分量和直流分量。

上述分析阐述了混频过程中差频分量产生的物理过程，以及各种频率成分出现的规律。

射频信号和本振信号被加到一个适当偏置的二极管上，二极管后接一个谐振频率为所选中频频率的 LC 谐振电路，可以利用二极管开关电路产生和频与差频信号。单个二极管混频电路的缺点是混频之后产生大量的谐波分量，另外，本振信号与射频信号没有分开，因此存在潜在的问题，如本振信号可能干扰射频信号的接收，部分本振信号功率甚至可能通过接收天线辐射出去。

二极管混频电路的改进方法：混频电路可以采用两个二极管构成平衡回路的方式减少谐波分量。

（2）双二极管平衡混频电路原理

图 7-14 所示为双二极管构成的平衡回路混频器，本振信号 u_L 两端分别居于第一变压器次级线圈和第二变压器初级线圈的中心，和单个二极管混频电路稍有不同，本振信号同时驱动顶部二极管 VD_1 和底部二极管 VD_2，正半周形成电流 i_1 和 i_2，负半周 VD_1、VD_2 均截止，电流为零，第二变压器初次线圈匝数比为 $2:1$，因此，负载电阻 R_L 上总的输出电流为 $i = i_1 - i_2$。

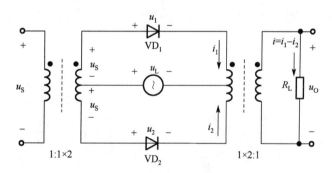

图 7-14　双二极管平衡混频器

根据电压 u_L 和 u_S 关系可知，上回路中作用在二极管和负载上的电压为 $u_L + u_S$，而下回路中电压为 $u_L - u_S$，根据上述单二极管混频原理，可计算电阻 R_L 上的总电流 $i = i_1 - i_2$ 为

$$i(t) = \frac{1}{(r_d + R_L)}\left[1 + \sum_{n=1}^{\infty}(-1)^{n+1}\frac{4}{(2n-1)\pi}\cos(2n-1)\omega_L t\right] \cdot u_S(t)$$

$$(7-5)$$

可见，与式（7-4）相比，电流 i 中减少了直流分量和 ω_L 的偶次谐波分量，频率还有：

① u_S 信号频率：ω_S；

② ω_L、ω_S 的和频、差频分量：$\omega_L + \omega_S$、$\omega_L - \omega_S$；

③ ω_L、ω_S 的高次组合频率分量：$(2n-1)\omega_L + \omega_S$、$(2n-1)\omega_L - \omega_S$。

相比单个二极管混频器，双二极管平衡混频电路有效抑制掉输出电流 i 中的直流成分和频率 ω_L 的偶次谐波分量，因此，具有更好的混频性能，但是仍然存在 ω_S 频率分量、ω_L 和 ω_S 的组合谐波分量。

二极管混频电路的进一步改进方法：

混频电路可以采用四个二极管构成环形结构，进一步减少谐波分量。

（3）四个二极管环形混频电路原理

在实际的工作频率达到几十 MHz 以上的混频器中，广泛采用四个二极管组成双平衡回路混频电路，也称为环形混频器，如图 7-15 所示。本振信号 u_L 两端仍居于第一变压器次级线圈和第二变压器初级线圈的中心，同时驱动 VD_1、VD_2 和 VD_3、VD_4 两对二极管，使其交替导通（条件与单二极管混频电路相同）。正半周 VD_1、VD_2 导通，形成电流 $i'_1 = i_1 - i_2$，负半周 VD_3、VD_4 导通，形成电流 $i'_2 = i_3 - i_4$（根据双二极管平衡回路原理）。相对于本振信号 u_L 来说，VD_1、VD_2 和 VD_3、VD_4 的导通极性相反，因此，若 VD_1、VD_2 的开关函数为 $K(\omega_L t)$，则 VD_3、VD_4 的开关函数为 $K(\omega_L t + \pi)$，负载电阻 R_L 上总的输出电流为 $i = i'_1 - i'_2$。

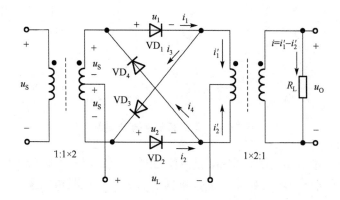

图 7-15 四个二极管环形混频器

计算 VD_1、VD_2 和 VD_3、VD_4 分别组成的两个平衡回路输出电流 i'_1 和 i'_2 为

$$i'_1(t) = \frac{2}{r_{\mathrm{d}} + R_{\mathrm{L}}} K(\omega_{\mathrm{L}} t) u_{\mathrm{S}}(t)$$

$$= \frac{1}{(r_{\mathrm{d}} + R_{\mathrm{L}})} \left[1 + \sum_{n=1}^{\infty} (-1)^{n+1} \frac{4}{(2n-1)\pi} \cos(2n-1)\omega_{\mathrm{L}} t \right] \cdot u_{\mathrm{S}}(t) \quad (7-6)$$

$$i'_2(t) = \frac{2}{r_{\mathrm{d}} + R_{\mathrm{L}}} K(\omega_{\mathrm{L}} t + \pi) u_{\mathrm{S}}(t)$$

$$= \frac{1}{(r_{\mathrm{d}} + R_{\mathrm{L}})} \left[1 - \sum_{n=1}^{\infty} (-1)^{n+1} \frac{4}{(2n-1)\pi} \cos(2n-1)\omega_{\mathrm{L}} t \right] \cdot u_{\mathrm{S}}(t) \quad (7-7)$$

因此，负载电阻 R_{L} 上总的输出电流 $i = i'_1 - i'_2$ 为

$$i(t) = \frac{2}{(r_{\mathrm{d}} + R_{\mathrm{L}})} \left[\sum_{n=1}^{\infty} (-1)^{n+1} \frac{4}{(2n-1)\pi} \cos(2n-1)\omega_{\mathrm{L}} t \right] \cdot u_{\mathrm{S}}(t) \quad (7-8)$$

与式（7-5）相比，电流 i 进一步减少了 ω_{S} 频率分量，频率还有：

① ω_{L}、ω_{S} 的和频、差频分量：$\omega_{\mathrm{L}} + \omega_{\mathrm{S}}$、$\omega_{\mathrm{L}} - \omega_{\mathrm{S}}$；

② ω_{L}、ω_{S} 的高次组合频率分量：$(2n-1)\omega_{\mathrm{L}} + \omega_{\mathrm{S}}$、$(2n-1)\omega_{\mathrm{L}} - \omega_{\mathrm{S}}$。

可见，二极管环形混频电路的干扰频率分量进一步减少。

在二极管环形混频电路中，必须保证电路对称，而设计一个实际应用的二极管混频电路还需要注意的是：

• 图 7-13、图 7-14 和图 7-15 为基本原理电路，主要分析不同二极管混频电路在混频过程中产生谐波分量的情况，四个二极管构成的环形混频器能够抵消众多组合频率分量，因而应用最为广泛。

• 实际应用的二极管混频电路中还需要设计选频滤波电容，以进一步提高输入射频和输出中频的选择性，图 7-13 中负载电阻一般为调谐于中频的 LC 回路，图 7-14、图 7-15 则在二极管两端设计输入调谐于射频，输出调谐于中频的 LC 回路。

利用非线性元器件三极管也可以构成混频器。如何构造三极管混频器？

（4）三极管混频电路原理

与二极管不同的是，三极管能够对输入的射频信号和本振信号进行放大，故称为有源混频电路。根据两路信号注入的方式不同，三极管混频器一般有 4 种电路形式，如图 7-16 所示。

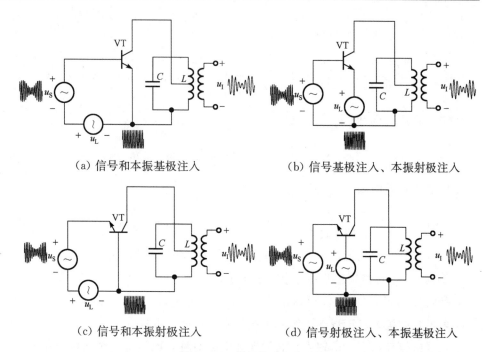

（a）信号和本振基极注入　　　　　　　（b）信号基极注入、本振射极注入

（c）信号和本振射极注入　　　　　　　（d）信号射极注入、本振基极注入

图 7 - 16　三极管混频电路

共射电路应用于频率较低的情况，图（a）为信号和本振均从基极注入，图（b）为信号从基极注入，本振从射极注入，后一种注入方式信号之间的相互影响小，但本振需要功率较大。

共基电路适用于频率较高的情况，图（c）为信号和本振均从射极注入，图（d）为信号从射极注入，本振从基极注入，同样，后一种注入方式信号与本振之间的相互影响小。

图 7 - 16 所示三极管混频电路的共同的特点是，本振信号和射频信号加在基极和射极之间，利用三极管非线性转移特性实现频率变换。

随着集成电路工艺的改进，集成电路的工作频率不断提高，模拟乘法器在混频电路中应用越来越广泛。

（5）模拟乘法器混频电路原理

采用模拟乘法器（或是采用其他具有相乘特性的器件）同样可以实现混频电路。图 7 - 17 是采用 MC1596G 构成的双平衡混频器，对于 30 MHz 信号和 39 MHz 的本振输入，混频器增益为 13 dB，具有宽带输入特点，输出调谐在 9 MHz，回路带宽为 450 kHz，本振输入电平为 100 mV。

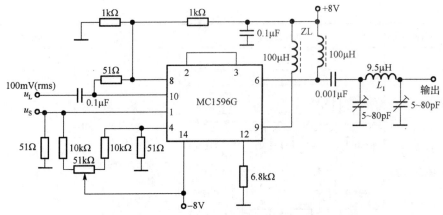

图 7－17　模拟乘法器 MC1596G 构成的双平衡混频器

　　由于个人无线通信设备（如移动电话、无线局域网、蓝牙设备）的迅速普及，有源集成混频器得到了相当广泛的应用。单片有源混频器的特点是：有混频增益，容易采用低成本的 CMOS 工艺或双极晶体管 CMOS（BiCMOS）工艺实现，从而使几乎整个接收机都可以集成在单个芯片上。

　　表 7－2 列出了部分有源混频器的类型、电路拓扑结构及相应的优缺点。

表 7－2　部分有源混频器电路对比

混频器类型	电路结构	优点	缺点
非平衡有源混频器	单端双极晶体管混频器 具体见图 7－16 三极管混频电路	• 噪声系数低 • 单端输入、输出	• 端口隔离度差 • 线性度差 • 电路设计复杂
单平衡有源混频器	电路在混频特征上像乘法器	• 本振与射频隔离 • 射频与中频隔离 • 线性度最好 • 噪声系数较低	• 中频信号差分输出 • 本振与中频不隔离

混频器类型	电路结构	优点	缺点
双平衡 有源混频器	 吉尔伯特，Gilbert cell	• 本振、射频、中频相互之间均隔离 • 寄生抑制能力较强 • 线性度良好 • 电路设计简单	• 噪声系数高 • 功耗大

单平衡有源混频器第一级 VT_3 是射频信号驱动级，产生增益并将射频信号转换为电流形式输出，这一级有时被视为一个跨导放大器。该电流用于对差分晶体管 VT_1 和 VT_2 的偏置，其输入是差分形式的本振信号。本振信号的幅度通常足够大，可以使 VT_1 和 VT_2 工作在良好的开关状态，从而能以准方波的形式将偏置电流在两个晶体管之间进行切换。中频差分输出信号等于射频信号（包括直流偏置）乘以方波本振信号。所以，这种有源混频器的特征就像一个乘法器。

双平衡有源混频器是单平衡有源混频器拓扑结构的自然升级，通常称为吉尔伯特（Gilbert）混频器。它将共发射极上的射频驱动改为一对差分晶体管 VT_5 和 VT_6，为了维持线性度和混频增益，需要大约 2 倍于单平衡有源混频器的偏置电流。在本振信号 u_L 的驱动下，中频差分输出电流由 4 个晶体管 VT_1、VT_2、VT_3 和 VT_4 组成的开关单元进行整流。所以，中频输出信号就是射频信号与频率等于本振频率的准方波的乘积。电路拓扑结构的对称性可以抵消中频输出端口的射频信号和本振信号，也可防止本振信号泄漏到射频端口。

3）混频器主要技术指标

（1）混频增益

混频增益是指混频前后的电压增益或功率增益，可表示为

$$K_{VC} = \frac{U_I}{U_S} \tag{7-9}$$

$$K_{PC} = \frac{P_I}{P_S} \qquad\qquad (7-10)$$

式中，U_I 和 P_I 为中频输出信号的电压和功率，U_S 和 P_S 为高频输入信号的电压和功率。

（2）选择性

混频器利用非线性元器件产生有用的中频信号的过程中，还会产生许多有害的频率分量。

选择性是用于表征混频器保留中频分量、去除其他谐波分量的能力，主要由非线性元器件、电路结构及滤波电路决定。采用品质因数 Q 较高的选频网络或滤波器，是使混频器输出回路具有良好选择性的有效措施。

（3）稳定性

由于是以本振频率为参考频率进行混频，因此要求本振信号的频率稳定度必须足够高，以保证混频器混频输出信号频率足够稳定。

（4）非线性失真

由于混频器工作在非线性状态，输出信号中除中频信号以外的其他频率分量也可能落在中频的通频带范围内，导致输出的中频信号发生非线性失真（对普通调幅波来说，中频信号与载频信号包络不一样，会造成包络失真）。另外，在混频过程中还可能产生组合频率干扰、交叉调制干扰等（详见 7.4.3 节混频器的混频干扰），这些干扰的存在也会影响正常通信。所以，在设计和调整电路时，应尽量减小失真及干扰。

（5）噪声系数

噪声系数描述混频前后信噪比的恶化情况，反映混频器对噪声的抑制能力，定义为

$$N_F = \frac{P_{SI}/P_{NI}}{P_{IO}/P_{NO}} \qquad\qquad (7-11)$$

式中，P_{SI}/P_{NI} 为输入端载频信号的信号与噪声功率比，P_{IO}/P_{NO} 为输出端中频信号的信号与噪声功率比。

混频器位于接收机的射频前端，其产生的噪声对整机性能影响很大，因此要求混频器本身噪声系数越小越好。

7.4.2　混频干扰及其抑制方法

超外差式接收方案具有明显优势：中频比载频低很多，稳定性高；但是，超外差式接收方案也存在一些自身固有的缺陷，图 7-18 反映了单次混频超外

混频干扰
及其抑制

差式接收机存在的各类干扰。

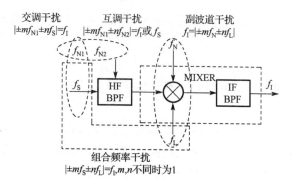

图 7 - 18　单次混频超外差式接收机干扰示意

干扰形成的主要原因是接收机中大量非线性器件的使用，在输出中频信号的同时，还产生大量不需要的频率分量。当其中某些频率等于或接近中频信号频率时，就能顺利地通过中频带通滤波器，经解调后在输出级引起串音、哨叫等各种干扰现象。根据干扰产生的位置和原因，可以将单次混频超外差式接收机的干扰种类分为：组合频率干扰、副波道干扰、交叉调制和互相调制干扰。

1) 组合频率干扰

射频信号和本振信号在混频过程中，除了产生中频以外，还将产生许多组合频率分量。

$$f = |\pm m f_L \pm n f_S| \tag{7-12}$$

m、n 分别为本振信号频率和射频信号频率的谐波次数，产生的频率中除了有用中频分量 $f_I = f_L - f_S$ 之外，如果其中某些组合频率分量 f_I' 接近于中频，即（主要含两种情况）

$$f_I' = m f_L - n f_S \approx f_I \quad 或 \quad f_I' = n f_S - m f_L \approx f_I \tag{7-13}$$

则有用中频 f_I 信号和接近中频 f_I' 信号都将顺利通过中频放大器，在检波器等后级电路中形成低频干扰。

以下例题讨论的是混频过程中产生的组合频率干扰问题。

【例题 7 - 4】　某接收机的输入射频信号频率 $f_S = 931\ \text{kHz}$，本振信号频率 $f_L = 1\ 396\ \text{kHz}$，试分析混频过程中的组合频率干扰问题。

【解答】　中频信号产生于射频信号向下混频，其频率是本振信号与射频信号的差频，即：$f_I = f_L - f_S = 465\ \text{kHz}$。形成干扰如下：

（1）$mf_L - nf_S \approx f_I$ 的 m 和 n 可能取值组合为：$m=3$，$n=4$，$3f_L - 4f_S =$ 464 kHz，阶数 $m+n=7$；$m=5$，$n=7$，$5f_L - 7f_S = 463$ kHz，阶数 $m+n=$ 12；$m=7$，$n=10$，$7f_L - 10f_S = 462$ kHz，阶数 $m+n=17$……这些组合频率干扰阶数最小为 7，阶数都较高，信号强度弱，可以忽略影响；

（2）$nf_S - mf_L \approx f_I$ 的 m 和 n 可能取值组合为：$m=1$，$n=2$，$2f_S - f_L =$ 466 kHz，阶数 $m+n=3$；$m=3$，$n=5$，$5f_S - 3f_L = 467$ kHz，阶数 $m+n=8$；$m=5$，$n=8$，$8f_S - 5f_L = 468$ kHz，阶数 $m+n=13$……超过 3 阶的组合频率干扰的阶数都较高，可以忽略影响。

总结（1）和（2）中产生的干扰信号和阶数情况，不难发现，（2）中的 3 阶组合频率 466 kHz 干扰信号将和有用中频 465 kHz 信号一同进入检波器，由于检波器的核心器件也是非线性器件，可能产生（466−465）kHz＝1 kHz 的低频信号，该低频信号通过低频放大器，经过扬声器产生哨叫声，干扰正常通信。

组合频率干扰产生的位置是混频器电路，主要是由于混频器工作于非线性状态造成的。通常减弱组合频率干扰的方法有三种：

（1）适当选择混频器的工作点，减小本振信号幅度，能够有效减小 f_L 相关谐波的幅度，降低干扰影响；

（2）减小输入信号电压幅度，减小 f_S 相关谐波的幅度，降低干扰影响；

（3）设计中频时考虑组合频率干扰的影响，使其远离在混频过程中可能产生的组合频率。

2）副波道干扰

副波道干扰是外来信号和本振信号在混频器上形成的干扰，如果外来信号频率 f_N 和本振信号频率 f_L 满足式（7-14），即会形成干扰。由于这种干扰好像绕过了主波道 f_S 而通过另外一条通道进入中频电路一样，所以称为副波道干扰。

$$mf_L - nf_N \approx f_I \quad 或 \quad nf_N - mf_L \approx f_I \qquad (7\text{-}14)$$

干扰形式主要包括：中频干扰、镜像干扰。除此之外，式中其他 m、n 情况为组合副波道干扰，本书不再讲述。

中频干扰：$m=0$，$n=1$，外来干扰信号频率 $f_N = f_I$。如果接收机高频预选滤波器选择性不好，该信号进入混频器，并被放大，从而产生干扰。

对中频干扰的抑制方法主要是提高混频器之前电路的选择性，增强对中频信号的抑制，或是专门设计中频陷波器。

镜频干扰：$m=1$，$n=1$，外来干扰信号频率 $f_N=f_L+f_I$，而 $f_S=f_L-f_I$，f_N 与 f_S 两者关于 f_L 对称，称为"镜像频率"（简称"镜频"，f_N 记为 f_{IMG}），如图 7-16 所示，本振信号与射频信号混频，将射频信号变到中频的过程中，镜像频率也同样被下混频到中频，形成干扰，称为镜频干扰。

镜频干扰及其抑制是射频前端设计遇到的一个重要问题，也是实现超外差式接收机的一个主要问题，镜像信号作为无用信号普遍存在于任何一种结构中。在图 7-19 所示的接收机射频前端，镜频信号虽然经过载频预选滤波器的抑制，但是如果预选滤波器的选频特性不够理想，同时镜频信号的强度比较大，那么到达混频器输入端的镜频信号仍然会很强，从而形成干扰。

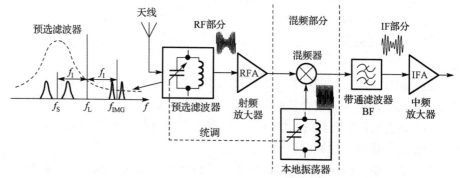

图 7-19　镜像干扰形成原理

【例题 7-5】　某下混频接收机接收的频率是 14.09 MHz，中频采用 455 kHz，分析混频过程中的镜频干扰问题。

【解答】　下混频器的本振频率 f_L 和镜像频率 f_N 分别为：

$$f_L=f_S+f_I=(14.09+0.455)\text{ MHz}=14.545\text{ MHz}$$
$$f_N=f_L+f_I=(14.545+0.455)\text{ MHz}=15\text{ MHz}$$

由于接收机预选滤波器的非理想选频特性，镜频干扰信号和电台信号一起进入混频器，与本振信号进行混频，均产生 455 kHz 中频信号，形成干扰。

现在需要解决的一个重要问题是：如何有效地抑制超外差式接收机镜频干扰？

对镜频干扰的抑制，普遍采用两种方法：一种是在混频器前面设计镜像频率抑制滤波器，滤波器在有用频带上有较小的损耗，而在镜像频率上则有很大的衰减；另一种则是广泛应用于二次混频超外差式接收机中的高中频方案。

从镜频干扰产生的原因可以看出，中频频率选择越低，则镜像频率距离预选滤波器的通频带越近，当滤波器选频性能较差，且镜频干扰信号强度较大时，影响越明显。而如果中频频率选择较高，如图 7 - 20 所示，则镜像频率距离预选滤波器的通频带较远，到达混频器输入端的镜频干扰强度会明显降低。可见，在设计的预选滤波器具有相同选频性能时，采取高中频方案能够有效地提高镜频干扰抑制的效果。

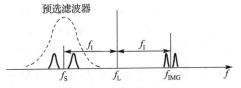

图 7 - 20　高中频方案抑制镜频干扰

下面通过一个例题进一步讲述抑制镜频干扰的高中频方案。

【例题 7 - 6】　某下变频接收机接收电台的频率是 14.09 MHz，中频分别采用 455 kHz 和 41 MHz 时，求本振频率，并分析镜频干扰问题。

【解答】　下变频混频器的本振频率为 $f_L = f_S + f_I$，所以两种中频对应的本振频率分别为：

$$f_{L1} = (14.09 + 0.455) \text{ MHz} = 14.545 \text{ MHz}$$
$$f_{L2} = (14.090 + 41) \text{ MHz} = 55.09 \text{ MHz}$$

选择低中频 455 kHz 下变频时，镜频干扰的位置为 15 MHz，由于接收机预选滤波器选频特性的非理想特性，镜频干扰信号和有用电台信号会一起进入混频器，与本振信号混频，均能形成 455 kHz 的中频信号，形成干扰。

选择高中频 41 MHz 下混频时，镜频干扰的位置为 96.09 MHz，干扰频率与有用信号频率间隔扩大，只有当接收机预选滤波器的选频特性非常差时，干扰信号才能和电台信号一起进入混频器，所以基本不形成干扰。

但是高中频方案也存在一些问题。首先，由关系式 $B = \dfrac{f}{Q}$ 可知，带宽 B 不变，提高中频频率必然要求提高中频滤波器的 Q 值，这对接收机的选择性设计不利，中频信号频率升高对中频放大电路的要求也相应提高了。所以，不能仅仅靠提高中频频率来抑制镜频干扰。除了采取高中频方案以外，还可采用 Hartley 和 Weaver 等结构的镜像频率抑制接收机，这在 Behzad Razavi 的《射频微电子（第二版）》一书中有详细的介绍。

高中频方案在减轻镜频干扰和提高接收机接收性能之间存在矛盾，关于这一点，7.3.3 节中介绍的二次混频超外差式结构是解决这种矛盾的一种重要方法。

3) 交叉调制和互相调制干扰

干扰的形成出现在混频之前的预选频放大电路或混频电路输入端。接收电台信号和干扰信号同时进入接收机输入端，由于高放管或混频管转移特性的非线性，以及滤波器的非理想特性产生干扰信号。根据干扰形成原因的不同，又分为交叉调制（交调）干扰和互相调制（互调）干扰。高频放大晶体管动态线性区域小，比电子管、场效应管更易呈现非线性，出现此类干扰的情况更严重。

（1）交叉调制干扰（Cross Modulation Distortion）

交调干扰位置。接收机接收的电台信号和干扰信号同时出现在接收机的射频输入端或混频器输入端，由于高放管或混频管转移特性的非线性而形成的干扰。

交调干扰现象。当接收机对接收的电台信号调谐时，能够清楚地听到干扰电台的播音，接收台和干扰台的声音质量均很差；若对接收的电台信号失谐，干扰台的声音也随之减弱，如果接收台停止工作，干扰台的声音也消失。干扰台的声音就像"调制"在接收台信号的载频上。接收信号失谐，交调减弱，接收信号消失，交调随之消失。

交调干扰产生的根本原因。射频前端放大器或混频器电路中广泛使用晶体管，接收信号 f_S（载频）和干扰信号 f_N 在放大、混频过程中产生各种谐波分量，如果 f_S 和 f_N 满足 $|\pm mf_S \pm nf_N| = f_I$（中频），即产生频率接近中频的信号，可能形成干扰。若产生于混频器，则直接形成干扰；若产生于射频放大电路，只要混频器之前各级电路选择性不够理想，则该接近中频的信号就会进入混频器，形成干扰。其中，$m+n$ 为干扰信号的阶数，值越大，干扰信号幅度越小，形成的干扰影响越小。因此，阶数过高的干扰信号可以忽略不计，工程上一般不考虑阶数超过 3 的交调干扰。

（2）互相调制干扰（Inter Modulation Distortion）

互调干扰位置。接收机射频前端（主要为预选频后射频低噪声放大器）或混频器。

互调干扰现象。当接收机对接收的电台信号调谐时，能够同时收到另外两个或多个干扰电台的信号。干扰信号表现为哨叫声和杂乱的干扰声，没有信号声音。干扰信号只会同时出现，如果一个消失，其他干扰电台也会消失。

互调干扰产生的根本原因。和上述交调干扰产生机理相似，如果干扰信号 f_{N1} 和干扰信号 f_{N2} 满足 $|\pm mf_{N1} \pm nf_{N2}| = f_I$ 或 f_S，即产生接近中频 f_I 或载频 f_S 的信号，就可能形成干扰。若产生于混频器，频率接近 f_I 的信号直接形成干扰；若产生于射频放大电路，则频率接近 f_S 的信号直接进入混频器，形成干扰；另外，如果混频器之前各级电路的选择性不够理想，则频率接近 f_I 的信号也可能进入混频器，形成干扰。

通过下面的例题进一步熟悉互调干扰的形成过程。

【例题 7 - 3】　超外差式 AM 广播收音机中频频率 $f_I = f_L - f_S = 465$ kHz。当听 930 kHz 电台播音时，同时接收到 690 kHz 与 810 kHz 电台信号（但是不能单独收到其中一个电台，如一台停播的情形）。该现象属于何种干扰？又是如何形成的？

【解答】　由题意可知，$f_S = 930$ kHz，$f_{N1} = 690$ kHz，$f_{N2} = 810$ kHz。能够收到两个干扰电台信号，且只能同时收到，最有可能是互调干扰。即两个干扰电台信号频率若满足 $|\pm m f_{N1} \pm n f_{N2}| = f_I$ 或 f_S，则由于射频前端电路的选频特性不理想造成。如 $m = 1$，$n = 2$ 时，

$$f'_S = |\pm f_{N1} \pm 2 f_{N2}| = (-1 \times 690 + 2 \times 810) \text{ kHz} = 930 \text{ kHz}$$

可见，两个干扰电台信号在接收机射频前端的低噪声放大器上形成和接收电台频率相同的干扰信号 f'_S，$m + n = 3$，称之为 3 阶互调干扰。

交调和互调干扰的主要抑制方法：① 尽量提高混频器、混频之前射频前端小信号低噪声放大器等各级电路的选择性；② 可以通过适当选择晶体管工作点，使晶体管工作于转移特性中接近平方律、三次项最小的区域；③ 采用转移特性是平方律的混频器件（如场效应管、模拟乘法器等），可大大减小这些失真；④ 若采取降低输入信号幅度的方法，也可减小干扰频率信号幅度，但是同时信噪比也减小，需要同时兼顾；⑤ 电路结构上可采用平衡混频电路，消除一部分谐波分量，或是采用补偿、负反馈等技术实现接近理想的相乘运算。

除了以上干扰外，射频接收机还可能出现阻塞干扰。当一个强干扰信号进入接收机输入端后，由于输入电路抑制不良，导致射频前端放大器或混频器的晶体管处于严重的非线性区域，造成输出信噪比大大下降，这种现象称为阻塞干扰。具体分为两种阻塞：一种是导致晶体管特性曲线非线性所引起的阻塞；另一种是破坏了晶体管的工作状态，使管子产生假击穿（干扰消失后，晶体管可还原），晶体管正常工作状态被破坏，产生完全堵死的阻塞现象。

解决强信号阻塞干扰的措施主要是提高射频前端电路（包括预选滤波器、高频带通滤波器 HF、BPF 等）的选择性，减小干扰信号的强度。

本章小结

本章的主要内容是通信系统的整机合成方案。先后介绍了单次和二次混频超外差式接收机以及零中频接收机方案，并重点介绍了混频电路和混频干扰及其抑制问题。学习本章内容需要注意以下几个方面。

（1）混频器利用二极管、双极型晶体管及单极型晶体管等有源器件的非线性传输特性实现频率变换，其频率变换能力在超外差式接收机和发射机电路中得到广泛应用。混频包括向上混频和向下混频，一般来说，上混频过程应用于发射机中的调制过程，如调幅和调频，而下混频过程则出现在接收机中。

（2）射频信号与本振信号混频后除了产生上混频、下混频信号外，还会产生大量的谐波分量。为了分离出有用信号，需要在混频器的输入端口、输出端口分别设计镜像滤波器和带通滤波器进行严格滤波。另外，混频器设计需要考虑射频、本振及中频相互隔离问题，尤其是射频与本振相互隔离。平衡混频器具有端口隔离特性，可以通过部分抵消有害谐波，从而改善输出信号的质量，但是电路结构更复杂，且在噪声系数和功耗等方面要付出代价。

（3）从抑制混频干扰的角度出发，接收机需要考虑本振频率选择问题，以便将射频信号转换到适当的中频频率点，以及如何抑制下混频过程中镜频干扰的问题。

习　　题

一、填空题

1. 混频器的主要实现器件有_____、_____和_____。

2. 通常减弱组合频率干扰的方法有_____、_____和_____。

3. 抑制镜频干扰的方法有_____、_____。（请列出两条）

4. 抑制中频干扰的方法有_____、_____。（请列出两条）

5. 混频器的主要技术要求有_____、_____、_____。（请写出三个）

6. 一中波收音机，当听到 1 100 kHz 的电台时，其本振频率为_____，能产生镜像干扰的频率是_____。

7. 在一个超外差式广播收音机中，中频频率 $f_I = f_L - f_s = 465$ kHz，当收听频率 $f_s = 931$ kHz 的电台播音时，伴有 1 kHz 的哨叫声，该现象属于_____干扰；当收听频率 $f_s = 550$ kHz 的电台播音时，听到频率为 1 480 kHz 的强电台播音，该现象又属于_____干扰。

二、判断题

（　　）1. 超外差式接收机混频器的任务是提高增益，抑制干扰。

（　　）2. 采用二极管、三极管和模拟乘法器都可以构成有源混频器。

（　　）3. 相比单个二极管构成的混频器，二极管环形混频器输出谐波更少。

三、选择题

1. 超外差式接收机混频器负载采用（　　　），它的作用是（　　　）。

   （A）调谐回路；谐振于中频，并滤除通带以外的其他信号

   （B）调谐回路；谐振于接收频率，并滤除通带以外的其他信号

   （C）电阻和电容串联电路；高通滤波

   （D）电阻和电容并联电路；低通滤波

2. 下列哪些电路的工作属于线性频谱搬移过程（　　　）。

   （A）DSB 调幅电路　　　　　　　（B）宽带调频电路

   （C）包络检波电路　　　　　　　（D）混频电路

四、综合题

1. 画出超外差式接收机的组成框图，并标出各点波形。

2. 说出超外差式接收机中引入混频器的意义。

3. FM 广播频带为 88～108 MHz。那么使用 10.7 MHz 标准中频的 FM 接收机，要求本振的可调范围是多少？

4. 为什么坐飞机的乘客要求在航行中关闭手机？

5. 有两个不同频率的正弦信号，如果简单地将它们相加，会出现一个单一频率的调幅信号。这种"拍音"现象的使用，如同将吉他的两根弦调谐到同样的频率。当它们还有些细微的频差时，发出的声音会缓慢地随着它们之间的频率差而有规律地变换。证明：

$$\sin\left(\left[\omega_0-\Delta\omega\right]t\right)+\sin\left(\left[\omega_0+\Delta\omega\right]t\right)=A\left(t\right)\sin\left(\omega_0 t\right)$$

其中

$$A\left(t\right)=2\cos\left(\Delta\omega t\right)$$

（注意：这样的加法运算是一个线性运算，并没有产生新的频率）。

6. 什么是镜频干扰和镜频抑制？提高接收机镜频干扰抑制能力可采取哪些措施？

7. 正确选择混频管的工作状态，能否抑制镜频干扰和中频干扰？为什么？

8. 若接收机工作在某频率范围，在哪个工作频率上对镜频干扰抑制能力最差？为什么？在哪个工作频率上对中频干扰抑制能力最差？为什么？

9. 在有许多电台的环境下使用 AM 接收机，有时会听见一个 10 kHz 的声音夹杂在收听的节目中，不管怎样调谐收音机，这个声音也不会消失。产生这个声音的原因是什么？

10. 当调谐 AM 收音机时，尤其在晚上，慢慢旋转调谐旋钮，你可能会听到不断变化的哨声。产生哨声的原因是什么？这是接收机的问题所导致的吗？

11. 有人在收听 AM 电台时，并没有把频率调谐到节目的中心频率，这样声音会有所失真。通常这样的不调谐是对高音不敏感的人故意而为，或者是因为收音机的带宽不够。为什么收音机会有带宽不够的情况？为什么带宽不够会使有些人将频率稍微调谐在偏离电台的中频频率？

12. 某发射机发出某一频率信号。打开接收机在全波段寻找（设无任何其他信号），发现在接收机频率刻度盘上三个频率（6.5 MHz、7.25 MHz、7.5 MHz）上都能听到发射的信号，其中以 7.5 MHz 处最强。试分析该现象。设接收机中频为 0.5 MHz，且本振频率高于载频。

13. 某广播接收机的中频频率为 465 kHz，试说明下列两种现象各属于什么干扰，又是如何形成的。

    (1) 收听 931 kHz 电台节目时，同时听到 1 kHz 的哨叫声；

    (2) 收听 550 kHz 电台节目时，同时听到 1 480 kHz 的电台节目。

14. 试分析并解释下列现象。

    (1) 在某地，收音机接收 1 090 kHz 信号时，同时收到 1 323 kHz 信号；

    (2) 收音机接收 1 080 kHz 信号时，同时收到 540 kHz 信号；

    (3) 收音机接收 930 kHz 信号时，同时收到 690 kHz 和 810 kHz 信号，但是不能单独收到其中一个电台的信号（如另一个电台停播）（收音机的中频为 465 kHz）。

15. 在一个混频器中，若输入频率为 1 200 kHz，本振频率为 1 665 kHz。现在混频器输入端混进一个 2 130 kHz 的干扰信号，混频器输出电路调谐在中频 $f_1=465$ kHz，问混频器能否把干扰信号抑制下去？

参考文献

[1] 徐勇，吴元亮，徐光辉，等 . 通信电子线路 [M] . 北京：电子工业出版社，2017.

[2] RAZAVI B. 射频微电子 [M] . 余志平，周润德，译 . 北京：清华大学出版社，2006.

[3] HAGEN J B. 射频电子学：电路与应用 [M] . 2 版 . 鲍景富，麦文，牟飞燕，等译 . 北京：电子工业出版社，2013.

[4] 李智群，王志功 . 射频集成电路与系统 [M] . 北京：科学出版社，2008.

第8章 通信系统实例

【内容关键词】

- 通信系统、通信电台、短距离无线通信模块
- 分立元器件通信系统、单芯片射频收发集成系统

【内容提要】

作为教材的最后章节，本章通过两个通信系统实例，分别介绍早期基于分立元器件组成的通信电台和适用于短距离无线通信的小功率单芯片收发模块。结合对比系统框图与电路原理图，阐述实用通信系统中典型功能模块的电路结构与特点，由此期望达到两个目的：（1）希望读者能够掌握初步的读图、识图能力，根据此前所学知识初步具备分析实用电路的能力；（2）以1~2例通信系统实例，增强读者对通信系统整机结构的了解，理解掌握目前通信领域常用的系统组成方案与实现形式，初步了解当下无线收发模块的一般设计使用方法与流程，为后续专业课程学习做合理过渡。

本章知识点导图参见图8-0，内容教学安排建议为2学时。

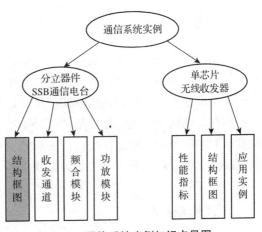

图8-0 通信系统实例知识点导图

249

8.1　引言

【导入】　为什么要浏览两个通信系统实例？传统的分立系统与现代集成系统应用有何区别？

选择两个实例，相比于只选一个实例而言，编者感觉内容会更加充实丰富一些。之所以选择一个分立器件形式的通信电台和一个单芯片集成形式的无线收发模块，原因在于前者代表历史，后者代表现在，两者实现原理没有本质区别，只是工艺形式、电路集成规模有所不同，这也是技术发展的历史趋势。所以，综合概览一下过去和现在的技术，既可以享受电路级设计的精巧之美，也可以摸清当下技术发展的脉搏，并有助于看清未来技术发展的趋势。

希望读者通过本教材的系统学习，对通信系统的典型功能电路与整机架构有所理解，能够做到"见木又见林"。

通信系统泛指发送和接收通信设备，早期的发信机（Transmitter）、接收机（Receiver）为各自独立的电子系统，随着集成电路技术的高速发展，目前已经可以在单个芯片上实现收发信机单芯片集成，一颗芯片就可以实现完整的收发信息功能，即所谓的收发信机（Transceiver）。

根据发送和接收已调信号的不同，常用通信系统可以划分为调幅通信系统、调频通信系统和数字通信系统三种类型。

1）调幅通信系统

调幅通信系统包括调幅发射机和调幅接收机。调幅发射机依据不同的分类标准可以划分为多种类型，按照调制功率电平，可以分为低电平调幅发射机和高电平调幅发射机；按照调制方式，又可以分为直接调制发射机（零中频发射机）和间接调制发射机；按照解调信号幅度的大小，可以分为大信号包络检波接收机和小信号同步检波接收机；按照解调电路处理的信号频段，可以分为射频直接调谐接收机与超外差式射频接收机等。

2）调频通信系统

调频通信系统包括调频发射机和调频接收机。调频发射机和调幅发射机电路十分类似，特别是在射频功率放大电路至天线部分，电路基本相同，两种电路的主要区别在于调制电路部分和通道带宽方面。调频接收机电路与调幅接收机也有所类似，都可以采用超外差式接收方案，也都可以采用单次变频外差方案或者双变频外差接收方案，另外，与调幅接收的主要区别在于调频接收机的带宽要明显比调幅接收机的带宽大。

3）数字通信系统

数字通信系统同样包括两部分，即数字发射机与数字接收机。数字发射机可以直接调制发射，也可以间接调制发射。无论哪种调制发送方式，发射机各项基本技术指标必须满足，如足够的带宽、足够的增益、足够的发射功率与转换效率等。

数字调制方式包括可变包络调制和恒定包络调制两种类型。可变包络调制包括 QFSK、QAM 和 MQAM 等，由于这种调制方式的已调信号的振幅和相位均随调制信号变化，所以放大这些已调信号尽可能采用线性度更好的 A 类或 B 类功率放大器，尽管 A 类或 B 类功放的效率相比于开关型功放的效率低，但是为了保证功放线性度和防止失真，只能以牺牲效率为代价。恒定包络调制包括 GMSK、MSK、BPSK、DPSK 和 BFSK 等，恒定包络调制由于已调信号的包络恒定，因此可以考虑线性度要求相对较低的 D 类、E 类或 F 类等开关型功放电路方案，以获得更高的发射效率。高效率、高线性度开关型功率放大器正逐渐成为目前的研究热点。

数字通信系统结构与模拟通信系统结构有所不同，主要在于通道结构和性能应该适应数字已调信号的传输与处理。所谓数字通信，实际上是将模拟调制改为数字调制，用数字编码来传递信息，与传统的模拟通信相比，数字通信的突出优点是传输信息量大、传输安全性高及通信质量好，而且数字调制电路容易集成，便于单芯片设计，在当前通信系统小型化趋势的引领下，数字通信系统的应用日趋流行。

那么是否今后模拟通信系统可以被数字通信系统完全取代呢？答案是否定的。模拟通信系统作为模拟电路设计的一种典型应用，短时间内是无法被数字通信系统完全替代的。首先自然界是模拟的，因此模拟通信是最直接、最有效的一种通信方式，另外，在通信频率越来越高的毫米波、亚毫米波，甚至太赫兹通信领域，受限于数字通信系统硬件实现的难度，依然经常可以看到模拟通信系统的身影。

本章将优选传统与现代、分立元器件与集成电路两类实际案例，介绍不同方案的电路结构与工作原理。传统分立元器件为主的通信系统实例选取了 20 世纪 80 年代的国产 XDD-4A 短波单边带（SSB）通信电台，随着集成电路技术飞速发展，现代中小功率通信系统的大多数电路模块已经可以做到单芯片集成，因此，现代通信系统方案多以通信系统芯片应用为主。为此本章单芯片通信系统实例中优选了一款应用于 ISM 频段（Industrial Scientific and Medical Band）的 2.5GHz 无线通信芯片 TRC104，简要介绍其工作原理与典型应用。

8.2　SSB 通信电台实例

【导入】　为何介绍一款早期电台 XDD-4A？意义何在？

该电台型号虽然老旧，但是通信电路架构经典、工作原理清晰，适合教学，新型电台与 XDD-4A 电台相比，更多的是在体积、性能等方面获得了进一步改进，但是系统设计架构与基本工作原理无本质变化，最重要的原因是，新型电台一般都有涉密年限，未解密之前，电台资料不便公开。

通信系统实例

　　图 8-1（a）所示为国产 XDD-4A 短波单边带通信电台，由于该型电台是 20 世纪 80 年代的产品，电台内部更多采用的是分立元器件，如图 8-1（b）所示，该型电台体积较为庞大，内部各功能模块采用金属屏蔽盒互相隔离，避免相互干扰，在当时是一款性能较为先进的电台。XDD-4A 电台整机电路框图如图 8-2 所示，对应 XDD-4A 电台电路原理图请扫描二维码阅读，由图可以看出，该电台采用的是收发通道合用的双向传输方案，这种方案可以大幅节省通信电台的硬件成本。

(a) 外形结构　　　　　　　　　(b) 内部电路布局特征

图 8-1　XDD-4A 电台

XDD-4A 电台
电路原理图

　　由图 8-2 可以看出，XDD-4A 电台接收机部分采用的是双重变频超外差式接收方案，电台发射机部分则是间接调制式发射方案，该通信电台工作频段是 2～10 MHz。接收信号时，第一中频采用高中频，为 $f_{I1}=21.513$ MHz，第二中频为低中频，为 $f_{I2}=500$ kHz。发射信号时，第一中频为 $f_{I1}=500$ kHz，第二中频为 $f_{I2}=21.513$ MHz。图中频率合成器单元用于给通信机提供三路高稳定度本振信号频率。第一路本振可变频率 f_{L1} 为 23.513~31.513 MHz，本振频率 f_{L1} 与接收频率 f_{R1} 相减得到第一中频 f_{I1}，第二路本振频率为固定频率，$f_{L2}=21.013$ MHz，f_{I1} 与 f_{L2} 相减得到第二中频 f_{I2}，第三路本振输出频率为固定频率 500 kHz，接收信号时用于同步检波，发送信号时用于产生第一中频。图中滤波器均选用了具有优良选频特性的晶体滤波器或机械滤波器，射频功放电路为由两级宽带电压放大器和两级宽带 B 类推挽功放组成的多级射频功放电路，输出功率为 15 W。

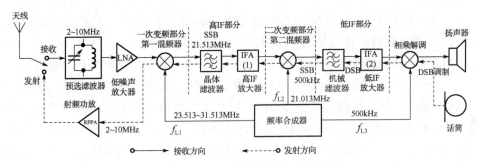

图 8-2 XDD-4A 短波通信电台整机电路框图

接收转换是一个天线收发双工转换器，收信时，接收信号由天线双工器进入预选滤波器选频，低噪声放大后再进入第一混频器进行混频。发送时，天线双工器切换至发送模式，由话筒产生的音频信号经两次上混频后形成 2~10 MHz 的 SSB 射频信号，送至射频功放（RFPA）单元发送。

下面将结合该电台射频收发核心电路，对电台整机各部分功能做简要介绍。

8.2.1 收发通道电路

1) 接收信号通道

来自天线的接收信号，经收发双工转换器、带通滤波器与低噪声放大器（LNA）之后送到第一混频器，与一本振频率 f_{L1} 为 23.513~31.513 MHz 进行下变频，产生一中频 $f_{I1}=f_{L1}-f_R=21.513$ MHz，该中频 f_{I1} 由晶体滤波器滤波后，送到第一中频放大器放大，放大后的第一中频信号送到第二混频器，与二本振频率 $f_{L2}=21.013$ MHz 再进行二次变频，产生二中频 $f_{I2}=f_{I1}-f_{L2}=500$ kHz，第二中频 f_{I2} 由机械滤波器选出，并送到第二中频放大器放大，放大后的二中频信号送到解调器与三本振频率 $f_{L3}=500$ kHz 进行同步检波，解调输出音频信号。音频信号其中一路经低频放大器放大后送扬声器输出，另外一路送自动增益控制（AGC）电路，实现增益自动控制。

由 XDD-4A 电台电路原理图可以看出收信通道电路的详细组成。从天线下来的低通滤波器由 $C_8 \sim C_{10}$ 和 L_1 组成，带通滤波器将 $2 \sim 10$ MHz 频段分 5 个子频段实现，即 $2 \sim 3$ MHz、$3 \sim 4$ MHz、$4 \sim 5$ MHz、$5 \sim 7$ MHz、$7 \sim 10$ MHz 5 个子频段的椭圆函数型 LC 带通滤波器，它们分别由 $D_5 \sim D_{14}$ 选通开关进行选通。

第一混频由 VT_{17} 和 VT_{18} 构成的场效应晶体管（FET）平衡混频器承担。FET 平衡混频器的特点是动态范围大，互调干扰少，对本振信号和输入信号的隔离度高、噪声系数小，而且有一定的变频增益，是比较理想的前端混频器。

第一中频选频放大电路由 VT_{21} 和 VT_{22} 组成（共源-共栅放大器）、LC 谐振选频回路 B_5 和 B_6、晶体滤波器 LB_7，以及集成中放电路 8FZ1530（IC_2）和负载 LC 回路 B_7 等组成。B_5 和 B_6 是晶体滤波器的输入、输出匹配变压器，调整 B_5 和 B_6 可以使晶体滤波器的特性达到最佳。8FZ1550 具有增益高、噪声系数小、电路稳定、增益可调和 AGC 控制功能等特点。

第二混频由集成模拟相乘器 XCC-2C（IC_3）承担。XCC-2C 的内电路与 MC1596 相似，它也是一个可变跨导集成双差分对模拟相乘器，这种模拟相乘器组成的混频器具有杂波少、互调小、变频增益高等特点。第二混频输出的二中频信号经 VT_{32} 跟随器隔离放大后，送入机械滤波器 LB_8 滤除杂散，然后直接送入二中频放大。

第二中频放大器采用三片 8FZ1550（$IC_4 \sim IC_6$）构成三级调谐中频放大电路。总增益大于 100 dB，AGC 优于 60 dB。因此，该型接收机的灵敏度主要取决于第二中频放大电路。

同步检波电路也采用一片 XCC-2C（IC_7）组成。解调输出的音频信号经 R_{148} 和 C_{106}、C_{107} 低通滤波滤除高频杂波，由 VT_{48} 放大后再送入集成音频功率放大器 TBA820，放大功率后送入扬声器。由 VT_{48} 放大后的音频信号，另一路则经 VT_{58}、VT_{59} 整流，形成 AGC 控制直流电压，再由 LM358（IC_8B）进行直流放大，送入三片 8FZ1550 的⑤脚，实现 AGC 控制。

2）发送信号通道

发信为收信的逆过程，话音信号经低频放大后送到调制器，与第三本振频率 f_{L3} 进行双边带（DSB）调制，调制后的已调信号经机械滤波器选出下边带

（滤除上边带），即为第二中频信号 f_{I2}，第二中频信号（SSB）送入第二混频器与 f_{L2} 进行变频，经晶体滤波器取出第一中频 SSB 信号 f_{I1}。第一中频 SSB 信号 f_{I1} 经放大后，送入二极管环形混频器，与 f_{L1} 进行变频，经 LC 带通滤波器选出射频 SSB 信号，送往射频功放至天线发射。另外，放大后的一中频 SSB 信号还送往 ALC（自动电平控制）电路，经检波放大后控制话音放大器的输入，达到信道 ALC 和话音压缩的目的。

由 XDD-4A 电台电路原理图可知，话音放大器是由三极管 VT_{55} 和偏置电路组成的典型小信号音频共射极放大器。话音输入来自 CTA8（话筒输入），放大后的音频信号经电子开关 D_{43} 送往调制器。

调制器还是采用原接收通道接收状态用的 XCC-2（IC_7）芯片，包括二中放、机械滤波器、二混、晶体滤波器和一中放等这段通道是收发公用的，环形混频器（发状态的第一混频）由 4 只肖特基二极管 $D_{36} \sim D_{39}$ 和输入、输出传输线变压器 B_{14}、B_{13} 组成。该混频器的动态范围大、三阶互调大、噪声低，能良好地工作在 $2 \sim 10$ MHz 频率范围。

第一本振放大器为 VT_{50} 和 VT_{51} 组成的两级共射放大器，VT_{51} 的集电极负载采用了宽带电感负载。ALC 电路由 LM358（IC_{8A}）及 $VT_{52} \sim VT_{54}$ 等组成。来自第一中放的 f_{I1} SSB 信号经检波、滤波后，由 IC_{8A} 集成运放（1/2LM358）放大，放大后的直流电压控制 VT_{54} 的输出阻抗。该输出阻抗与 f_{I1} SSB 信号幅度成反比，而 VT_{54} 的输出阻抗又并接在话音放大器 VT_{55} 的输入端。显然，当 f_{I1} SSB 信号幅度增大，T54 输出阻抗变小，T55 的话音输入幅度减小，从而达到话音压缩和控制功放激励幅度的目的，即实现了 ALC 功能。

8.2.2　频率合成单元

频率合成器框图可简化为如图 8-3 所示。由图 8-3 可知，该频率合成器主要由三部分组成：基准频率源、高频混频锁相环 PLL1、低频锁相环 PLL2 等。

标准频率源由 1 MHz 晶振和 21.013 MHz 晶振产生。1 MHz 晶振经分频得到三个标准参考频率，分别为 500 kHz、50 kHz、1 kHz。其中 500 kHz 作为第三本振频率 f_{L3}，用做调制载频或同步解调，而 50 kHz 和 1 kHz 则分别作为两个 PLL 的鉴相参考频率 f_{r1} 和 f_{r2}。21.013 MHz 晶振则作为信道第二本振 f_{L2} 和环路混频的参考频率。低频锁相环 PLL2 是一个单环频率合成器。压控振荡器 VCO2 输出频率 f_{o2} 为 1.101 $\sim$ 1.200 MHz，鉴相频率 f_{r2} 为 1 kHz，因此输出频率间隔也为 1 kHz，输出频率点为 99 个。

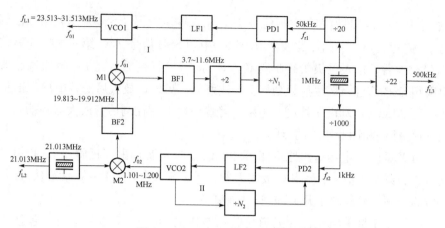

图 8 - 3　XDD-4A 频率合成器框图

　　高频混频锁相环 PLL1 由 PD1、LF1、VCO1、M1、带通 BF1、固定分频器÷2 和可变分频器÷N_1 等组成。低频锁相环 PLL2 输出频率 f_{o2} = 1.101～1.200 MHz 送入混频器 M2，与 21.013 MHz 晶振频率向下混频，产生 19.813～19.912 MHz 频率，并送入混频器 M1。M1 的另一端输入频率 f_{o1} = 23.513～31.513 MHz，与 M2 产生的频率再向下混频，产生环路频率 3.7～11.6 MHz，送分频器÷2 和÷N_1、鉴相器 PD1，使环路锁定，VCO1 的输出频率 f_{o1} 作为第一本振频率 f_{L1}。由于高频锁相环频综 PLL1 环路鉴相参考频率 f_{r1} = 50 kHz，环路内有÷2 固定分频器，因此输出 f_{o1} 的频率间隔为 100 kHz，频率覆盖范围 8 MHz，可以锁定 80 个频率点。

8.2.3　射频功率放大单元

XDD-4A 射频功放电路原理图

　　射频功放是一个由一级射极跟随器、两级宽带电压放大、二级推挽功率放大器组成的功率放大器。工作频率范围为 2～10 MHz，输出功率 15 W，电路原理图请扫描二维码阅读。来自二极管环形混频器输出射频 SSB 已调信号，经带通滤波和 2～10 MHz 宽带滤波后，被送入功放跟随器 VT_8 的输入端，此处跟随器用做带通滤波器和功放电路之间的隔离匹配电路。

　　由跟随器送来的 SSB 激励信号被功率管 VT_1 和 VT_2 组成的两级宽带电压放大器进一步放大，两级放大器采用 A 类放大工作状态，为了扩大线性范围、稳定电路工作，电路采用了电流负反馈（R_6、R_{13}）和电压负反馈（R_5）等措施，调节 R_6、R_{13} 和 R_5 等阻值，可对功放总增益和波段内增益的平稳性实现调节。功率管 VT_3、VT_4 组成 A 类推挽功率放大器，用以推动末级推挽功放。A

类推挽功放线性动态范围宽，谐波失真小，而且比单管的 A 类效率要高。R_{26}、R_{27} 构成放大器电压并联交流负反馈，可提高放大器的增益稳定性。R_{24}、R_{25}、R_{18}、R_{19}、L_3、L_4 及 R_{21}、R_{22} 等用来稳定放大器的直流工作点，两管的基极小电阻 R_{20}、R_{23} 则是为了提高基极输入电阻，防止寄生振荡而设置的。

末级功放采用的是 AB 类工作状态，因此线性动态范围宽，而且效率高、输出功率大。功率管 VT_5、VT_6 组成末级推挽功率放大器，输入、输出变压器 B_3、B_4 采用双孔磁芯宽带变压器。该类型变压器具有磁路屏蔽好、漏磁少、对称性好、绕线匝数少等优点。基极偏置通过热敏电阻 R_{30}、R_{31} 进行温度补偿，以稳定直流工作点，图中 R_{34}、C_{27} 和 R_{35}、C_{28} 分别组成 RC 电压并联交流负反馈支路，用来提高功放电路的稳定性，而且可以降低功率管 CE 间的反向峰值电压，起到保护功率管的作用，二极管 VD_9、VD_{10} 和 R_{38}、C_{33}、R_{39}、C_{34} 等组成功率管的另一路保护电路。

功放电路的 AGC 电路由 VT_{16}、VT_{17} 和 VD_7（VK102）组成。B_5、VD_{11} 和 R_{58}、C_{58}、C_{59} 组成功放 AGC 取样电路，如果功放管的输出峰值电压过大，则 B_5 将感应出其峰值，经 VD_{11} 等整流出直流控制电压，由 VT_{16}、VT_{17} 放大后送至二极管 VD_7 负极，使 VD_7 的阻值增大，从而减弱激励信号，实现 AGC 功能。

8.3　单芯片 2.4 GHz 频段无线收发信机实例

TRC104 为美国 RFM 公司在 2008 年推出的一款基于 2.4 GHz ISM 频段下的无线收发芯片，通信容量大、频道多、功耗低，非常适合低成本、短距离无线应用。芯片内部集成了无线收发所有关键射频和基带功能模块，尽可能减少了外部元器件数量，简化了设计使用者的开发工作。芯片应用时，仅需要外部配置一个微控制器（MCU）、晶体振荡器和几个无源器件，就可以实现一个完整而且功能强大的无线收发电路。TRC104 芯片通过对功耗有效控制，以减小总电流消耗并大幅延长了电池使用寿命，其小尺寸和低功耗的优质性能，适用于多种多样的短距离无线通信应用场合，如无线鼠标、无线键盘、低功耗遥感监测系统等众多领域。

TRC104 芯片封装及其射频收发应用电路模块如图 8 - 4 所示，TRC104 原版英文芯片数据手册读者可以在 www.alldatasheet.com 下载，另外，国内相关代理公司可以免费提供样片及进行测试和开发指导。本书作为通信系统应用范例讲解，仅对 TRC104 芯片做一般性概要介绍，详细设计开发应用，读者可以联系芯片相关代理商。

(a) 芯片封装   (b) 电路模块

图 8 - 4   TRC104 芯片封装及其射频收发应用电路模块

1) TRC104 芯片主要特征

芯片的设计选用首先应考虑应用场合，该芯片的频率范围、调制方式、电源电压等主要指标是否满足设计要求，在其基础之上再行研究数据手册，评估其他芯片性能指标是否满足设计需求、芯片应用技术支持是否到位，如芯片开发相关环境是否复杂、参考应用电路是否完整、芯片开发手册是否齐全等，最后结合各方面综合因素确定设计解决方案。

TRC104 芯片的主要技术特征包括如下。

(1) 调制方式：GFSK；

(2) 调频范围：2 401～2 527 MHz；

(3) 127 个信道；

(4) 高接收灵敏度：—93 dBm（250 kb/s 下）；

(5) 高数据速率：大于 1 Mb/s；

(6) 低电流消耗，低休眠电流（0.4 μA）；

(7) 发射功率：1 mW 以上；

(8) 工作电压：1.9～3.6 V；

(9) 内部集成完整 PLL、IF、基带电路、完整的数据和时钟恢复电路；

(10) 可编程输出功率；

(11) 标准的 SPI 数据接口；

(12) I/O 引脚 TTL/CMOS 兼容；

(13) 可编程数据速率；

(14) 4 种省电工作状态可选；

(15) 外部元器件数量需求非常少；

(16) 小尺寸封装：24-pin QFN。

2) TRC104 芯片电路框图与基本工作原理

TRC104 是一个单芯片 FSK 收发集成芯片，工作于全球通用的 2.4 GHz ISM 频段，TRC104 的高度集成大幅减少了外部器件的需求。如图 8-5 所示，TRC104 芯片内部接收机部分设计采用了双转换超外差式结构与镜频干扰抑制第二混频器，内部发射机部分则是采用了直接调制发射技术，VCO 在输出频率时直接发送信号，通过高斯滤波器滤波的同时完成调制。

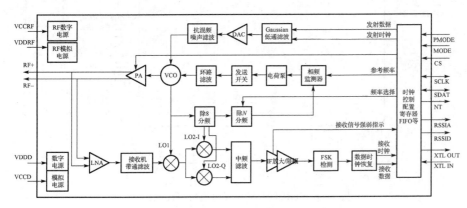

图 8-5　TRC104 芯片内部简化框图

TRC104 有一对差分 RF 端口，在低供电电压条件下，能够保证发射机低功率输出。差分射频输入/输出端口具备较好的共模噪声抑制性能，可以有效提高接收机的抗干扰性能。设计者可以通过一个简单的 LC 平衡-非平衡转换器将双端差分端口转换成一个单端输出端口，以此驱动单根非平衡天线，具体电路如图 8-6 所示。

TRC104 芯片内部功率放大器有 4 个可编程设置模式，由配置寄存器进行设置。PLL 同样通过配置寄存器来完成各项设置工作，PLL 的锁定周期通常是 170 μs。对于芯片内部详细的编程配置方法，用户可以参考芯片用户手册。

由于该芯片是一个小型片上系统芯片（System On Chip，SOC），芯片内部集成了各种不同功能的模拟、数字与射频电路，为避免各模块电路之间彼此的噪声串扰，芯片设计时各类模块电源与地线做了相互隔离，此举可以较好地降低芯片内部噪声，提高芯片的抗干扰性能。芯片各类详细的电源与地引脚分配如表 8-1 与图 8-6 所示。

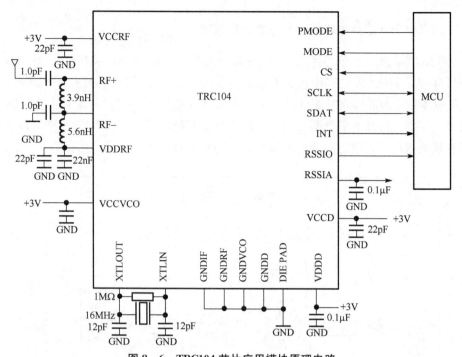

图 8 - 6　**TRC104 芯片应用模块原理电路**

表 8 - 1　**TCR104 芯片引脚与功能描述**

引脚	类型	引脚名称	功能描述
1	I	MODE	工作模式选择
2	I/O	SCLK	突发模式下串型时钟输入；连续模式下串型数据输出
3	I/O	SDATA	SPI 模式与收/发模式下的串型输入/输出数据
4	I	CS	SPI 串型接口选择，高电平有效
5	I	VCCD	数字电源输入，典型值 3.0V
6	I	GNDD	数字地
7	O	VDDD	内部数字电源输出
8	O	XTLOUT	晶体振荡器输出
9	I	XTLIN	晶体振荡器输入
10	I	PMODE	功率模式选择
11	I	GNDVCO	片内 VCO 地
12	I	VCCVCO	片内 VCO 电源，典型值 3.0 V
13	O	VDDRF	片内生成的用于 RF 功放的电源
14	I/O	RF+	RF 信号差分输入/输出
15	I/O	RF−	RF 信号差分输入/输出

引脚	类型	引脚名称	功能描述
16	I	GNDRF	RF 地
17	I	VCCRF	外部输入射频电源，典型值 3.0 V
18	I	GNDIF	IF 地
19	O	RSSIA	连续模式下的模拟 RSSI（接收信号指示）输出
20	—	NC	无连接，无用引脚
21	O	INT	接收与发送完全中断输出指示
22	O	RSSID	RSSI 门限中断输出
23	—	NC	无连接，无用引脚
24	—	NC	无连接，无用引脚
		DIE PAD	芯片散热焊盘

【思考】　芯片内部各类电源与地线相互隔离，但在芯片外部，为什么又将各类地线（电路公共端）接在一起？这种片外连接方法与片内直接连接方法有何区别？

【答案】　将各类地线连接在一起的主要目的是确保芯片内部公共参考地的电位相等。芯片外围共"地"连接方法明显要优于芯片内部直接共"地"方法。

芯片内部模拟地、数字地与功率地如果直接相连，将会导致大量的内部电源噪声的串扰，芯片内部地线与电源线相对隔离，而通过芯片外部大电容滤除噪声后再送至各种地线，可以获得更好的"干净"的地电位。

3) TRC104 芯片应用电路

图 8-6 所示为芯片厂家推荐的典型应用电路，由图 8-6 可以看出，该芯片应用时所需外围分立器件非常少，主要是天线与晶振，其余包括一些滤波用 LC 元件，TRC104 作为无线收发射频前端芯片，直接与基带微控制器（MCU）芯片构成完整小功率无线通信系统，系统体积小、质量小、成本低，安装使用非常方便。

此外，规模较大的芯片设计公司或者芯片代理机构，除了提供芯片数据手册之外，往往还另行提供芯片应用手册，内容除了提供典型电路原理图之外，还包括开发源码、芯片应用电路典型 PCB 布局布线版图，如图 8-7 所示，进一步方便客户的设计应用。

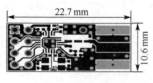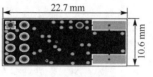

（a）顶层布线　　　　　　　　（b）底层布线

图 8-7　TRC104 收发模块 PCB 版图

本章小结

　　本章概要介绍了分立元器件组成的通信电台和适用于短距离无线通信的小功率单芯片收发模块两个范例。重点在于通过比较系统框图与电路原理图，介绍通信系统中典型收发功能模块的具体实现电路，一方面增强读者对通信系统整机结构的了解，"自顶向下"地了解与熟悉通信系统的一般框架结构与典型实现电路，并借此初步培养通信系统的硬件电路读图、识图能力；另一方面也希望读者能够与时俱进，了解与熟悉当下通信领域相关技术发展水平与现行的系统硬件实现方案，为后续专业课程学习奠定基础。

习　　题

一、综合题

1. 上网查询手机射频前端系统收发信机电路框图，查找目前业界手机主流芯片解决方案，了解电路框图主要特点。

2. 上网搜索蓝牙短距离无线通信芯片型号与数据手册，了解其芯片内部电路框图，初步理解该芯片设计应用解决方案。

3. 建议有兴趣的读者结合通信电子线路实验课程，选择一款经典的单芯片短距离无线通信模块，在教师指导下搭设一款简单的调频或调幅通信系统。

参考文献

［1］顾宝良．通信电子线路［M］．3 版．北京：电子工业出版社，2013.